研究論文を読み解くための多変量解析入門

基礎篇
重回帰分析からメタ分析まで

L.G.グリム & P.R.ヤーノルド 編
小杉考司 監訳

北大路書房

READING AND UNDERSTANDING MULTIVARIATE STATISTICS
By Laurence G. Grimm, PhD and Paul R. Yarnold, PhD
This Work was originally published in English under the title of:
READING AND UNDERSTANDING MULTIVARIATE STATISTICS,
as a publication of the American Psychological Association in the United States of America
Copyright © 1994 by American Psychological Association (APA)

The Work has been translated and republished in Japanese language by permission of the
APA through The English Agency (Japan) Ltd.

This translation cannot be republished or reproduced by any third party in any form without
express written permission of the APA. No part of this publication
may be reproduced or distributed in any form or by any means, or
stored in any database or retrieval system without prior permission of the APA.

序　文

　この20年で，研究における多変量統計が一般的に利用されるようになってきた。実際，多変量解析をいっさい用いない実証的な論文を探すことは困難である。多変量解析が多く使われ始め，研究者が複雑なリサーチクエスチョンに答えることができるようになってはきているが，研究結果の消費者のほとんどはおいてけぼりだ。
　1975年以前には，行動科学（心理学，教育学など）のほとんどの大学院課程やビジネスにおいて，多変量統計の講座は必要とされなかった。したがって，1975年以前に大学院に所属していた行動科学者は，多変量統計を独学で学ばなければならなかった。
　たとえある人物がちゃんとした多変量的手法のトレーニングを受けたとしても，それらはまったく忘れ去られてしまうか，当人たちの研究領域に近いところでしか用いられてこなかった。たとえば，重回帰分析を日常的に使用している研究者は，判別分析の知識をほとんどもっていなかった。多変量統計について狭い知識しかもたないのは，現役の研究者に限ったことではない。研究に従事していない講師，臨床心理学者，精神科医，医師，プログラムコンサルタント，行動科学専攻の大学院生なども，しばしば論文中に登場する多様な多変量的手法を理解するのに必要な知識をもっていない。だから多変量的手法に慣れていない行動科学者は，それらを使用している研究論文の結果部分を読み飛ばす傾向にある。
　この問題に対する1つの解決策は，多変量解析に弱い者全員が多変量統計の講座を受講することである。しかし，これらの統計を自身の研究に用いるつもりがない人々が，多くの時間と努力を高度な統計の習得に割くことはありえない。別の解決策は，多変量統計の教科書を見つけることである。しかし，多くの教科書は統計の初心者や研究の読者のためには書かれていない。それらはデータ分析のための，詳細な計算手続きや定式の説明に集中しすぎている。
　多変量データをどのように分析するかという本は，今さら必要ではない。その目的に対するよいテキストが，市場にはあふれているからだ。本当に求められているのは，多変量技術の基本的な概念的側面を論じたもの，そしてさまざまな手続きが特定の研究の流れに沿って解説されたものである。それこそ，われわれが本書でま

さにやろうとしていることなのである。

　こうした目的をもって書かれた本書は，読者が各章で学んだ分析法が，出版されている論文の考察のところで使われているときに，解読して理解することができるように書かれている。本書に含まれているある多変量解析が使われている論文に出くわしたとき，読者は筆者がなぜこの分析を用いたのかを理解できるようになるだろうし，分析に用いられる統計的記号の意味，分析の仮定，図表の解釈はどうすべきか，分析から得られる論理的な結論はどういう意味か，を理解できるようになるだろう。大学院生にとっては，多変量統計の標準的な教科書への非常に便利な副読本となるだろう。

　それぞれの章は，多変量解析にいっさいふれたことのない読者に向けて書かれている。ただし，基礎統計の知識は必要である。概念や記号は定式化に必要最低限のものにした。各章の筆者は，各統計分析の使用例を提供し，またおもしろい実践例を使って発展的な議論をしている。中には複雑な分析もあり，読むのに少し忍耐を要するかもしれない。しかし注意深く読んでいけば，読者は（ありがたいことに記載されていない）統計分析の数学的側面を失うことなく，多くの多変量分析を理解することができるようになるだろう。

　各章の筆者は担当する章を書くときに，その話題を取り扱うのに必要なものをすべて含めようとしているが，読者の多変量解析の専門知識の程度によっては，他の章を先に読むことが助けになる場合もある。他の章との相互参照は，各章の中で提供されている。たとえば，重回帰分析にあまり慣れていない読者は，パス解析に立ち向かう前に第2章を読んでおいたほうがいい。

　本書は多変量解析のすべての領域を論じ尽くしたものではない。行動科学における研究に近いものを基本とし，最も一般的な分析のいくつかを選び出したにすぎない。しかし，本書で取り上げられたトピックスは，心理学，ビジネス，教育学，医学，生物学，刑事司法など無数の領域に応用できるものである。

　われわれの努力が達成されるために最も尽力してくれたAPAスタッフの中でも，「数学的でなく，概念的に，多変量解析を扱う」というわれわれのビジョンを理解してくれた，Acquisitions and DevelopmentのJulia Frank-McNeilとMary Lynn Skutleyに感謝を申し上げたい。編者であるPeggy Schlegelは，本書の実質的な改訂のすべての段階を先導してくれた。Peggyはこのプロジェクトを通じて励まし続けてくれただけでなく，レビュアーとして，また，各章の中身や編成について改良に向けた多くの有益な提案をしてくれた。Kathryn Lynchは文章の整理や本の出

版段階のコーディネートに携わり，編集上の細部にわたって注意深く専門的な手助けをしてくれた。Victoria Boyle は索引をつくってくれた。われわれが本書で生み出したすべての情報を組織化する，すばらしい仕事だった。

また，われわれが有益な改訂を行うために，相当な時間と努力を費やしてくれた，外部のレビュアーがいたことも幸運であった。Steven Breckler, Robert Cudek, Bert Green, Jr., Kevin Murphy, Deborah Schnipke, Dawn Snipes, James Stevens, そして Stanley Wasserman に感謝を申し上げたい。

最後に，寄稿者の皆様に最も感謝の意を表したい。彼らの助言，忍耐，反応がわれわれの編集業務を充実したものにし，多変量解析についての知識をも高めてくれた。

目　次

序文　i

第1章　多変量解析へのいざない　1

1 本書の目的　3
2 本章の目的　4
3 多変量解析とは何か　4
4 測定尺度　5
   4.1 名義尺度／4.2 順序尺度／4.3 間隔尺度／4.4 比率尺度／4.5 測定尺度と統計分析の関係
5 本書の章　10
   5.1 重回帰分析／5.2 パス解析／5.3 因子分析／5.4 多次元尺度構成法（MDS）／5.5 クロス集計表分析／5.6 ロジスティック回帰分析／5.7 多変量分散分析（MANOVA）／5.8 判別分析（Discriminant Analysis: DA）／5.9 メタ分析
6 終わりに　19

第2章　重回帰分析と相関分析　21

1 予測に応用する　24
   1.1 概観／1.2 例1：WAIS-R IQ の推定／1.3 予測を目的としたときの結果と解釈／1.4 MRC を予測に使うことに関する結論
2 理論的な説明　33
   2.1 例2：養育態度が学業成績に及ぼす効果／2.2 理論的説明のための結果および解釈／2.3 理論的説明に関する結論
3 一般的な方法論的問題と仮定　45
   3.1 多重共線性／3.2 仮定／3.3 カテゴリカル変数／3.4 MRC 分析の種類／3.5 タイプ1・タイプ2エラーを統制し，有意水準 α の上昇を抑える方法
4 全体的結論　56

- ●推薦図書　57
- ●用語集　57

第3章　パス解析　63

1. 概　観　64
   - 1.1　歴史と応用／1.2　モデル／1.3　パス解析のデータ／1.4　パス解析の結果／
   - 1.5　例1：症状の再発／1.6　内生変数と外生変数／1.7　例2：再婚と精神的健康／
   - 1.8　パス係数の計算／1.9　パス図を書くときの慣例
2. 統計的概念　71
   - 2.1　直接・間接効果を推定する／2.2　インプライド相関の計算と利用／
   - 2.3　モデルの適合／2.4　パス係数の残差と誤差の分散／2.5　モデルの種類／
   - 2.6　モデルのトリミング／2.7　例3：心臓病患者に対する2つのQOLモデル／
   - 2.8　競合する仮説
3. 仮定と問題点　83
   - 3.1　パス解析の仮定／3.2　仮定を破ることの影響／3.3　標準化vs非標準化パス係数
4. 結論としてのコメント　87
   - 4.1　パス係数を推定するベストな方法

- ●推薦図書　88
- ●用語集　89

第4章　主成分分析と探索的・検証的因子分析　93

1. 主成分分析（PCA）　94
   - 1.1　固有ベクトルの数の決定／1.2　固有ベクトルの解釈
2. 探索的因子分析（EFA）　100
3. 検証的因子分析（CFA）　102
   - 3.1　概要／3.2　CFAのロジック／3.3　適合度の評価／3.4　CFAのしくみ／
   - 3.5　統計的な仮定と限界／3.6　単一サンプルで構造的な仮説を検証する場合／
   - 3.7　複数サンプルにおける仮説検定／3.8　LISRELにおける表記法
4. 結　論　120

- ●推薦図書　121
- ●用語集　121

第5章　多次元尺度構成法　127

1. 多次元尺度法の種類　131
2. 本章の目的と概略　132
3. 非計量MDSに必要なデータ　133
4. 非計量MDSから得られる結果の特徴　135
    4.1 最良の図を選ぶための統計ツール
5. 選択されたMDS布置を解釈するために使われる統計的な手法　141
6. MDSの仮定が破られてないか検証する　143
7. MDSの結果の解釈例　146
8. 結　論　152

●推薦図書　152
●用語集　152

第6章　クロス集計されたデータの分析　155

1. 未来をモニタリングする──モニタリング・フューチャー研究──　159
2. オッズとは何か？　160
    2.1 特定のタイプの人々におけるオッズとは？／2.2 違うタイプの人のオッズはどのように違ってくるのか
3. その差は現実のものか？　169
4. サブグループ間で関係が異なるだろうか？　175
    4.1 2つの変数間の関係を第三の変数が説明することはできるか？
5. 4つ以上の変数に対する分析　185
6. 2つ以上のカテゴリーを含む変数のための分析の拡張　192

●推薦図書　195
●用語集　196

第7章　ロジスティック回帰分析　199

1. ロジスティック回帰モデル　200
    1.1 ロジスティック回帰の仮定／1.2 ロジスティック回帰モデルの利用／1.3 独立変数の係数（b_1）の解釈／1.4 ロジスティック回帰曲線／1.5 係数の推定／1.6 仮説検定／

　　　　1.7　係数とオッズ比の区間推定／1.8　分類分析／1.9　結果の見せ方／1.10　多変量モデル
　2　研究例　216
　　　　2.1　重度の頭部外傷／2.2　催眠と禁煙
　3　反復多変量ロジスティック回帰　220
　4　まとめ　221
●推薦図書　222
●用語集　223

第8章　多変量分散分析　225

　1　仮説的なMANOVAデザイン　226
　2　予備的な統計概念　227
　　　　2.1　タイプ1エラー／2.2　Bonferroniの不等式／2.3　効果量／2.4　検定力
　3　MANOVAの基本　230
　　　　3.1　MANOVAの目的／3.2　なぜ多変量分析なのか？
　4　MANOVAの仮定　233
　　　　4.1　多変量正規性／4.2　共分散行列の均一性／4.3　観測値の独立性
　5　MANOVAの手続き　237
　　　　5.1　帰無仮説の検定／5.2　MANOVAの検定統計量を計算する
　6　有意な多変量効果が出たときの事後分析　242
　　　　6.1　多重単変量ANOVA／6.2　ステップダウン分析／6.3　判別分析／6.4　従属変数の寄与／6.5　多重対比
　7　MANCOVA，反復測定MANOVA，および検定力分析　247
　　　　7.1　MANCOVA／7.2　反復測定MANOVA／7.3　MANOVAにおける検定力分析
　8　結　論　252
●推薦図書　252
●用語集　253

第9章　判別分析　255

　　　　0.1　例1（Porebski, 1966）／0.2　例2（McGrath, 1960）／0.3　例3（Shubin, Afifi, Rand, & Weil, 1968）
　1　記述的判別分析　260

1.1　仮定／1.2　変数の選択と順序／1.3　例1
2　予測的判別分析　271
　　2.1　多変量正規分布を想定した分類方法／2.2　分類規則の評価と解釈／2.3　変数の選択と順序／2.4　例2
3　要　約　286
●推薦図書　287
●用語集　287

第10章　メタ分析を理解する　291

1　メタ分析とは何か　291
2　メタ分析のおもな手順　293
　　2.1　ステップ1：リサーチクエスチョンの設定／2.2　ステップ2：文献の検索／2.3　ステップ3：研究のコード化／2.4　ステップ4：ESの指標／2.5　ステップ5：ESの分布の統計的検定／2.6　ステップ6：結論と解釈／2.7　メタ分析の例
3　方　法　310
　　3.1　研究のレビュー／3.2　検索手続き／3.3　研究のコード化／3.4　コード化手続きの信頼性／3.5　分析の単位／3.6　効果の算出
4　結　果　312
　　4.1　一般的な分析手続き／4.2　認知行動療法の知見／4.3　外れ値の検証
5　仮想例での考察　318
　　5.1　分析から漏れているものは何か？
6　本章の要約　319
●推薦図書　320
●用語集　320

文献　323
索引　336
訳者あとがき　340

注について：本文中，原書の注は◆，訳者の付した注は◇で示しています。

第1章

多変量解析へのいざない

Laurence G. Grimm and Paul R. Yarnold

　性別や教育年数は収入とどう関係しているのだろうか？
　60種類の気分状態のリストに対する被験者の反応に秘められた次元とは？
　ある車と別の車に対する被験者の好みの違いを決める次元とは？
　ジェンダーやIQ，きょうだいの数などに関する情報から，生徒が高校生活から中退するかどうかをうまく予測するにはどうすればいいか？
　心理療法の成果研究の中で，抑うつに対して相対的に効果があったのは認知行動療法と薬物療法のどちらだったのか？
　また，それらの発見はどの研究でも同様の結果を示すのだろうか？
　もし違うのであれば，何の違いがその一貫性のなさを説明できるのだろうか？

　多変量解析は，上述のような複雑なリサーチクエスチョンを扱うために使われるものであり，この20年で徐々に有名になってきたものである。おそらく多変量のテクニックを使うように推し進めた一番の原因は，汎用コンピュータや小型コンピュータのソフトウェアパッケージの発達と，ソフトウェアの利用者のための教科書であろう（J. P. Stevens, 1986; Tabachnick & Fidell, 1989）。20年前に複雑な統計分析を手計算のみで成し遂げようとするならば，相当な時間を要したものだ。それが今や，大きなデータセットでも数秒で分析ができるのだ。
　ソフトウェアパッケージが使えるようになったので，多変量を扱う研究の解析において，研究者は変数間の複雑な関係をより細かくデザインできるようになった。単一の従属変数を単純な群間デザインで測定するような時代は，とうに過ぎ去って

しまった。研究者が過ぎ去りし日に想いをはせる気持ちも理解できるものがある。因果モデルや検証的因子分析は，相関係数行列によって可能となる。一変数の F 検定は多変量分散分析（MANOVA）に発展し，Wilksの Λ などといった聞き慣れない新しい統計量が現れた。多次元分割表の対数線形分析は，一元や二元の分割表での χ^2 検定以上のことができる。回帰分析は徐々に複雑になり，今やわれわれはロジスティック，階層的，ステップワイズな回帰を行い，変数減少法，変数増加法のような新しい選択肢を知らなければならなくなった。これらの複雑な分析のすべてが新しいわけではないが，「ひとまとめにされた」ソフトウェアパッケージが普及するまでは，多変量のテクニックを学ぶモチベーションをもっている人はほとんどいなかった。しかし，この状況は変わりつつあるのだ。

ここで1976年と1992年のよく知られた2つの心理学系雑誌を比較してみよう。*Journal of Consulting and Clinical Psychology*（JCCP）と *Journal of Personality and Social Psychology*（JPSP）だ。論文の中で少なくとも1つは多変量解析を行っている，という論文の数を数えてみた。JCCPではこの時期，論文の中に多変量解析を使っている割合が9％から67％に増えている。JPSPでは，1976年に16％だったものが，1992年には57％になっている。このような多変量解析が使われるケースの増加が，大学の学部で統計の授業においてこのトピックを強調するようになった結果だ，と解釈する人がいるかもしれない。しかし，Aiken, West, Sechrest, & Reno（1990）の研究結果によれば，少なくとも心理学のフィールドにおいては違う，ということが示された。

186の心理学部に対して行った調査に基づき，Aiken et al.（1990）は「統計的，方法論的カリキュラムは，この20年ほとんど発展していない」と結論づけた（p.721）。調査回答者に，その大学での学部学生のさまざまな統計的技術の能力を判断するよう求めたところ（Aiken et al., 1990, Table5, p.726），多変量のテクニックを駆使する能力があると考えられる学生は少数派である，ということだった。たとえば，MANOVAを使えると判断された学生は18％であり，パス解析は2％，検証的因子分析は3％で探索的因子分析は12％，多次元尺度構成法は2％，メタ分析は5％，そしてその他の多変量解析は11％であった。

好むと好まざるとにかかわらず，多変量解析は一般的になりつつあり，学部の授業では学生にこの新たな現実に対応させることが求められるだろう。加えて，研究論文の消費者は少なくとも多変量解析に関するおおまかな知識と，研究プロセスからはじかれてしまう危険性に注意を払っておかなければならない。そのうえ，多変

量技術を用いる活動的な研究者でも，自分の領域固有のせまいデザインやデータ分析法しか知らないことも多い。結果的に，MANOVA は理解しているかもしれないがパス解析を使っている論文は読み損ねている，ということもある。本書は，こうした問題に対する1つの解決策なのである。

1 本書の目的

　本書では，複雑に絡み合った調査背景，仮説，表現，解釈について読者が理解できるように，さまざまな多変量解析を紹介していく。分析がどのように行われるのか，には言及しない。むしろ，多変量解析の基本的概念を紹介し，その手順をシンプルに，直感的表現で，可能な限り数式を使わない説明をしていく。また，そのトピックをより深く理解したいと考える読者のためには，推薦図書を提案している。用語や記号の用語集は，簡単に参照できるように各章の最後に用意した。筆者が想定している読者層は，単変量（一変量）統計だけは知っている，という人だ。

　大学院生にとって本書は，自分自身の研究を進める準備として，統計技術に関する授業の中で多変量解析をするために書かれた標準的なテキストの副読本として使ってもらいたい。もしかすると，すでに特定の多変量のテクニック（重回帰など）を実施したことがあるが，他の分析（判別分析など）の知識はほとんどない，という研究者もいるかもしれない。

　本書はまた，多変量解析を含む研究を利用する人にとっても，同様に有用なものである。臨床医，プログラムコンサルタント，教育者，管理職，その他行動科学者，社会科学の研究結果を応用しようとしている人たちである。こうした人たちが，多変量解析を使って書かれた論文の結果セクションを読み飛ばすことは多いにあり得るが，そのことで興味関心のある領域にとって重要な情報を見過ごしているかもしれない。

　トピックには，多くの読者が論文で出くわすであろうものや，自分の研究で使うであろう一般的なものを選んだ。そういう意味で，本書は包括的ではない。また，「多変量」という言葉を自由に使う。たとえば，重回帰はより丁寧な言い方をすると，多変量のテクニックというより多変量ストラテジー，と捉えられることが多いだろう。なぜなら，そこにはいくつかの予測変量があるが，1つの基準（独立）変数しかないからだ。同様に，多重クロス集計表は，多変量解析というよりも多変量を使

った研究のカテゴリーに入るだろう。メタ分析は，多変量解析のグループにはうまく入らないのだが，本書ではその章を用意した。なぜなら，この分析技術は徐々に有名になっていくはずだからだ。

2 本章の目的

本章では，読者に多変量解析の一般的な範囲を示し，本書における各章のトピックを紹介する。多変量解析の特徴を定義した後で，測定の尺度水準について解説する。なぜなら，測定の尺度水準に基づいて，統計技術は選択しなければならないからだ。次に，各トピックの要約を，研究背景への言及やデータ分析の型，そして必要なときには簡単な実例とともに示していく。

3 多変量解析とは何か

多変量解析の厳密な定義を与えるのは不可能だ。なぜなら，この言葉は皆が同意した上で使われているわけではないからだ。多変量解析は，研究の文脈や定義された変数を測定する尺度によってその意味が変わる。厳密には，多変量解析は多くの独立変数と従属変数を同時に分析するものである（Tabachnick & Fidell, 1989）。もっと一般的に言えば，もし2つ以上の従属変数が含まれるなら，それは多変量デザインだといえるだろう。一変数の一元配置分散分析（ANOVA）とMANOVAを比較してみよう。1つの独立変数と3つの従属変数からなる実験計画があったとしよう。一元配置ANOVAのアプローチでは，異なる群間平均を検定するために，それぞれの従属変数に対して3つの異なるF検定を行うことになる。MANOVAでは，同じデータに対して3つではなく1つの総体的な検定統計量を算出する。この「同時にやる」というMANOVAの基本的な考え方は，3つの従属変数を新しい変数としてまとめる，あるいは「線形結合させる」というものだ。もし検定統計量が有意であれば，これは2つの群が結合した変数と異なっていることを意味する。有意なF値はどこかの，あるいはすべての従属変数間に違いがあることを表している。しかし，有意なF値は従属変数が結合したことが原因で生じたのである。つまり，驚くことではないのだけれども，有意な多変量F統計量が得られたときでも，一変数

の F 検定がどこも有意ではないことがある。

　線形結合の概念は，多変量解析においてはあちこちで見受けられるものだ。ある研究者が重回帰分析において，結婚満足度をいくつかの変数で予測しようとしている，と考えてみよう。たとえば，結婚満足度を予測する変数として使われるものには，結婚年数とか，子どもの数とか，年収などがあるだろう。それらの予測変数を別々に用いる代わりに，個々の予測変数は 1 つの複合変数という形に合成される。合成された新しい変数と結婚満足度の関係は，重相関，あるいは R として表現される。それぞれの変数は結婚満足度との関連の強さにおいて，全体的な相関に関係している。重相関は結合の最もよい方法，あるいは重みづけで，予測変数は結合変数と結婚満足度の関係を最大にするようにつくられている。

　結合変数を生み出す別の例として，因子分析があげられる。たとえば，かなり多い個々の項目がテストに含まれていて，それがいくつかの合成変数，俗に言う「因子」にまとめられるが，これはテストに潜む次元を表している。

　次に，研究において定義される変数について，さまざまな測定の尺度があることを議論しよう。

4　測定尺度

　行動科学でのほとんどの研究は，数字という形でデータを集めている。ふつう，実際の数字に興味があるのではなく，数字が表すものに興味がある。測定とは対象や出来事に，事前に決められたルールに沿って数字を割り振ることである。数字の割り振りにはいくつもルールがあるので，同じ数字でも異なる意味をもつし，それは数字の割り振り方のルールに依存している。S. S. Stevens（1951）は，測定には 4 つの水準があることを提唱した。尺度水準ごとに，その数字が適用される特別な次元性が想定されている，と考えるのだ。

4.1　名義尺度

　名義尺度のルールで割り振られる数字は，ラベリングである。フットボールのジャージの上に書かれた数字，データセットにおいて女性が 1，男性が 2 とされること，社会保障番号などが，名義尺度の例である。名義尺度を使うとき，人はその数

字をその対象の名前以上に解釈することができない。さらにいえば，もし男性が2，女性が1と割り振られていたら——これはダミーコーディングとしてよく知られている方法だが——男性が女性の2倍であることを意味するわけではない。

2つのカテゴリーがある場合，名義尺度は二値変数とよばれる。性別は二値変数である。もし変数が特徴の有無で決められるのであれば，それも二値変数だ。2つ以上のカテゴリーを含む変数であれば，質的，カテゴリカル，ノンメトリックなどさまざまな呼ばれ方をする。さらに，そのカテゴリーが生じた回数やパーセンテージを表している表に使われるとき，それは頻度（度数）とよばれる。χ^2 値や対数線型分析は，度数形式のデータに対して施される。測定の形式やレベルを分類に際して考慮することが奇妙に思えるかもしれないが，Coombs (1953) は「この測定水準は非常に基本的なものであるため，測定として考えられることはあまりないけれども，より高次の測定水準のために必要な条件なのである」と述べている。

名義尺度は，対象が互いに排他的で網羅的なカテゴリーであることが不可欠となる。言い換えれば，各被験者や観測値はどこか1つ，しかもそこだけのカテゴリーに割り当てられ，すべての観測値や被験者は特定のカテゴリーに分類される。たとえば，治療に対する反応を予測する変数群を特定するような研究がしたいとしよう。すべての被験者は反応する側か，反応しない側かという2つのカテゴリーのどちらかに割り当てられる。相互に排斥的で余すことなくカテゴライズされるというルールに従って，被験者は一方だけのカテゴリーに分類され，けっして両方に該当することはない。そしてすべての被験者がどちらかのカテゴリーに分類されるのである。名義尺度を使うときには，一貫した分類のルールを使うことが求められる。つまり，この例では，研究者は反応する，しないの定義をはっきりとさせておかなければならない。ある例では，反応する側は不安の範囲が「通常」である人と定義され，反応しない側はこの範囲外のものである，といったように定義される。

カテゴリー間の違いは，程度の違いというよりも種類の違いの1つであることは，とくに強調しておきたい。これは名義尺度で測定することの基本的な特徴だ。さらに言えば，カテゴリーの数はカテゴリー化の枠組みで使われる基準，規範を反映したものであると見なされる。研究者がよいカテゴリー化を行っているかどうかは，実践的・理論的文脈（あるいはその両方）においてのみ判断される。

後の章では，カテゴリカルな変数が分析に使われる多くの例を示す。たとえばロジスティック回帰分析や判別分析は，従属変数がカテゴリカルな変数のときに使われる。第6章では，Rodgers がクロス分類表やオッズの概念について，変数がカテ

ゴリカルに定義されたときの研究例を用いて解説する。また，MANOVA にも独立変数としてのカテゴリカルな変数がある。

4.2 順序尺度

　順序尺度は観測がカテゴリー化されているという点で，名義尺度と同じ特徴をもつ。しかし，順序的数字は他の数字との関係について，特別な意味を有している。大きい数字は小さい数字よりも大きな何かの量，というように。順序尺度はある特性の序列順位を表している。順序尺度は質的だといわれるが，そこには限定された意味での量の考えが含まれている。順序は何かがより多い，より少ないことを表しているが，どれほど多いか，少ないか，ということは示さない。1 位と 2 位の違いは 4 位と 5 位の差が示すものと同じ量であるわけではない。言い換えれば，隣接した順序間の間隔が，順序範囲全体を通して一貫していないのである。第 5 章では，Stalans が順序尺度で測定された変数に多次元尺度構成法を適用する例について解説する。

4.3 間隔尺度

　三番目は間隔尺度である。間隔尺度は異なる数字が異なることを示すという意味では，名義尺度の性質をもっている。また間隔尺度は，異なる数字が何らかの大小を表しているという点で順序尺度とも似ている。しかし，それ以上に，間隔尺度は尺度上で等しい距離があれば，尺度の背後に仮定された次元上の距離も等しいことを表している。（温度の）華氏は間隔尺度である。華氏 80 度と 85 度の違いは，90 度と 95 度の違いと同じ量である（水銀の単位で計測される）。
　順序尺度と間隔尺度の区別は，いつも簡単にできるわけではない。とくに行動科学においては。たとえば，IQ 100 の人と 105 の人の間の違いは，45 と 50 の人の違いと同じだろうか？　数字的な距離は同じであっても，順序尺度で定義されるか間隔尺度で定義されるかによって，数字の意味が変わってくる。尺度が表す背後にある隠された次元が重要なのである。IQ 100 と 105 の人の違いが示す「知能の量」は，IQ 45 と 50 の人が示す「知能の量」と同じなのか？　もう 1 つ例を挙げれば，抑うつ尺度で取りうる最も高いスコアは 30 なのだが，このスコアが 20 の人と 30 の人の抑うつの程度が，5 と 15 のときの程度の違いと同じなのか？　多くの統計的検

定は，データが等間隔次元を反映していることを必要としている。しかし，ある変数の尺度が等間隔で測ることができるのかどうかは常に考えておかねばならないのだが，行動科学は間隔尺度としてその測度をよく想定したがる。しかし，そうしたことに経験的な証拠はない（Cliff, 1993）。

本書の中で扱われる分析のほとんどが，連続尺度に適用されるものである。重回帰分析を自記式尺度のスコアを予測するのに使うとき，基準変数は連続的な尺度で測定されている。MANOVAは従属変数が連続的で，判別分析は独立変数が連続的である。

4.4 比率尺度

比率尺度は間隔尺度のすべての特徴を保持し，さらに絶対的な零点に意味をもっている。間隔や比率尺度で集められたデータは「計量（メトリック）データ」とよばれる。華氏はゼロが「熱がまったくない状態」を意味するわけではないので，比率尺度ではない。長さは比率尺度である。なぜなら，そこには絶対的な零点（長さがないという状態）があるからである。比率尺度の1つの特徴は，数学的に2倍の大きさをもつものは，それが何を測っているのであっても，2倍大きいことを表している。たとえば，IQ 100は50の2倍の知能を表すものではないため，IQはこの特徴をもたない。一方で，「身長」の仮定する次元は絶対零点をもっているから，2mの人は1mの人の2倍大きいといえる。時間もまた，絶対零点をもつ変数の1つだ。だから，人の反応時間が0.5秒というときは，0.25秒で反応する人の倍時間がかかっている。

行動科学において，比率尺度の性質をもった変数は珍しく，いくつかの測定変数が比率尺度として測定されているように見える，というぐらいが関の山である。業績，適正，人格特性や精神病理学の測度では，意味のある絶対零点はない。

原点として提供される絶対零点がない場合には，2つの異なるスコアはそれぞれ相対的にしか解釈できない。あるスコアが他のスコアの2倍のサイズであったとしても，測られたものの量が2倍であるわけではない。一般的に，妥当な統計解析を選ぶときに最も重要なことは，名義尺度（カテゴリカルデータ），順序尺度（ランクデータ），連続尺度（間隔・比率尺度水準）を区別することである。

4.5 測定尺度と統計分析の関係

　Pedhazur & Schmelkin（1991）が簡潔に言い表したように「測定は統計的分析で使われる数字を算出すること」(p. 25)である。統計的分析は，測定と直接的につながっている。測定の尺度はデータに対するさまざまな統計的操作を「認める」。順序的な数字に対する算術平均と標準偏差の算出は，まったくもって無意味だ。順序的データの分析に際して，パラメトリックな統計量[◇1]を使うのも同様である。行動科学者はより強力な，パラメトリックな統計解析を使ってデータ分析をしたいために，あるデータが間隔尺度ではなく順序尺度であると仮定するのを拒んでいるのではないか，と思わせるような例は多い。IQ スコアが間隔尺度ではない，という仮説があるにもかかわらず，調査者は 2 つのグループ間の IQ の平均値を比較する際にパラメトリックな分析を使いたがる。心理学者は態度の測定に割り振られた数字が，想定する背後の次元でも等しい間隔である，ということにまちがいなく同意できるのだろうか？　それでもパラメトリックな統計分析は，態度を測定するのにいつも使われてきた。統計学者の中には，順序尺度と間隔尺度の区別が，はっきりと定義できないと論じた者もいる（Borgatta, 1968; Gardner, 1975; Nunnally, 1978）。Gardner（1975）は，変数によっては順序なのか間隔なのか，「グレー」な領域にある，とした。たとえば，心的な能力や態度がそうである。Nunnally（1978）と Labovitz（1972）は，順序尺度と間隔尺度の中間領域に陥った変数の扱いによって生じる問題は，それらの変数にパラメトリックな統計を適用することで得られる大きな感度や検定力で埋めあわせがつく，という意見をもっている。しかし，尺度水準の仮定が破棄されたときには，分析の結果も疑わしくなるといっておいたほうがいいだろう。

　統計家は，データ分析の測定や方法のレベルに関する妥当な一致について，議論し続けるであろう。しかし，行動科学者がもっている興味関心は，測定の正確さのほうにより多く注がれていることはまちがいない。

[◇1]　パラメトリックとは，パラメータ（母数）を使った，という意味で，母集団分布の統計的特徴を規定する母数を使った統計量のことをパラメトリックな統計量という。母数を使わない統計量はノンパラメトリックな統計量である。量的な変数は平均や分散を算出でき，そこから母数を推定してパラメトリックな分析をするのが一般的であり，順序変数などはノンパラメトリックな分析をするのが一般的である。

5 本書の章

　本書の以下の章では，よく使われる統計的手続きを広範囲にわたって議論している。なぜ何種類もの多変量解析があるのだろうか？　それは，研究の問い（リサーチクエスチョン）の種類が異なるからであり，それぞれのリサーチクエスチョンにふさわしい多変量解析が適用されるからである。つまり，それぞれの分析は独自の目的をもっているのである。さらに，どの多変量手続きを使うことがその人のデータ分析に適しているかを決めるときに，その研究デザインに含まれる変数がどの測定尺度であるかを考えなければならない。

　本章の残りのパートで，このテキストの各章を，要約して紹介しよう。ここでの目的は，本書での各分析を短く紹介し，統計手続きの目標や目的，そして分析で使われるデータの性質について注意をうながすことである。

5.1　重回帰分析

　重回帰が典型的に使われるのは，1つの連続変数である従属変数（基準変数ともいう）に対して，2つ以上の独立変数（予測変数ともいう）を使って予測するというときである（図1.1参照）。独立変数は連続的でも名義的でもよい。たとえば，収入を予測するために，性別や教育年数を予測変数として用いる重回帰分析がある。収入や教育年数は連続尺度であり，性別は名義尺度である。重回帰分析の一般的な使い方の1つは理論の検証であり，基準変数と予測変数の間の関係が検証される。重回帰分析のもう1つの目的は予測であり，回帰方程式がデータのあるサンプルに適用されてから，その方程式を使ってまだ値がわからない被予測変数に対して，基準変数の値を予測するときに使われる。たとえば，ある人事部長が労

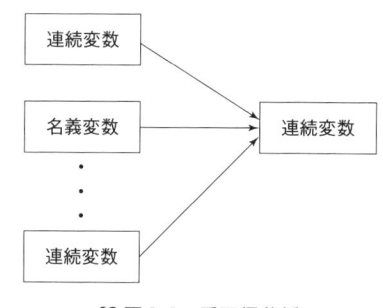

図1.1　重回帰分析

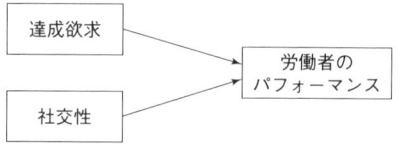

図1.2　重回帰分析の例

働者に期待されるパフォーマンスを予測するために，達成欲求や社交性を測定する尺度セットの値をもとにしていたとしよう。すでにわかっているパフォーマンス，達成欲求，社交性の変数を使って労働者のサンプルから重回帰方程式が導出される（図1.2参照）。第2章では，Licht が重回帰の最も重要な側面について，詳細に解説する。

パス解析

パス解析は，研究者が変数群の中の予測される関係について，はっきりとした因果モデルを仮定しているときに使用される（図1.3参照）。仮説の立て方として，関係する変数が概略的なダイアグラムで描かれることが多い。パスモデルの中にある変数は，それぞれ測定されている必要がある。分析で用いられるデータの種類は重回帰と同様である。実際，第3章では Klem が「パス解析は重回帰を拡張したものとみなすことができる。"X は Y の原因である" は回帰モデルであり，"X は Y の原因であり，Y は Z の原因である" がパス解析だ」（p. 65）と指摘している。

犯罪被害者における精神医学的症状の原因究明という仮説的因果モデルを考えてみてほしい。発病前の心理学的問題（犯罪の前に精神医学的症状を体験した回数など），犯罪でどれだけ暴力を受けたのか，無力感をどれだけ感じたか，犯罪に続けて起こった症状の深刻さ，という4つの測定される変数がある。パスモデルの中では，仮説は次のように表される。

1. 被害を受けた後に心理的症状を引き起こす最も重要な（直接的にかかわる）決定要因は，被害者が犯罪被害を受けている最中に無力だと感じる度合いである。
2. 無力感を経験するのに決定的で（直接的にかかわる）重要な2つの変数がある。それは心理学的な病歴と，犯罪被害を受けている間の暴力の程度である。
3. 心理学的問題の病歴と犯罪で受けた暴力の程度は，被害後の症状の深刻さに対して，独立した直接的な決定要因となる。しかし，病前の状況と被害後の

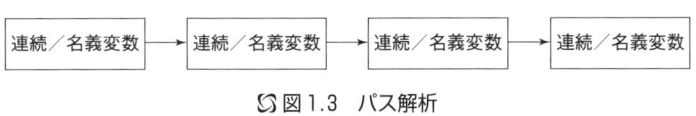

図1.3　パス解析

症状における暴力の直接的つながりは，無力感と被害後の症状とのつながりより弱いものである。

一連の重回帰式は，変数の関係パターンを確立するためと，得られたデータが仮説に合う度合いを検証するために使用される。得られたデータが2つのうちのどちらのモデルに適合するかを比較することも可能である。たとえば，上記のモデルと，無力感を媒介変数として明記せずに被害を受けた後の症状，病前の心理学的問題，暴力，無力感の大きさの直接的な関係を仮定するモデルを比較できるだろう（図1.4参照）。第3章では，Klemがこの社会科学や医学で一般的になりつつある重要な方法論的アプローチを包括的に紹介する。

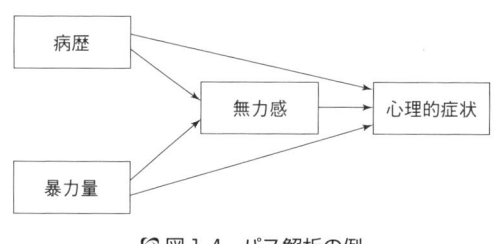

図1.4　パス解析の例

5.3　因子分析

第4章で，BryantとYarnoldが主成分分析（PCA）と探索的因子分析（EFA），検証的因子分析（CFA）について解説する（図1.5参照）。PCAとEFAは次元縮約の技術だ。連続変数のセットが得られたら——たとえば質問紙の項目など——，PCA（とEFA）はより少ない変数のセット，固有ベクトル（因子）とよばれるもの，を特定するために使われる。この新しい変数は，元の変数セットの分散の大半を説明する。たとえば，被験者のサンプルに対して質問紙調査が実施されたとしよう。質問紙には気分の状態を査定するために専門家たちが開発した60

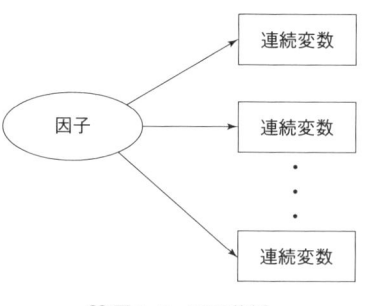

図1.5　因子分析

の質問項目が含まれていた。PCAの結果，これが3つの固有ベクトル（怒り，幸福，そして悲しさ）で，被験者の60の項目に対する反応の全体の分散のうち85%を説明することが示された，ということになるかもしれない。そうすると，60の異なる項目について質問紙をながめるより，3つの新しい変数をつくることですべての反応の85%を説明できることになる。

　CFAは，PCAやEFAを使うよりも，研究者がもっとはっきりと仮説を検証するために使うことができる。たとえばCFAでは，どの項目がどの因子に関係するのか，ある因子が他の因子とどのように関係するのかについての仮説に対して，それを検証することができる。また，CFAで気分状態質問紙を分析するとき，調査者はどの項目が怒り因子に属し，幸福因子に属し，悲しみ因子に属するのかを明確にできる。さらに，幸福因子と悲しさ因子が負の相関関係にあるかどうか，怒り因子と幸福因子が無相関であるかどうか，怒りと悲しさが正の相関をしているかどうか，といった仮説も検証できる。パス解析同様，CFAでは事前の理論的モデルが必要とされ，そのモデルと得られたデータを比較する。さらにCFAでは2つ以上のモデルのどちらがうまく「説明する」，あるいはデータに適合するか，を検証することができる。

5.4　多次元尺度構成法（MDS）

　カテゴリーとしての数字の類似性に基づくパターンを理解したいのであれば，MDSが最適だ。たとえば，マーケティングにおいては，なぜ人々が他の車種よりもある車種を好むのかを知りたいと思う。研究者が11種類の車，メルセデス，ジャガー，ホンダ，アコード，ビュイック・センチュリー，リンカーン，コルベットなどを選んだとしよう。販売店に来た人に対して，それぞれの車がどれぐらい好きかを評定してもらう。MDSによって，11種類の車の選好に対する相関関係を使い，なぜある車が他のものよりも好まれるかを発見する。MDSは2つの車の好みの類似性を，空間における2つの車の距離として表す。つまり，同じような選好評定がされた車どうしは近くに，異なる選好評定がされた車は離れたところに置かれる。どの2つの車の距離が拡大したとしても，選考評定の類似性が下がったことを表すと考える。MDSは最初の配置を線に沿って行い，この配置のことを第一次元とよぶ。

　一般的に，1つの次元では類似性判断のパターンを把握するのに十分であるとは言えない（この場合，類似性は好みの相関関係である）。MDSは2つ目の次元，第

二次元も特定することができ，そこでは第一次元では説明できなかった類似性のパターンを説明するようになる。MDS の解が一次元から二次元に移ることで，車は線上にではなく，空間（二次元平面）に配置されることになる。空間に配置された刺激の位置は，被験者の車の選好パターンを明らかにする。空間で近くに位置した車は，遠くに位置した車どうしよりも類似性が高い。MDS はまた，ストレス値という指標を算出する。これは相関関係のパターンからつくられたパターンがどれぐらいうまく適合しているのかを示すものである。MDS が第三の次元をつくったら，車は三次元空間，すなわち立体上に位置することになる。空間で近くに配置された車どうしは，相対的に遠くに配置された車どうしよりも類似性が高いと判断される。このようにして，MDS は観測された類似度評定と，そこに含まれる次元との適合度が，受け入れられる範囲内で最も少ない次元数を決定する。この最小空間における刺激の位置が，選好評価の構造を視覚的に表現したものである。

　こうした MDS 次元の性質を解釈するにはどうすればよいのだろうか？　測定された変数，つまり理論に基づいた，類似性判断の基盤を説明する変数を用いることによって解釈するのである。自動車の例では，被験者がコスト，サイズ，国産車か外車か，といったものに沿って判断し，評価が得られた。その際，MDS の次元における刺激の値[◇2]を予測するために回帰分析を行う。それぞれの刺激（車の種類）は値をもっている。それは MDS のそれぞれの次元に沿ったものである。もし刺激の MDS の値がうまく予測できれば，これらの刺激間の類似性判断に影響した変数に関する洞察を得られる。第 5 章では，Stalans がこうした MDS について入門的な説明をする。そこでは非計量的な二次元の多次元尺度構成法を紹介する。この章は，最も適切な MDS 手法は何かを伝え，MDS を使って研究の統計的な結果を解釈するにはどうすればいいかを教えてくれる。

5.5　クロス集計表分析

　第 6 章では，Rodgers がクロス集計表データを用いた分析について述べる。クロス集計表は，分割表ともよばれ，それぞれの表のセルには度数が入っている。その度数は，あるものが 2 つ以上の質的要因を交えるときにカウントされる。たとえば，人が企業における 5 種類の仕事分類と，男性・女性の別を表から読み取りたいとし

　◇2　座標。

よう。クロス分類表分析の目的は，2つ以上の変数が関連しているかどうかを決定することにある。この例では，性別と仕事分類が不均衡に分布しているかどうかを見いだすことができる。

χ^2分析は，二変数クロス分類表のような，分割表の関連を検定するために使われる。この研究デザインに人種や結婚歴などといった3つめの変数を含めることは容易だと思うかもしれない。しかしこのデザインでは，伝統的なχ^2検定は妥当ではない。むしろ，多変量手続きの1つを使って，よく知られている線形確率モデルで，多次元分割表の分析を工夫するべきである。これらの分析は，たとえば，ログリニア（対数線型モデル），ロジスティック回帰分析，プロビットモデルなどと呼ばれる。これらのアプローチを理解するときに大事なのは，オッズ比の概念である。この章では，オッズ比がどのようにして計算されるか，そして多次元分割表の文脈ではどのように解釈されるか，が示される。この例では，会社における上層部のオッズは従業員の性別に依存することを示すだろう。おそらくそのようなデータの分析に用いられる線形確率モデルで最も一般的なものは，ロジスティック回帰分析である。

5.6　ロジスティック回帰分析

ロジスティック回帰分析は，独立変数が質的（性別など）あるいは量的（テストの点数など）だが，従属変数が二分されるものである場合に用いられる（もし従属変数が連続的であれば，重回帰が用いられるであろう）。ロジスティック回帰分析は独立変数が2つ以上の水準をもつときにも拡張され，それは多項ロジスティック回帰とよばれる（図1.6参照）。

高校を卒業した生徒と中退した生徒を比較する研究を計画したとしよう。卒業か中退かという状態が従属変数である。独立変数には，性別，IQ，友だちの数が含まれる。これらのデータから，ロジスティック回帰分析によって他の変数を制御したうえで，ある独立変数の値が増加することが学校を中退する確率をどれほど上げる

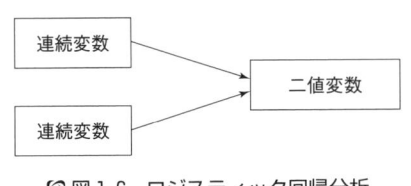

図1.6　ロジスティック回帰分析

か，ということを明らかにする。ここで，卒業か中退かという状態の予測において，変数の相対的な重要度が特定される。さらに，ロジスティック回帰分析は独立変数のスコアをもとにした，学校中退のリスクを特定することができ，分類モデルを発展させるためにも使われる（図1.7参照）。第7章で，Wrightによって，さまざまな領域において有名になりつつあるこのロジスティック回帰分析について議論を展開する。

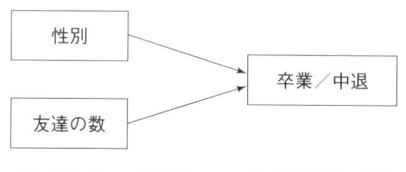

◎図1.7　ロジスティック回帰分析の例

5.7　多変量分散分析（MANOVA）

MANOVAは1つ以上のカテゴリカルな独立変数（「療法」など）と，2つ以上の連続した従属変数を含むデザインのときに使われる（図1.8参照）。分散分析（ANOVA）のように，それぞれの独立変数の個別の効果を検証できるし，独立変数どうしの組み合わせによる効果，すなわち交互作用も要因のデザインとして使うことができる。このデザインのとき，ANOVAを反復せずにMANOVAが好まれるのはなぜだろうか？　まず，一変量のF検定を各従属変数に対して用いることはタイプIエラー（帰無仮説が真であるのに棄却する）の確率を増やしてしまうことがあげられる。次に，より重要なことだが，個別のANOVAではどの従属変数に対しても群の差が得られないにもかかわらず，有意な多変量効果を得ることができる可能性が残っている。こうした問題は，MANOVAを使えば避けられる。さらにMANOVAではすべての従属変数を交えて同時に分析する。すなわち，MANOVAでは，群間の区別を最大化するような，従属変数の線形結合を見つけるのである。MANOVAはまた，作られた線形結合に対するp値を伴う検定統計量を算出することができる。

第8章では，WeinfurtがMANOVAを使ったときに通常算出されるさまざまな統計量とともに，MANOVAを使うことでわかる多変量効果の解釈のしかたについて紹介している。もし多変量効果が見いだされたら，通常の方法ではMANOVAのあと，一連の一変量F検定をすることになる。しかし，このアプローチでは2つ

第1章 多変量解析へのいざない

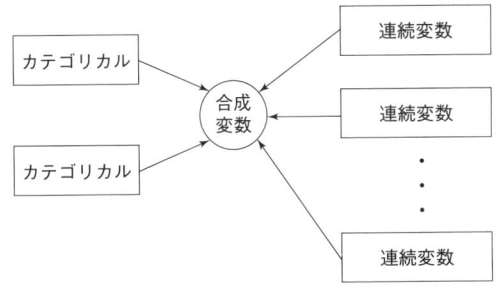

図1.8 MANOVA

以上の従属変数による線形結合について，異なる集団の効果があるかどうかは明らかにされない。群を最大限分割する従属変数の結合を特定するためには，判別分析がよく使われる。

5.8 判別分析（Discriminant Analysis: DA）

第9章では，SilvaとStamが記述的・予測的判別分析について解説する。どちらの判別分析の形式でも，従属変数あるいは基準変数はカテゴリカルで，独立変数は連続量である（図1.9参照）。記述的判別分析のそもそもの目的は，独立変数が従属変数の異なるカテゴリー間の違いをどのようにしてうのか，を理解することであった。それに対して，予測的判別分析の目的は，被験者の独立変数についてのスコアの情報を使って，実際のカテゴリー・メンバー状態を予測するために使われる。たとえば，大学でのバスケットボール選手をランダムに集めたとしよう。ここでNBAのドラフトにかけられる選手であるかどうか（従属変数）を，一試合あたりの平均得点，身長，垂直飛びのスコアなどの学生時代のパフォーマンスを示す量的変数（独立変数）で明らかにすることに興味があったとする。記述的判別分析だと，これらの変数は選手の2つのクラス（NBAのドラフトにかけられるほうとかけられないほう）間の違いをどのように判別するかを理解するために用いられる。この使い方の記述的判別分析はMANOVAに似ていて，独立変数と従属変数が逆転しているだけであることに気づくだろう。MANOVAを使えば，

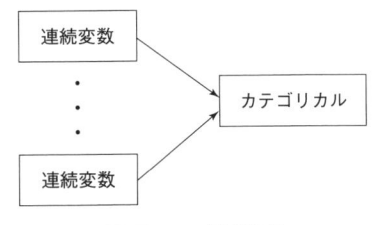

図1.9 判別分析

17

NBAドラフトにかけられるかどうかが独立変数で，従属変数のパフォーマンス測度について，従属変数の（あるいは従属変数の線形結合の）平均の違いが有意かどうかを検定することになる。

コーチや採用担当者やプレイヤーは，予測的判別分析の応用により興味をもつかもしれない。そういうときは，予測的判別分析の目標が，独立変数のある結合によってNBAの選手になれるかどうかを予測できるかどうか，になる。もしこの研究において，けがの種類といった質的な測度でプレイヤーのパフォーマンス評価がされているのであれば，判別分析は不適切であり，ロジスティック回帰分析が手法として選択されるだろう。

5.9 メタ分析

今までふれてきたそれぞれの分析は，1つの研究の文脈で適用されるものであった。時折，特別なリサーチクエスチョンが科学コミュニティの注意を引き，多くの研究が同じ現象を扱うことがある。そのような場合，メタ分析によって，文献で累積してきた発見を量的に要約することができる。Durlakが第10章で論じるように，メタ分析は各研究の記述的特徴をデータとして，それを一般的に「効果量」とよばれる共通の指標に変換する。効果量は変数間のつながりの強さや，群間の違いの大きさを指標化したものである。まずサンプル研究で，対応する効果量が似ているのか，同質なのかを決定する。もし効果量が同質であるとなれば，メタ分析的手続きを使うことで，その研究全体で考えられる効果量を推定することができる。一方で，もし効果量が同質でないことになれば，研究群を調べて同質な効果量をもてるようにしなければならない。

研究論文全体を見渡すと，同じように大きな効果量をもつ研究の群と，同じように小さな効果量をもつ群が存在したとしよう。2つの研究群の違いは何だろう？この問いに答えるために，異なる結論をつくり出したそれぞれの研究の特徴，たとえばサンプルのデモグラフィックな特徴や，計測道具の違い，方法論的な違いを検証し，変数を特定する分析がなされる。たとえば，心理療法のメタ分析は，あるタイプの治療がある行動障害により効果的であり，別の治療アプローチは別の障害により効果的である，ということを明らかにする。治療者の経験レベル，もしくは行動観察や自己申告式の尺度が治療の結果を定義するために使われるかどうか，など，別の要因が浮かび上がるであろう。メタ分析を使うことで，調査者は，調査で現象

を理解したり，研究にさらに必要な問題を強調するときに重要な変数を明らかにできたりする。

6 終わりに

　さまざまな研究場面で，多変量解析を使うのが一般的になってきている。多くの多変量手続きは一変数／二変数の分析の拡張であるが，一変数／二変数統計の経験しかない人にとっては，多変量解析の領域が恐ろしいだけでなくまったく異質なものに見えるかもしれない。たしかに，多変量解析を使う調査者は適切な方法を選び，分析を多面的に，また徹底的に理解する責任を負わねばならない。そのような分析を用いる論文の結果のセクションだけを理解するために，多変量解析をマスターする必要はない。むしろ研究の消費者にとって重要なことは，著者がその統計手法を用いた理由を理解するということである。本書を読んで，多変量解析に出くわしたときに感じる不安をいく分減らせられたら，と願っている。統計領域の本を読むことは，基本的に努力を要する。しかし，注意深く読んでもらえば，読者は以下の章を読み進め，統計分析の数学的側面に煩わされることなく，多くの多変量解析を理解することができるだろう。数学的側面はほとんど出てこないので，ご安心を。

第2章

重回帰分析と相関分析

Mark H. Licht

　行動科学や社会科学のどの領域でも，重回帰分析と相関分析（Multiple Regression and Correlation, 以下 MRC）の結果を読めなければ研究を理解すること，研究の発展についていくことはむずかしいだろう。実際に，これらの領域において基礎研究，応用研究として公開される論文の多くが，重回帰分析，相関分析の手続きを用いた研究結果を含んでいる。本章は，MRC の統計的な細部について，限られた知識しかもっていない読者に向けて書いている。本章の狙いは，読者に最も一般な分析結果を概念的に理解してもらうこと，この分析法を実際に使うときの一助となること，である。

　この仕事を引き受けたときの私の最も大きな関心は，統計の解釈をするときの「生兵法は大けがのもと」というところである。「専門家」が MRC 分析について解釈するときでさえ，いくらかの複雑さと意見の相違が生じる。したがって，解釈のためのシンプルなガイドラインは，かえって誤解や誤用を生じさせる可能性もある。しかし本章が，重回帰分析の解釈が複雑であることがわかりつつも，手続きの概念的な理解が進むことで，MRC を使用した研究を理解する助けになればと願っている。

　Wiggins（1973）で論じられていたように，回帰／相関分析の歴史的ルーツは，19世紀末の Francis Galton と Karl Pearson にまでさかのぼれる。これらの手続きは心理学における「個人差」研究の分野と密接に関連している。それは，変数間の関係から自然と生じるものを見ることによって，個人差を明らかにしようという試みであった。それに比べて「実験系」心理学は，実験室状況において変数を操作・

制御し，あらゆる個人に応用できる一般法則を発見しようとする。こちらの系列では，Ronald Fisher によって展開された分散分析のようなデータ分析手法が好まれている。

　心理学において個人差系と実験系が枝分かれしてしまった不幸な結果の1つとして，データ分析的手法に対する不適切な偏見が広まってしまったことがあげられる。多くの実験心理学者は，分析に際するデータの相関について「あまり科学的に望ましいものではない」と考え（Cohen & Cohen, 1983, p.5），相関研究デザイン（たとえば無作為割り当てをしないとか，独立変数を操作しないデザイン）のときだけ相関について分析しようと考えた。Fisher 派の分散分析（以下 ANOVA）とそれに関する手法こそが，実験調査デザイン（すなわち，参加者のランダム割り当てと独立変数の操作を行うデザイン）にとって最も妥当であると考えられた。しかし，相関的デザインと実験的調査デザインの違いを，データ分析の手続きに一般化する正当な理由は存在しない。

　皮肉なことに，Fisher が集団の違いに意味があるかどうかを検証しようとした初期のアプローチでは，今や有名な平均平方を使う ANOVA 法ではなく，MRC 法が使われていたのだ（Tatsuoka, 1975 参照）。しかし，コンピュータのない時代において，複雑な計算を要する MRC の実行は事実上不可能であった。したがって，Fisher は計算技術的に実現可能性の高い ANOVA に舵を切ったのだ。しかし，ANOVA や ANCOCA（共分散分析）は人が，そして多くのコンピュータプログラムがするように，MRC の方法によって解を出している。実際，Fisher 流の分散分析手続きは，MRC の特殊でより制限の多いケースとして表現し直すことができる（Cohen & Cohen, 1983; Pedhazur, 1982; Tatsuoka, 1975）。

　概念的には，MRC は被験者グループの人数をもとに，従属変数における被験者のスコアを有意に予測できるか否かを判定することにより，被験者グループ間の差の統計的有意性を決定（すなわち ANOVA の基本的な役割である）する。どのようにしてこれが成立しているかを説明するのは，本章の範囲を超えてしまっている。しかし，どこかで見かけることがあるかもしれないので，こうした MRC のすばらしい表現力を理解するために，本章では MRC 概念の基本的な知識を提供する（Cohen & Cohen, 1983; Pedhazur, 1982 参照）。

　高速で演算を行うためのコンピュータの発展と普及によって，データ分析手法の広い範囲で，MRC の人気がうなぎ上りだ。MRC はいまや，さまざまな研究デザインやリサーチクエスチョンに対するデータ分析として，一般的で応用しやすいもの

として，広く認識されている。たとえば，独立変数は連続的でもカテゴリカルでもいいし，自然発生的問題でも実験的操作でもいいし，相関していてもしていなくてもいい。さらに独立変数と従属変数との関係は線形でも曲線形（非線形）でもよいのである（Cohen & Cohen, 1983; Pedhazur, 1982）。

　重回帰／多重相関は，2つの変数しか扱わない二変数の（単純な，ゼロ次の，ともよばれる）回帰／相関と密接に関係している。実際，MRC は多変量を扱う二変数の回帰／相関の拡張であるとする見方もある。他の多変量手法にカテゴライズされることもあるが，MRC はおそらく一変数の分析手続きに分類するほうがより正確である。なぜなら，従属変数が1つしかないからだ。いろいろな意味で多要因 ANOVA と一要因 ANOVA の関係が，MRC と二変数回帰／相関との関係に対応する。すなわち，二変数回帰／相関と一要因 ANOVA は，どちらも1つの独立変数と1つの従属変数をもつものだ。MRC と多要因 ANOVA は多くの独立変数をもつにもかかわらず，従属変数は1つのままである。正準相関分析など，複数の従属変数を使用するような MRC の真の多変量拡張についての議論は，たとえば Cohen & Cohen（1983）や Pedhazur（1982）を参照してほしい。

　二変数・多変数の回帰／相関を使った研究を2つのタイプに分割してみよう。(a) 応用的な状況で，実際の意思決定を目的として行動や出来事の予測をしようとしているもの。(b) 理論の検証や発展のために，現象の本質を理解したり説明したりしようとしているもの。詳細は他書に譲るが（Pedhazur, 1982），予測と説明は科学の基本的な目的であり，分離不可能な概念である。したがって，研究の目的が，説明するために与えられた情報から予測することになったり，その逆であったりする。予測と説明の違いを，なんらかの人工的な違いで分けることで，この2つの目的別に MRC の解釈を検証するといいだろう。

　続く2つの節では，実用的予測と理論的説明について，それぞれの目的のための MRC の使用を要約しながら説明する。それらの要約の中には，論文から引用した実例に基づいた手続きと概念の概要が示されている。これらの例は MRC 分析の結果の説明と解釈にも用いられる。各節の終わりには，それぞれの目的における MRC の使用に関する要点を簡潔に示している。方法論的かつ概念的ないくつかの重要な議論は，結果と解釈の説明の複雑さを最小限にするため，これらの節からは省かれている。これらの論点は章の終盤にある「方法論についての総合考察と仮定」のところで論じられる。本章の終わりには，MRC の使用に関する一般的な結論と，推薦図書をおいておくことにする。

よく出てくる MRC の用語，記号，定義は，章の最後に用語集としてまとめた。本章を読むにあたって，あるいは MRC を用いた研究を読む際には，用語集を参照するとよいだろう。いくつかの用語は自明のものであったり，あるいはもっとはっきりさせる必要がある言葉だったりするかもしれないが，それらは文中でふれている。

 予測に応用する

1.1　概　　観

　MRC を実践的な予測目的で使うのは，最も一般的には教育とか，職業とか，法医学とか，臨床的なシーンだろう。予測変数のセット（たとえば，デモグラフィック要因とか，テストの得点，行動の観察など）が，他の重要な出来事や行動，いわゆる基準変数（たとえば，学校の成績，仕事の成績，暴力や自殺企図，テストの得点など）を予測するのに有用かどうかを推定するために用いられる。

　多変量の回帰／相関の予測力が二変数の回帰／相関よりも強くなることは，複数の予測因子による予測の絶対的な水準が，それぞれを単独で用いた場合よりも少なくとも同程度に良い。そして，ほとんどの場合より良くなることが容易に見てとれる。たとえば，大学院での成功基準を予測しようとすると，学部の学年と GRE スコア◇1 を使ったほうが，学年変数1つだけを予測変数としてやるよりもよい予測ができる。少なくとも，それと同程度にはなる。もしも学部の成績に加えて GRE のスコアを予測に用いることに意味がなかったとしても，MRC に含まれている GRE のスコアは無視されるだけで，最終的な正確さが損なわれることはない。さらに言えば，成績で予測されていない GRE の何らかの予測効果が，予測精度を向上させるようにはたらくだろう。しかし，後に議論するように，不必要に予測変数を増やすことは避けなければならない（たとえば，他の予測変数以上に意味のある予測をしないような変数を）。なぜなら追加された予測変数それぞれがもつ，サンプル個有の特性による影響が生じる可能性が，増加してしまうからだ◆1。

　以下で述べる例で示されているように，予測するための線形式，すなわち重回帰

　　◇1　Graduate Record Examnation の略で，大学院進学適性試験のこと。

方程式という，2つ以上の変数に重みづけをして足し合わせたものを導くためにMRCが使われるものを導出研究（derivation study）という。この式は，予測変数のスコアが基準変数のスコアを最も正確に予測するように結合したものである。また，MRCはこの線形結合された予測変数と基準変数の間の関係について，どの程度予測が正確なのかも推定する。

　導出研究における線形方程式は，その研究のサンプルに合わせて「カスタムメイド」されているため，違うやり方で入手した他のサンプルを予測するのは期待できない（Wiggins, 1973）。つまり，予測の正確さと関係の強さは他のサンプルにその方程式が使われたとき，縮小（shrinkage）してしまう。起こりうる縮小の量を見積もるには，2つの方法がある。1つの方法は，次の例で示すように，交差妥当性研究とよばれる第二の研究を行うことだ。そこでは新しいサンプルを集めて，元の研究から得られた式が，異なる母集団からのサンプルに対してどの程度正確に予測するかを検証する。これは反復研究ではないことに留意すべきであり，第二の重回帰分析の結果はたんに元の結果と比較されるわけではない。むしろ，最初の分析が新しいサンプルからのデータを使って評価されると考えたほうがいい。

　縮小する量を判別するための2つ目の方法は，任意の式を用いて推定値を得ることである（たとえば，Cohen & Cohen, 1983; Pedhazur, 1982）。これは縮小式（shrinkage formulas）とよばれるものを被験者の数と同じぐらい，予測変数のために集めることである（Wiggins, 1973）。実験的な交差妥当性と縮小式については本章の終わりのほうでふれる。

　導出研究のあとで，実際の，または推定された交差妥当性の検証から，予測変数が適切に基準変数を予測したとしよう。応用的状況における新しい被験者から得られた予測変数についての新しいデータを（たとえば，クライアント，両親，学生，就職希望者）回帰方程式に入れると，そうした被験者のまだわからない基準変数スコアを予測する。もちろん，適切な予測であったかどうかは，その決定の結果生じる潜在的な結果も含めて，応用されたシーンにおいて分析者が決めることである。

　これらの予測を目的としたMRC使用の手順について，文献に基づいて以下の例

◆1　予測変数を独立変数，基準変数を従属変数とよぶことは一般的ではない。しかし，MRCが理論的目的において用いられる場合や予測研究においては一般的にみられる。技術的には，これらの用語は予測の要因が操作された，実験的研究デザインでのみ正確に用いることができる。しかし，MRCを用いた論文の中ではこれらの用語が頻繁に同義的に用いられるため，これらの用語がデータの取得のために用いられた研究デザインの性質を示すために用いられているとは考えないほうがよい。本章では，より包括的な用語として，予測変数および基準変数という言葉を一貫して用いる。

を示す。説明は最小限に留める。結果を説明するために例を出しており，MRC 分析の解釈は予測という目的に沿っているということをお忘れなく。

1.2　例1：WAIS-R IQ の推定

　Willshire, Kinsella, & Prior（1991）は MRC を使って WAIS-R の IQ スコアを基準変数とし，NART とデモグラフィックデータ（年齢，性別，職業，教育水準）を予測変数とした方程式を導出，交差妥当性を検証した。この調査の目的は，これらの指標が認知症の疑いのある人の知性が発症前の状態にあるかどうかを予測するために使えるかどうかの根拠を提供することであって，もしこの根拠が支持されるなら，臨床現場における最適な予測式を得ることであった。ここではこの調査の一面だけを示すことにする。というのは，複雑さを減らして MRC を予測の目的に使うというわれわれの議論に関係のある点だけを強調したいからである。

　Willshire et al.（1991）は基準変数と予測変数のデータを2つの被験者サンプルから集めた。1つ目の群の被験者数は 104 名であり，もう1つの群の被験者数は 49 名であった。使用された MRC 分析のいくつかについては，具体的な種類が明示されていなかったものの，連立または段階的な MRC がすべての場合において使用されたようである（これらの，またその他のタイプの MRC 分析については本章の後半，「3　一般的な方法論的問題と仮定」のところで論じる）。

　まず，Wilshire らは導出研究として，最初のサンプルから得たデータを使った。このデータを MRC 分析にかけたのだ。結果の回帰方程式は例 2.1 に示した通りである。この式はある人の IQ スコアを予測するのに特化しており，次のように計算を進めていくことができる。(a) ある人の NART スコアに 0.7 を掛ける。(b) 104.3 からその積を引く。(c) 教育スコア（何年公教育を受けてきたか）に 4.6 を掛ける。最後に (d) ステップ b の結果と積を足す。

　例 2.1 に示したように，重相関係数（R）と重決定係数（R^2）はこの方程式と連動している。これらは伝統的な α 水準である 5 ％水準で，統計的に有意である。この例のあとで詳細に説明するが，R は NART と教育スコアの線形結合を一方に，他方に IQ スコアをおいたときの関係の強さを示しており，その値が 0.68 である。さらに R^2 は IQ スコアの分散の 48％を NART と教育スコアの線形結合によって予測可能であることを示している。

　回帰方程式がすべての予測変数を使っていないことに注意しよう。つまり，年齢，

例2.1　例1結果：最初の研究 (Willshire et al., 1991)

最初の導出研究

$N = 104$

重回帰式

$IQ = 104.3 - (0.7)(NART) + (4.6)(教育)$

重相関係数および重決定係数

$R = .68$　　　$R^2 = .46$　　　$p < .05$

最初の相互検証研究

$N = 49$

相互検証の重相関係数および重決定係数

$R = .69$　　　$R^2 = .48$　　　$p < .05$

注：NART = National Adult Reading Test．教育＝教育スコアを表す。

性別，職業は式にない。これらの予測変数が消えている。なぜなら，IQ の予測に対して統計的に有意な寄与をしなかったし，NART と教育スコア以上の説明力がなかったからだ。

さらに，NART の係数が負（−0.7）になっていることにも注意しよう。一方，教育スコアは正（4.6）である。これは，NART スコアは，テストでの正答数に比べて誤答数がどれぐらいあったか，という形でつくられているからである。つまり，高い NART スコアは読解力が低いことを表している。一方で，教育スコアはたんに学校教育の年数を意味する。したがって，高い教育スコアはより多くの教育を受けたことを表している。このように，これらの符号は互いに逆になっていて，NART と IQ は負の関係なのに教育スコアと IQ は正の関係にある。

2つ目の群のデータが，交差妥当性を検証するために用いられた。49 名の実験参加者それぞれの予測 IQ スコアは，導出研究によって見いだされた回帰式に，参加者の NART スコアと教育スコアを代入することにより計算された。これらの予測 IQ スコアは，実際に得られた 49 名の IQ スコアとの相関があるかどうか検証される。第二のデータは，予測された IQ と実際の IQ の関係を示す指標として集められたからだ。この交差妥当性のための R は元の研究で得られた回帰係数の予測がどれぐらいよかったかの指標である。例 2.1 に示しているように，最初の交差妥当性研究では，交差妥当性の R が 0.69 で，元の研究から得られた R と一致しており，統計的にも有意だ。

ここまでの例では，古典的な導出研究と交差妥当性の検証について見てきた。Willshire et al.（1991）では，さらに一歩進んで二重の交差妥当性の検証研究を行

> 例2.2　例1結果：2回目の研究 (Willshire et al., 1991)

2回目の導出研究
$N = 49$
重回帰式
IQ = 123.7 − (0.8)(NART) + (3.8)(教育) − (7.4)(性別)
重回帰係数および重決定係数
$R = .75$　　$R^2 = .56$　　$p < .05$
2回目の相互検証研究
$N = 104$
相互検証の重相関係数および重決定係数
$R = .68$　　$R^2 = .46$　　$p < .05$

注：NART = National Adult Reading Test，教育＝教育スコアを表す。

っている。すなわち，すでに説明したものに加えて，2つ目の49名の参加者のデータを導出研究として，1つ目の104名のデータを相互検証研究として検討し直したのである。彼らは第二のサンプルから得られたすべての予測変数と基準変数のデータを使って，MRC分析をして，新しい回帰方程式を得た。この方程式は例2.2に2回目の導出研究として示してある。このRとR^2は統計的に有意であることが，例2.2の中に示されている。

次に，Willshire et al. (1991) は1つ目の群の104名の参加者それぞれのIQスコアの予測に用いることで，この式を相互検証した。これらの予測IQスコアは，相互検証のRの値の統計的な有意性を明らかにするために取得した，104名の参加者の実際のIQスコアと相関していた（例2.2の2回目の導出研究を参照）。違いについての統計的有意性検定はこの研究では示されていないが，二次交互妥当性研究の$R(0.68)$と2回目の導出研究からの$R(0.75)$の比較を見ても，縮小はわずかしか生じてないことが明らかである。

1.3　予測を目的としたときの結果と解釈

▌ 重回帰方程式，偏回帰係数，切片

回帰方程式はMRC分析の最も基本的な結果だ。それは基準変数に対する予測変数から得られるもので，今回の例ではIQを基準変数とし，各予測変数に数字を掛けたものとして表される。積は足し合わされる（例2.1および例2.2の式を参照）。この変数に掛けられる数字を，専門的には偏回帰係数とか偏回帰の重みとよぶ。し

かし，多くの MRC 分析の論文では，この「偏」が抜けている場合が多い。

　こうしたときよく記載されている回帰（方程）式には，2種類の形式がある。1つ目は素点回帰式であり，基準変数や予測変数の値は尺度の値をそのまま反映している。例 2.1 と例 2.2 で示した方程式は，この方法で記述されている。もう 1 つの形式は標準得点の回帰（方程）式で，このときの基準変数や予測変数のスコアは標準偏差が単位になっている（つまり z 得点である）。標準化された形式を基準変数の予測に用いる場合には，予測変数のスコアをそれらの素点から z 得点に変換する必要がある。結果の予測されたスコアも z 得点の形式になる。

　予測変数と基準変数の得点に素点と標準得点のどちらを用いるかということに加え，回帰式における両者の形式はさらに2つの側面で異なっている。下で論じるように，偏回帰係数は絶対値としても潜在的な解釈としても異なっている。また，素点の回帰係数は，切片とよばれる定数を含んでいる。たとえば，例 1 の 2 回目の導出研究で得られた切片は 123.7 だ（例 2.2 を参照）。切片はすべての予測変数がゼロのとき，基準変数のスコアがどこにあるかを示したものだ。変数が標準化得点に換算されたら，切片はゼロになる。だから標準化得点の回帰方程式には含まれてない。

　予測を目的にするなら，素点の回帰方程式が好ましい。なぜなら，変数の変換を必要としないからだ。これはとくに，素点の単位に意味があるときにそういえる（たとえば，教育年数や，発生回数，お金の単位など）。しかし素点の回帰方程式のある変数に対する係数は，他の変数の係数と比較し，どちらが予測に役立つかを検証することはできない。たとえば，2回目の導出研究の例 1，回帰方程式から得られた係数（例 2.2 を参照）において，性別は IQ の予測に対して，最も大きな寄与をしたわけではない。貢献の大きさは教育，NART の次である。これは，標準化回帰方程式から得られた係数を使って順序づけられる。もっとも，さまざまな予測変数の結合と比較しようとしたとき，MRC の結果の解釈において他にたくさんの複雑な問題が生じる。説明を主目的とした研究ではこのような比較が一般的であるので，説明を目的とした MRC の使用の導入がなされるまで，これらの問題についての議論はおいておく。

　回帰式を導出するためには，各参加者について得られている予測と基準との値のデータサンプルを取得することがまず必要である。その後，MRC を実行して，係数が定まり（偏回帰係数と切片），観測された基準変数に可能な限り予測変数を近づけるように計算される（つまり予測の誤差が最も小さくなるようにする）。すな

わち，MRC は被験者を交えて，得られた基準変数と予測変数の間の差の平方和を最小化するような数値を選ぶのである（誤差の平方和を最小化する）。この基準がよく知られた最小二乗解である。

重相関係数（R）と重決定係数（R^2）

MRC では基準変数を一方に，重みづけられた積和の形で表現された回帰式をもう一方においたときの関係の強さを示す指標が提供される。それが R だ。別の言い方をすれば，観測された基準変数と回帰方程式で予測されたスコアの間の相関関係ともいえる。R は 0 から 1 の範囲の値をとり，0 は実際の得点と予測得点にまったく関係がないことを，1 は両者が完璧に関係していること（完全予測）を示す。

重相関係数の意味は，R^2 の形にすればもっと簡単に把握できる。R^2 は重みづけ積和の予測変数によって，基準変数の分散が説明される割合を示している。言い換えれば，基準変数における個人間の差（たとえば分散）が，重回帰方程式によって見いだされた予測変数の結合によって，どの程度予測可能かを表している。つまり $1 - R^2$ は予測できない分散の割合になる。最初の導出研究における例 1 では，R は 0.68 で R^2 は 0.46 だった。これが示すのは，(a) IQ における 46% の分散が，NART と教育によって説明できるということであり，(b) 54%（$1 - R^2$）がこれらの変数では予測できないことを意味している。

これらの結果で縮小がどれぐらい生じたかを評価するため，交差妥当性研究が実施された。最初の交差妥当性研究の結果では，交差妥当性の R と R^2 が得られた。例 1 で示したように，これらは (a) 導出研究の回帰式に基づいて予測された，新しい被験者サンプルに対する予測尺度得点と，(b) それらの被験者の実際の尺度得点の相関を求めることで得られる。

例 1 では，交互妥当性研究における R と R^2 の値は導出研究での対応する値とほぼ等しい（例 2.1 を参照）。新しい被験者サンプルに対して重回帰式を適用した際のこれらの値がほとんど変化しなかった（つまり，縮小した可能性がなかった）ため，この式が同じ母集団をもつ他のサンプルにおいても IQ スコアの 50% 近くを予測するということに，十分な信頼性が得られたといえる。

例 1 の調査者らは，これらの予測変数を用いた予測の期待度に対する彼らの結論の土台をつくるため，さらに多くの情報を入手しようとした。すなわち，二重交差妥当性研究を行った。新たな導出研究における R と R^2 の値は一度目の導出研究と比べてわずかに大きかった（例 2.1 および例 2.2 を参照）。二度目の研究における

相互検証では，導出研究における R が .75 であるのに対して相互検証の R が .68 を示し，わずかに縮小する可能性がみられた。しかし最初の交差妥当性研究から得られた R と R^2 はだいたい同じ程度の縮小だった。こうした調査結果の一貫性を考えると，これらの予測変数の組み合わせによって，この母集団の IQ スコアの分散の約 50％を予測可能であるという信頼性の高い結論を得ることができたといえる。

　もちろん，基準変数の分散の 50％弱が予測できるだろう，またこの分散の 50％強は予測できないのだろう，という使い方を結論とすることは，応用場面における決定にさまざまな効果をもたらし，それに続く結果の基礎を形作るべき判断基準になる。応用的決定のために使えるかどうかの検証手続きの議論は，本章で扱いうる範囲を超えてしまう。読者はこの問題について，Cronbach & Gleser（1965）や Wiggins（1973）を参照してほしい。

　導出研究における重回帰式が予測に関して事実上同一の相互検証レベルを示したことを考えると，どの式を使用するかという問題が残る。例 1 に示された結果からは，どの式が用いられても違いはないように思われる。どの重回帰式を使用するかについてのその他の考え方は，本章で後述する。

▍推定値の標準誤差（SE_{est}）

　各被験者に対して基準変数における彼・彼女のスコアから，実際の彼・彼女のスコアを引き算することを考えてみよう。これらのスコアは，一般に誤差得点とか残差得点とよばれ，予測または複数の回帰式を用いて基準変数上の被験者の得点を推定する際の誤差を表している。SE_{est} は，これらの誤差得点の分布の標準偏差である。SE_{est} の小さい重回帰方程式は精度がいい。重回帰方程式は平均についての式であって，その上に予測にエラー（誤差）が少ないことが示されるからだ。他の標準偏差を用いるのと同じで，SE_{est} は信頼区間を考えるためにも使われる（この例では，個々人を予測するときに頻繁に言及されるだろう）。ある仮定の下では（後に誤差得点の仮定，のところで論じる），これらの区間はその区間内では基準変数の得点が低下すると予想される限界値を示している（Wiggins, 1973）。完全な予測が存在しない（つまり，$R < 1.00$）ことを考慮すれば，1 つの特定の予測得点を使用するよりも，予測得点の範囲や間隔を設けるほうが，多くの場合でより合理的である（信頼区間についての議論は，たとえば Cohen & Cohen, 1983; Wiggins, 1973 を参照）。予測を目的とした場合の有用性に対して，例 1 でもそうであるように，SE_{est} が論文中で示されることは少ない。

たしかに，予測変数まわりの信頼区間を計算するにあたって，SE_{est} が統計的に最も正確というわけではない。なぜなら，SE_{est} は予測のエラーの平均だからである。つまり，どの予測の値に対しても一定の数であるが，実際の予測における誤差は一定ではない。むしろ，予測変数の値がそれぞれの平均から離れるにつれて，予測誤差は大きくなる。言い換えれば，外れ値をもつ被験者の予測は，平均ぐらいの予測変数をもっている被験者から比べれば，どんどん正確さがなくなっていくといえる。より正確な信頼性の限界は，予測変数の標準誤差，つまり $SE_{y'}$ を使うことで導出できる。それは予測変数の結合から得られる数字それぞれについて異なる値をもつ。

公開された予測研究の論文に対して，多くの可能性を秘めた $SE_{y'}$ の記載を求めることは無理がある。しかし，SE_{est} をのせることで，この研究を応用しようと思っている潜在的なユーザーに対して，予測の誤差の平均がどれぐらいあるかを示すぐらいのことはしたほうがよい。ユーザーは，$SE_{y'}$ とその応用の信頼限界を計算して，自分たちがほしい情報を手に入れたいと思うだろう（これらの詳細については，たとえば Pedhazur, 1982 を参照）。

1.4 MRC を予測に使うことに関する結論

MRC は R や R^2，および SE_{est} を指標として，与えられた予測変量のセットがどの程度，実際の予測に使えるのかを考える助けになる。さらに，予測をするときに予測変数の線形結合式が提供される。サンプル間にある程度の不安定さがあれば，交差妥当性の結果や縮小式の結果によって，新しいサンプルにこうした結果を使うことで予測されることの有用性を評価することもできる。

縮小式の使用は全体の情報を導出研究に用いることができるため，実際に交互妥当性を研究するよりも好ましい，という人もいるだろう（これについては，Wiggins, 1973 を参照）。そうすれば，導出研究でより大きなサンプルから，より安定的な回帰係数の推定値，重相関係数，標準誤差を得られるからだ。つまり，交差妥当性のためにサンプルを割いたり，元のサンプルを分割することで，縮小が起きるのを減らすことができる。

この意見を支持するような理論的な結論や経験的な証拠があるのは，予測変数が固定されているときである。つまり，すべての予測変数が導出研究のときからその後使用するときまで残っている場合だけである（Wiggins, 1973）。しかし，Wiggins が指摘するように，導出研究の結果が回帰係数や切片，その他の指標を決定するた

めだけでなく，予測変数の組み合わせを選択することを目的として用いられる場合には，縮小式よりもむしろ実際に交互妥当性を検証する手続きが用いられるべきである。なぜなら，縮小式は導出研究から得られた完全な回帰式を用いて，関係と予測の精度の過大評価を補正するだけのものだからである。それは，導出研究において最も有用である予測変数が，次のサンプル中でも最も有用なものではないかもしれないという事実を考慮していないということである。したがって，例1のように，予測変数が基準変数や他の予測因子との経験的関係に基づいて式から欠落した場合には，1つ以上の真に独立したサンプルを用いた実際の交互妥当性の検証が必要である。

応用研究に向けたMRCの使い方は，よく純粋に経験的な手続きであると考えられる。なぜなら，予測は理論的な意味をもつかどうかというのは問われないからだ。実際に予測に使えるMRCがうまくできたとしても（Dawes, Faust & Mieehl, 1989; Wiggins, 1973），結果が理論的な意味をなすことで，その潜在的な価値はもっとはっきりしてくる（Wiggins, 1973）。特定の予測変数を選びだすとか，予測変数の重みを変えてしまうとかすると，現象の本質を理論的に定式化できそうにないという時は，そこに持ち込まれたサンプルの特殊な側面を反映している，あるいはたまたまそうなっている可能性がある。このような結果は，とくに方法論的に正当な交互妥当性の検証がない場合には，懐疑的に見るべきである。

2 理論的な説明

相関係数から因果関係を描き出すことはできないという原則に基づいて，回帰と相関から本質を説明したり現象の原因を説明したりすることはできない，と多くの人が論じてきた。しかし，因果的だったり説明的だったりする解釈を可能にするのは，データの分析手続きというよりむしろ，理由づけのロジックやデータ収集デザインによってあらかじめ定まるのである。因果や説明的な理由づけの哲学やロジックの議論は，本章の範囲を超えている（Pedhazur, 1982を参照のこと）。しかし以下に示すように，この話については2つの論点が含まれていることを指摘しておこう。

第一に，人が現象の性質についてよりよく理解するのは，それといっしょに起こった変数を特定することによってであるということだ。結論とまではいかなくても，

同時に起こった要因はお互いに因果的に関係している可能性があるか，共通の原因となる他の要因をもっている可能性がある。少なくとも，同時に生じるという情報は，現象を研究の対象とするときに，理論的な構成を助けることができる（Kerlinger, 1986 を参照）。MRC は共起関係について複数の指標を提供することによって，この問題に対処する。

第二に，ある人の因果論において確信をもたらすのは，あり得そうな他の因果的説明を除外し，その仮説をどんどん改良していくことによってである。より好ましいのは，実験的統制の名の下，研究のデザインにおいて他の因果的説明が除外されていることである。しかし，実験的制御は不可能なことがよくある。こうしたとき，MRC はある他の説明要因（第三変数による説明）について，統計的な統制を加えることができる。

本節では，理論的説明を目的とした MRC 使用の例を最初に示す。研究の概観を示した後，結果の説明と，（a）MRC の共起性の指標，（b）MRC が提供する潜在的な第三変数の説明に関する統計的統制について詳述する。

2.1　例 2：養育態度が学業成績に及ぼす効果

Steinberg, Elmen, & Mounts（1989）では，養育態度が学業成績に及ぼす効果に関する仮説を検討するために MRC を用いている[2]。これらの仮説のうちの 1 つは，1985 年の研究で見いだされた，権威的養育態度の 3 つの要素（受容，心理的自律性の援助，行動制御）が，1986 年に成績平均点（grade point average: GPA）によって測定された青年期の学業成績にそれぞれ独自に影響するであろうというものであった。他の説明変数として，1986 年の GPA が権威主義的な養育態度に影響したのではないか，というのがあったが，実験的な統制を通じてそれは除外された。というのも，GPA は養育態度を測定した 1 年後に測定されたのである。

1986 年の GPA を説明する第三変数として，6 つの変数を統計的に統制した MRC を行った。それらは，1985 年の GPA，1985 年の学業成績（CAT），年齢，社

---

[2] Steinberg et al.（1989）において彼らのパスモデルに関する仮説が述べられている。この用語は変数間の因果関係を明らかにするための手続きであるパス解析に由来している。本質的に，パスモデルは予測変数どうしの，あるいは予測変数と基準変数との間で生じると考えられる関係の性質を特定する理論である。パス解析の結果の分析には，一般的に重回帰および相関分析が用いられる。パス解析の本格的な議論は第 3 章で行う。ここでは，この研究において行われた多様なパス解析のなかから，特定の重回帰分析の基本的な結果について説明するに留める。

会経済的地位（SES），家族構成（FAM）である。この統制は，MRC分析において予測変数に加えてこれら6つの変数を入れることで達成されている。たとえば，性別は養育態度と大学での成績の間にみられる可能性のあるあらゆる関係を制御する変数として予測変数の中に含められた。養育態度が大学での成績に影響しているから，という理由以上に性別が実際に影響するかもしれないからである（たとえば，養育態度と大学での成績が，因果的な関係にないということであったとしても，その関係を計算することによって，女の子のほうが男の子よりも，より権威主義的な親の態度を引き出し，よい成績を上げるかもしれない）。より詳しくは後で見るとして（「独立した寄与と統計的統制」の節），MRCは分析から性別を除くようにコントロールし，性別に関係する変化を統制された。つまり残されたものは，養育態度と1986年のGPAの関係だけであり，それらは性別から影響を受けてないとされる。

　3つの養育態度と潜在的な第三変数が予測変数の中に入れられ，1986年のGPAを基準変数とした重回帰分析に同時に投入された。これはステップワイズ法や階層的重回帰分析，総当たり法の重回帰分析で行われているような，変数の追加や削除を一つひとつ行う方法ではなく，あらゆる予測因子の貢献度を同時に分析する方法である。前述のように，MRCは予測変数の組み合わせから基準変数を予測する線型方程式として，最適な係数を決定するにあたって，最小二乗基準を用いる。例2の結果は表2.1にあるとおりである。

2.2　理論的説明のための結果および解釈

重相関係数（R）と重決定係数（R^2）

　例2（表2.1を参照）では，Rは統計的に有意なだけでなくかなり大きな値を示しており，すべての予測変数の組み合わせと基準変数との間の共起性を示している。実際に，R^2の値は生徒の1986年のGPAにおける分散のおよそ62%がこれらの変数間で共有されていることを示している。この結果は1986年のGPAにおける個人差（分散）の大部分が，予測変数または予測変数に関連する要因（つまり，研究に含まれないさらに別の第三変数）によって引き起こされていることを表している。いずれにせよ，基準変数に関する重要な情報は得られたといえる。

⟲ 表2.1　例2結果：1986年のGPAの予測
(Steinberg et al., 1989, p.1429)

予測変数	偏回帰係数 素点	偏回帰係数 標準化得点
養育態度		
受容	0.039*	.127*
自律性の援助	0.048**	.148**
行動制御	0.047**	.142**
潜在的第三変数		
1985年のGPA	0.367****	.363****
1985年のCAT	0.011***	.300***
性別	−0.007	−.004
年齢	−0.002	−.041
SES_1	0.072	.034
SES_2	0.221	.118
FAM_1	0.159	.071
FAM_2	−0.268	−.107
切片	1.494	
要約統計量：$R = .787^*$, $R^2 = .619$		

注：GPA ＝ 成績平均点，CAT ＝ California Achievement Test，SES ＝ 社会経済的地位，FAM ＝ 家族構成。SESとFAMには，3つのカテゴリを名目上スケーリングされた変数にするためにダミーあるいは効果が必要であるため，それぞれ2つの変数が存在する。
*$p < .10$，**$p < .05$，***$p < .01$，****$p < .001$

独立した寄与と統計的統制

前述したように，RとR^2はグループとして測定されたすべての予測因子の寄与（contribution）に関する情報を提供する。しかし，例2で示された研究の主目的は3つの養育態度の変数の独立的な寄与を見いだすことであった。調査者たちは，たとえば，その他の養育態度や潜在的な第三変数の影響以上に，当該の行動制御が学業成績に与える影響を知りたかったのである。この情報は，明らかに，RおよびR^2よりも基準変数の性質と原因についてさらに大きな洞察を与えることができる。

MRCが便利でパワフルであるというのは，独立した寄与（貢献度）というアイデアに関する情報が提供されるところにもある。しかしこれが，MRCの結果が誤解されたり，最も複雑な側面を生んだりしているのも事実だ。上に示したように，1つの変数が単一で独自の寄与をするというのであればわかりにくいところは何も

ない。最もよいのは，こうした情報のすべてを検証して，それからよく定式化された理論や論理的な理由という文脈の中でこれを理解しようとすることだ。

単一の予測変数の貢献度について考慮する1つの方法は，その変数と基準変数との二変量の相関（r）を調べることである。rはたしかに便利で，基準の全体的な理解をするのにはいいが，他のすべての予測変数が無視されたときに，関係がどれぐらいあるかを示すにすぎない。これは予測変数の独立した寄与という考えとは異なるもので，独立した寄与を考えるには他のすべての変数が統制あるいは除外されている必要がある。rは2つの変数間の分散を一部または全部共有しており，r^2になると他の予測変数にも共有されていることになる。

MRCからの指標を議論する前に，rやr^2よりもより直接的に独立した寄与を表している概念である，統計的統制の概念について明確にすべきであろう。統計的な統制は，パーシャリング，統制，残差化，ホールディング定数，共変動，ともいわれる。

基礎的研究法の文脈で説明されているように（たとえば，Kerlinger, 1986），交絡変数や第三変数に実験的な統制をかけるには，いくつかのやり方がある。被験者の無作為割り当ては，実験群ごとの従属変数のかたよりをなくすための実験的統制として用いられる。別の方法は，潜在的交絡因子を統制することである。たとえば，もし例2において女性の参加者のみを用いることで性別の変数を統制していた場合，養育態度や成績における変動は，すべての参加者が女性であるために性差によっては説明され得ない。第二の研究を，男性参加者のみで実施することもできる。これら2つの研究結果は，養育態度と成績との関係を示すために，性別を統制したデータとして別々に，あるいは平均化して呈示することができる。そしてそうすることによって，性別が両者の関係についての代替説明にならないようにできる。

しかし，できることならば，実験的な統制が望ましい。なぜなら，結果を直接解釈することができるからだ。残念なことに，実験的な統制というのはいつもできるわけでもないし，倫理的にもむずかしかったりする。予測変数が統制不可能であるような場合（たとえば，精神病理学の種類または程度）には，無作為割り当てはできない。さらに，変数の特定の属性を統制する（性別について説明したように）ことは，実質的に不可能である。なぜなら，あまりにも多くの独立した調査を，変数に応じて（たとえば，年齢や学力テストのような連続した得点ごとに）行う必要があるからである。同様に，2つ以上の変数を同時に実験的に統制することも，これらの変数の組み合わせから個々に評価されなければならない多数の値が生成される

ため，不可能である（たとえば，性別と年齢との組み合わせでは，年齢を統制するためだけであっても，その倍の値とそれに対応した別々の調査の必要がある）。しかし，MRC はこれらのタイプの潜在的な第三変数の影響を統計的に統制することが可能である。概念的には，統計的統制は前節で性別について説明した通りであり，統制する変数のすべてのレベルで個別の分析を行い，それらの結果を平均化する (Pedhazur, 1982)。

統計的統制を別の方法でうまく概念化するために，残差のことを考えてみよう。残差は予測変数と実際に観測されたそのスコアの差であった。だから，それは独立している実際のスコアの一部を表しており，予測変数の線形結合では予測できなかった部分である。これが意味するのは，予測変数（あるいはその原因）は，残差得点に何の影響ももっていないということで，であれば，残差において「統制された」，あるいは「効果が除外された」といえる。

たとえば，例2における自律性の援助の変数は，例2で用いられている残りの予測変数といっしょに，MRC 分析の尺度として用いることができる。自律性の援助の残差は，MRC 分析に基づく各参加者の予測得点を，彼または彼女の実測値から引くことで計算される。ここでの残差は「統制された」，つまり受容，行動の統制，年齢，性別その他のすべての予測変数を除外した，自律性の援助の概念を表しているといえる。もしこの自律性の援助の残差得点が 1986 年の GPA と相関していたら，この結果は 1986 年の GPA と自律性の援助との関係を反映していると解釈され，他のすべての変数の効果を統制したといえる。

いくつかの留意すべき点を順に述べる。先述の関係性は，当初想定され，例2で測定された 1986 年の GPA と自律性の援助との間の構造的な関係ではない。むしろそれは，残差によって測定された 1986 年の GPA と自律性の援助という概念との間の関係性である。この残差得点はその他の変数（つまり，受容，行動制御，性別，年齢）から独立しているという点で元の概念とは異なる，新しい自律性の援助について概念を示している。したがって，これらのその他の予測変数や，それらと因果的に関連する要因は，たとえそれらがもともとの自律性の援助得点には影響していた（相関で示されていたように）としても，残差に対しては何の影響も及ぼさない。この新しい構造に意味を付与することは，MRC の解釈における複雑な点の1つであり，健全な理論的推論に基づいた説明の必要性を強調している。

独立した寄与を解釈する際に考慮しなければならないもう1つの問題は，すでに示したように，寄与は研究に含まれる他の変数だけからは独立しているという点で

ある。つまり，この解釈が適切とされるのは，分析にすべてのあり得る第3の変数を含んでいるという前提にかかっているのであって，独立した唯一の寄与だとするのは少し大げさなのだ。独立した寄与についての MRC 指標の値は，次に述べるように，新しい変数がこの研究に加わるだけで，劇的に変化しうるものなのである。独立した寄与を表すための MRC の指標は2種類ある。偏回帰係数と偏相関係数である。ここでの偏（partial）が意味するのは，他の予測変数の影響が統計的に統制されている，つまり除外されている，という意味で使われている。すなわち，理論的な理由づけの枠組みの中で解釈するうえで，これらの係数は同時に使われた予測変数の中で，独立した寄与の情報を提供するのである。

▌偏回帰係数

　すでに述べたように，回帰係数は重み，つまり乗数であり，重回帰方程式から得られるものである。素点と標準化得点のどちらについても算出されるし，素点も標準化得点のどちらにも偏回帰係数がある。Steinberg et al. (1989) の研究から得られた係数は，表2.1に示したとおりである。偏回帰係数（素点でも標準化スコアでも）は，分析において他のすべての変数が統計的に統制されたときに，ある予測変数の一単位あたりの変化が，基準変数にどの程度変化を起こすかということを表していると解釈できる。係数の符号が示すのは，変化の方向性である。つまり，例2における自律性の援助の素点における係数（0.048）は，一般的に，他のすべての変数が統制されたときにほとんど影響せず，自律性援助のスコアが 1.0 上昇したら 1986 の GPA を 0.048 だけ上げることを意味する。

　この結果からわかることは，もし実験的に統制して一定状態にする，つまり学生の年齢，性別，家族構成，社会経済的地位，これまでの学業成績を統制し，自律性の援助に対する親のサポートが 10 ポイント変化しても他の2つの親の養育態度がそのままであるようなことがあれば，GPA は少なくとも 0.5 ポイント改良されることが期待される（$10 \times 0.048 = 0.48$，つまり 2.5 が 3.0 になるようなもの）ということだ。この結果は，現実には GPA に対する自律性の援助の独立した寄与であり，なぜある学生が他の学生よりもよいスコアを取るのかを理解するときの，親の養育態度に対する1つの解釈を与える。しかし，実践的また理論的な意味を検証するのはもう少しむずかしい。なぜなら，ほとんどの人が GPA の単位を理解しているにもかかわらず，数字になった自律性の援助の単位というのは一般的に実生活で使われているわけではないからだ。つまり，10 ポイントの自律性の援助の変化，の

意味がはっきりしない。このようなときは，標準化係数が助けになる。

標準化偏回帰係数は素点ではなく z スコアであるという点を除いては，素点の係数と同様に解釈される。表 2.1 に示したように，自律性の援助の標準化係数は 0.148 だ。だから，1986 年の GPA をたった標準偏差 0.148 ポイント（正規分布のもとで，50 番目のパーセンタイルから 56 番目のパーセンタイル分）上昇させるために，自律性の援助は 1 標準偏差（正規分布のもとで 50 から 84 までパーセンタイル分）上げなければならない。これらの標準偏回帰係数が示すのは，自律性の援助得点を 1 ポイント上昇させるのにかかる実質的な努力が必要だということを示しているし，また，努力に対して得られる GPA が比較的小さいことを意味している。

一般に，測定単位が現実世界において有意味である場合（たとえば，成績評価点，金額，年数），素点係数の解釈は標準化された係数よりも簡単になる。測定単位が恣意的で未知の尺度の場合（たとえば，自律性の援助スコアやパーソナリティテスト得点）はその逆である。もちろん，調査サンプル外の人々のために任意の結果を解釈する前には，統計的有意性や信頼区間の上限・下限は考慮されるべきである。そのために，MRC は偏回帰係数の有意性検定と標準誤差を算出する。このとき，素点係数と標準化係数のいずれか一方が有意であった場合にはもう一方も有意になるため，分けて考える必要はない。

偏回帰係数の統計的有意性は p 値によって表される誤差確率内において，係数の大きさが 0 からどれぐらい離れているかを意味する。だから，関連する予測変数は，基準変数の予測や理解において，統計的に有意に独立した寄与をしている，と考えることができる。さらに，仮説からある確信が得られたら，これらの予測変数はある独自の原因効果を基準変数に対してもたらすといえる。なぜなら，これらの係数は他の予測変数によって他の因果的説明が表される可能性を統制した後でも，有意であるからだ。

たとえば（表 2.1 参照），自律性の援助と行動の統制（それとたぶん受容性も）によって表現される親の養育態度が，1986 年の GPA で測定される大学での成功に独自の寄与をしていると結論づけるのは妥当であろう。さらに，こうした原因的寄与における確信度は，第三の重要変数（統計的に有意な独自の寄与をしている）が説明のときに除外されていることからも上昇する。このとき，調査者や読者はいくつかの答えられていない問いに対して，統計的な分析よりも理論的あるいは論理的な回答をもたねばならない。たとえば，親の養育態度ではないもの（つまり残差の）意味は何だろうか？　親の養育態度と 1986 年の GPA の間に残されている関係に

とって，理論的，実践的に重要なものは何だろう？　最後に，この研究に含められたもの以外の第三変数が，この結果に影響してはいないだろうか？

この研究に含まれていた潜在的な第三変数の偏回帰係数のほとんどは，統計的に有意ではなかった（表2.1を参照）。これは1985年のGPAとCATを除いて，これらの変数が基準変数に対して有意な，独立した寄与を示さなかったことを意味している。しかし，それはこれらの変数が研究に含まれていなかったかのように結果から欠落してしまったということではない。実際，いずれの予測変数も有意な独立的な寄与を示さなくとも，基準変数と予測変数からつくられる合成変数との間の相関（つまり，R）が有意になることがあり得る。その偏回帰係数が統計的に有意でも，MRC分析から変数が落ちることは，重相関係数Rと同じように変数全体の係数の値に影響する。つまり，最初にある変数を含めるかどうかを決めるのと同様で，変数を落とすことを決めるには注意深く理論的な理由づけをしなければならない。さらにいえば，予測変数が落とされたり追加されたりするときはいつでも，MRCはすべての指標について新しい測定値を得るために計算し直さなければならない。

基準変数に対するさまざまな予測変数の寄与を比較するために，偏回帰係数の統計的有意性の大きさを解釈したくなる。論文ではほとんど報告されていないが，回帰係数どうしの差の統計的有意性を検定することも可能である。しかし，回帰係数の大きさを比較する際には注意すべき点がある。

素点に基づく回帰係数の大きさは，測定の単位が異なる変数と直接比較することはできない。例2で，CATは平均値59.53，標準偏差24.81であった。対する自律性の援助の平均は7.94，標準偏差は2.81である。明らかに，学力におけるCATの1単位の変化（少なくとも0.05標準偏差の変化）は自律的養育態度における自律性の援助の1単位（すなわち，0.35標準偏差よりも大きい）と同様の意味をもってはいない。測定単位による違いは素点係数に影響を与えるから，それらの比較解釈は意味をなさない。

しかし素点をz得点に変換することは，すべての変数を同じ測定単位である平均0，標準偏差1にすることである。だから標準化係数は直接比較できるのだ。つまり，少なくともこの研究では，統計的統制の解釈に制限がある中ではあるけれども，1985年のGPAとそれ以前の学業達成度（CATで測定されたもの）は，1986年のGPAに対して，他3つの投入された変数よりも大きな独立した寄与をした，ということができる。

ただし，注意すべきは，たとえそれらの係数が有意に0とは異なるという結果で

あっても，標準化された係数の絶対的および相対的な大きさは1サンプルごとに異なるということである。なぜなら，この係数は変動しがちなサンプルの分散に影響されるからである（一方で，素点回帰係数の大きさはより安定する傾向にある）。したがって，絶対的あるいは相対的な標準化係数の大きさは新しいサンプルに対して一般化できるかどうかには限界がある。

結論として，統計的に有意な偏回帰係数は，特定の予測変数が，その分析において，その他の変数の寄与とは独立に基準変数に寄与しているかどうかを，かなりの確からしさで示すものである。さらにいえば，係数の大きさを解釈することで，これらの寄与が深い意味をもたらさなければならない。回帰係数の大きさを解釈するときには注意が必要であるが（とくに，後述の多重共線性の節を参照），この後のガイドラインが有用であろう。

1. 素点の偏回帰係数は，変数の測定スケールが金額やGPAや心拍数など直感的である場合に有効である。
2. 標準化された回帰係数は，予測変数の全体的な効果に対する相対的寄与を比較するときに，最も力を発揮する。
3. 素点でも標準化されたものでも，サンプルが生成された文脈において有用である。ただし，標準化回帰係数は素点回帰係数と同様に，別のサンプルに適用することはできない。

標準化回帰係数でも素点の回帰係数でも，点推定が不正確だと思われるときは，回帰係数の相対的な大きさや絶対値を解釈するうえで，統計的な信頼区間が便利である。残念なことに，信頼の上限と下限はあまり出版された論文には掲載されていない。

偏相関係数

回帰係数が変化量を示すのに対して，相関係数（またはその二乗）はある変数における個人差（分散）と，その他の変数における個人差との関連を示す。この「共有された分散」という表現が心理学研究の文脈においては広く拡張して使われる。伝統的な共有された分散の概念についての指標は，二変数の相関係数の平方（r^2）だった。すでに述べたように，r^2は独立した寄与の指標ではない。なぜなら，他の変数からの影響を除去するのではなく無視しているだけだからだ。しかし，MRC

は独立した寄与のための2つの相関の指標を提供する。偏相関係数と半偏相関係数である。これらの指標を計算するための式（たとえば，Cohen & Cohen, 1983; Pedhazur, 1982）もあるが，次の概念的な説明によって，統計学者でなくても，その意味と適切な解釈についての洞察は得られるであろう。

■ 半偏相関係数または部分相関係数（r_{sp}）　これは，当該の研究で扱っている他のすべての予測変数で，ある予測変数 X_1 を統制（影響を取り除く，パーシャルアウトする，という）したうえで，X_1 と基準変数（Y）の相関係数を求めたものである。残差で統計的統制をすることについて説明したが，これはまさにそのことそのものである。r_{sp} を2乗すると（r_{sp}^2），これは残差化した予測変数と，元の手を加えていない基準変数によって共有された分散の比率を表していることになる。つまり，予測変数の分だけ修正されたものである。Steinberg et al.（1989）は実験2で直接 r_{sp} を示していないが，この統計量は別の形式で，他の変数に対して示されている。

　Steinberg et al.（1989）は表2.1で報告された分析を再現したが，1つ予測変数が追加されていた。心理社会的な権力に関する変数である。新たな分析における R^2 値（$R^2 = 0.653$）と，元の分析における R^2 値（$R^2 = 0.620$）との差（R^2 の変化量 $= 0.033$）は，新たに加えられた変数に関連すると思われる。なぜなら，最初と2回目の分析の違いは，権力変数を含めたことにのみよるもので，R^2 の変化はこれにともなった，この変数だけにかかわるものでなければならない（つまり，これは1986年のGPAに対する権力変数の独立した寄与である）。

　R^2 の変化は，他の変数をパーシャルアウトした際の基準変数と新たな予測変数との間の r_{sp}^2 を計算する方法の1つである。R^2 の変化量の平方根をとって r_{sp} を計算するとき，r_{sp} の符号は新たに加えられた変数の偏相関係数の符号に合わせなければならない。

■ 偏相関係数（r_p）　これは，研究に含まれる他のすべての予測変数で，特定の予測変数（たとえば，X_1）と基準変数（Y）の両者をパーシャルアウトした際の，X_1 と Y との間の関係である。例2における行動制御変数と1986年のGPAの r_p を計算するのは，(a) すべての他の変数から行動制御変数を予測し，そのときの行動制御変数における残差を計算する，(b) 行動制御変数以外のすべての予測変数によって1986年のGPAを予測し，そのときの1986年のGPAの残差を計算する，(c) 行動制御変数と1986年のGPAの残差どうしの相関係数を計算する，ということになる。この指標の平方，すなわち r_p^2 は行動制御変数と1986年のGPAが，他のすべての変数からの影響を統計的に取り除いたときの，共有された分散の割合を示している。

r_p は他のすべての変数を当該の予測変数と基準変数から取り除くので，r_sp のように行動制御（予測変数）の意味だけが変わっているのではなく，行動制御と 1986 年の GPA の両方の意味が変わっている。r_sp も r_p も有用であるが，前者のほうがより頻繁に論文に取り上げられる。その理由の1つは，探索的な研究の目的が基準変数によって測定されるある特殊な現象を理解することにあるからだ。だから，研究者は r_p のような，変数の意味を変える統計量を避けるのである。

偏相関，部分相関，偏回帰係数は同じ基本的な概念（独立した寄与）に基づいているので実際には異なる数値となっていても，1つが統計的に有意であるときは，他のものも有意になる。予測変数についての偏回帰係数に対する有意性検定は，これらの指標すべてに対する検定を提供することになる。

偏回帰係数に対する多くの警告と同じことが，偏相関係数に対してもいえる（たとえば逆方向の因果関係の可能性だとか，研究の中に含まれていない第三の変数の存在の可能性だとか，他の構成による解釈のむずかしさといったことである）。さらに標準化回帰係数のときのように，同じ重回帰分析における異なる予測変量に対する r_sp と r_p の大きさは，比較可能である。なぜなら，それらは同じ測定尺度に基づいているからである。しかし，これまた標準化係数同様，r_sp と r_p の大きさは標本分散に影響され，サンプルが違うと変動するものである。であるから，r_sp と r_p の大きさについて解釈を一般化するとき，あるいは異なる研究のそれと比較するときは注意が必要である。

2.3　理論的説明に関する結論

重回帰分析は予測変数と基準変数の間のさまざまな関係の強さを他の説明を統計的に統制したうえで，その関係の強さを指標化してくれるので，複雑な現象の理解を助けてくれるものである。だから重回帰分析は，探索的で因果的な理由づけという2つの点で，重要だといえる。現象といっしょに生じる変数を特定し，他のもっともらしい因果関係の説明を排除する。統計的統制は実験的な統制と同一視することはできない。しかしその限界についてしっかり理解したうえで解釈を行えば，MRC は実験的統制が不可能な，多くの重要な研究において，強力な科学的ツールとなり得る。

予測変数と基準変数の間にある本質的な関係について，異なる情報や異なる概念化に基づくものが，MRC の指標として提供される。そうした指標の使い方につい

ては，さまざまに議論されているところではあるが（Achen, 1982; Cohen & Cohen, 1983; Pedhazur, 1982），先述したようにそれらすべてに利点と限界はある。どの指標を用いるかということは，変数の性質と調査の目的によって決定されるべきである。いくつかの指標の比較が有効なことも少なくない。多くの場合，MRCの利用者は公開された論文で使用されている指標を知的に解釈することを求められる。したがって，MRCの利用者はすべての指標とその限界を理解していなければならない。

3 一般的な方法論的問題と仮定

ここまでは複雑で方法論的な検討事項や，MRCに関連する統計的な仮定についての議論は避けてきた。しかし，MRCを適切に使用するには，これらの問題のいくつかについて理解する必要がある。本節ではこれらの中でも最も重要なものである，多重共線性，残差得点についての仮定，誤った定式化，測定誤差，カテゴリカル変数の扱いなどについて説明し，最も一般的に用いられるMRCの変数間の違いについて概説する。

3.1 多重共線性

多重共線性という用語は，MRC分析における予測変数どうしの相関について議論する際に用いられる。しかし読者はこの単語が出てきたら困惑するかもしれない。なぜならPedhazur（1982）が指摘したように，この用語には総合的に合意された定義がないからである。ある人はこの単語を記述的な意味で扱う。そのときこの用語は，予測変数どうしが内的に相関している程度を示すという意味である。またある人は，この用語をある限界値を超えたことを示すために，すなわち内的相関係数が高すぎるときに使う（たとえば，MRCは多重共線性があるときは使うべきではない，など）。MRC分析の結果と解釈はいかなるレベルにおいても予測変数どうしの相関の影響を受けるので，もしそれらの相関が非常に高い場合でなくても，多重共線性の記述はなされるべきである。この節では，多重共線性の影響について一般的な理解を提供するとともに，MRCを使った研究において問題になるかどうかを見きわめる手助けを提供しよう。

一般に，多重共線性が大きくなるにつれ，MRCにはより多くの，実用的な予測と理論的解釈だけでなく，技術的側面の問題が発生する（たとえば，数学的解と統計的推論）。技術の側面に注目すれば，もしある予測変数が他の予測変数と完璧に相関していた場合（つまり，その予測変数が他の予測変数を完全に説明・予測できる場合），MRCは数学的に解を得られない。さらに，多重共線性が大きくなるにつれ，偏回帰係数はより不安定になる。したがって，これらの係数の標準誤差と信頼区間は大きくなり，それらが統計的に有意になる可能性は低下する。

　こうした技術的問題について考えると，いずれの2つの予測変数も，完璧に相関していてはならないことは明らかだ——この条件は予測変数のすべての組み合わせについて相関関係を調べることで簡単に検出される。しかし，どの予測変数も全体的に影響していない，あるいは他の予測変数のいかなる組み合わせによっても予測されない，ということも検証しなければならない。この後者の要件は，とくに予測変数が多い場合には，容易には検出されない。このような技術的問題によって，完成ではないにしても非常に高い相関関係が生じることがあるが，どれくらいの値になれば高すぎるのかという普遍的に認められたルールは存在しない。それでも，ほとんどの研究者は予測変数どうしの相関が $r > 0.80$ になるような状態は非常に問題であることに同意するだろう。この大きさの相関は2つの変数がほぼ同じ構成概念を測定し，1つだけでも，あるいは2つの組み合わせとして使われることを示している。これについては，本章の後半で議論される（「測定誤差」の節を参照）。

　こうした技術的理由だけからすれば，予測変数間の相関係数は大きいよりも小さいほうが好まれる。これに関して，予測変数間の相関係数が小さいほうがいいことについて，実践的，あるいは解釈的な理由もある。予測を目的としたMRC使用において，多重共線性が低いことの実用上の利点は，各予測変数が基準変数と高い相関を示し，かつ他の予測変数と相関していない際に最も効率的な予測ができることである。この場合，各予測変数はそれぞれが単独で重要であり，冗長性がなく，影響の重複もなく，だからこそ予測にかかるコストが低くてすむのである。

　MRCが実際の予測に使われるときに，多重共線性が低いほうが好まれることの例外は，抑圧変数を使うときに生じる。これらは，1つあるいはそれ以上の他の予測変数と高い相関を示すが，基準変数とは相関しない予測変数である。MRCでは統制（パーシャルアウト）があるが，抑圧変数があると他の予測変数と基準変数に関係のない，すなわち共有していない分散を奪うことになる。その結果，こうした他の予測変数の偏相関係数が大きくなり，無関係な分散は除外されて，抑圧される

ことになる．全体的な結果としては予測が向上することになる．残念なことに，大きな抑圧効果をもつ変数を探す，少なくとも測定のコストを下げるのに十分な抑圧効果をもつ変数を探すことは，これまで考えられてこなかった（Wiggins, 1973）．

多重共線性は重回帰分析の理論的な解釈にも問題をもたらす．予測変数間の相関関係が強くなればなるほど，基準変数（Y）において同じ分散を共有される可能性が増える．この問題は，どの予測変数が Y との分散を共有するのに寄与しているか，つまり冗長なのかを決めるときに生じる．MRC，あるいは他の統計手法は，こういった決定を行うことができない．MRC において，この冗長な分散はあらゆる予測変数の独立した寄与（部分相関係数）のときには隠れてしまっている．現実には，この分散の共有は予測変数の1つが単独で引き起こしており，他の変数と関係していることはほとんどない．統計に対する盲目的な信頼よりも，どの予測変数が Y における分散の冗長性に寄与しているのかを決めるときには，理論的な理由づけに注意を払わなければならず，可能であれば，実験的に検証しなければならない．

多重共線性の程度は，偏回帰係数の絶対値や相対的な大きさにも影響しているため，解釈にも影響が出る．概念的には，標準化された回帰係数の相対的な大きさは，基準変数との二変量相関の大きさとおおよそ等しくなることが予測される．これは多重共線性が小さい場合の話である．しかし予測変数間の相関が大きくなっているとき，これらの回帰係数の相対的な大きさは二変数の相関係数から大きく外れていく．

Pedhazur（1982, pp. 244-245）の示した例が，このことを描き出している．その例では，全部で3つの予測変数（X_1, X_2, X_3）があり，それぞれ基準変数 Y との二変数相関係数は独立的であるようにつくられていた（それぞれ $rs = 0.50$, 0.50, 0.52）．だから，人はこれらの3つの変数は Y の説明について重要性は同程度だと考えるだろう．しかし，もし（a）X_1 と X_2，あるいは X_1 と X_3 の相関係数がそれぞれ小さく（$rs = 0.20$），（b）X_2 と X_3 の相関係数が大きい（$r = 0.85$）なら，これら3つの標準回帰係数は，それぞれ大きく変わってくる．実際，X_1 の標準偏回帰係数は X_3 の1.5倍ほど大きく，X_2 の2.5倍ぐらい大きくなる．

もし，この例における標準化回帰係数の相対的な大きさを単純に解釈した場合，X_1 は X_2 の2.5倍，X_3 の1.5倍も基準変数に寄与していると結論づけられるだろう．しかし，標準化回帰係数の大きさの差異は予測変数間の相関がおもな原因であり，予測する変数と説明される変数（すなわち基準変数 Y）との相対的な関係が原因ではない．X_1 が大きな標準偏回帰係数をもつのは，他の予測変数との相関関係が小

さかったからである．X_2, X_3 の標準化回帰係数が小さいのは，Y との関係が重複しているからである．しかし，標準偏回帰係数におけるこうした違いが，理論的な意味をもつ，あるいは3つの予測変数の真の因果的寄与を反映しているという保証はない．

この点を表現するために，X_3 が Y と X_2 に強い因果的影響を与えていると考えてみよう．これら2つの変数に対する相関係数を計算すると次のようになる（$r_{Y,X_3} = 0.52$, $r_{X_2,X_3} = 0.85$）．また，X_2 は Y に対して，あったとしてもごく小さな因果的影響しかなく，その相関係数（$r_{Y,X_2} = 0.50$）は X_3 との全体的な関係の結果生じたとしよう．さらに，X_1 は Y に対して強い因果的影響があるため相関係数が大きくなっているが（$r_{Y,X_1} = 0.50$），この効果は X_3 の因果的影響とは異なる（つまり独立している）と考えよう．このとき，X_3 は少なくとも X_1 と同程度 Y に寄与しているはずである．しかし，MRC は本当の因果関係を決定することはできず，標準化回帰係数は上述のように X_1 の大きな寄与を示す．だから，多重共線性が大きくなると重回帰分析の結果を解釈して理論的な説明をするときの複雑さは，膨らんでくるのである．なぜなら予測変数どうしの関係を考えなければならないからである．

多重共線性の問題は，MRC にとって，いわゆるお手上げ[◇2]である．重回帰分析の大きな利点は，潜在的な第三の変数からの影響を統計的に統制できることにあった．最も妥当な第三の変数は，研究における基準変数と予測変数の両方と高く相関しているものである．もし，無相関な予測変数のみを用いることで解釈の複雑さを低減しようとする場合には，MRC の最も強力な側面である，潜在的な第三変数による説明の統制は必要なくなる．しかし，高い相関を示す予測変数は偏回帰係数の解釈を混乱させ，Y における分散の大部分が偏相関係数では説明されなくなってしまう．

多重共線性はフラストレーションのたまる問題で，技術的な理由から，予測変数はあまりにも高い相関（たとえば，$rs > 0.80$）をしてはいけないのである．しかし，予測変数を選択するときに，相対的に小さな内的相関しかないものを選ぶだけでは，問題解決に不十分である．後で述べるように，重要な変数が MRC 分析に含まれていない場合，誤った定式化という深刻な問題が生じる．いずれの変数を研究に用いるかという決定は，検定されている仮説を含む理論的考察に基づいてなされる必要がある．こうした予測変数間の因果の方向についての理論的検証があれば，多重共

◇2　原語は "catch-22" で，「どうあがいても解決策が見つからないジレンマ」を意味する慣用句．ジョーゼフ・ヘラーの "*Catch-22*" という小説から．

線性から得られる結果の解釈問題を最小にしてくれるのである（第3章のパス解析についての議論も参照）。実験的な統制を用いることができないような状況下でも，MRCによる統計的な統制は，それが理論的考察およびその限界についての知識に基づいて設計され解釈される限りにおいて，複雑な現象の理由と特性の理解について重要な情報を提供できる。

3.2 仮　定

　MRCの使用における基本的な仮定は3つのカテゴリーに分類される。(a) エラーすなわち残差得点に関するもの，(b) 誤った定式化に関するもの，(c) 測定誤差に関するもの，である。

▌誤差（残差）得点についての仮定

　すでに標準誤差の推定の節で述べたように，誤差，すなわち残差得点は，被験者によって実際に観測された基準変数のスコアと，回帰方程式を使って被験者から予測したスコアの間のズレのことである。統計的理由かつ解釈上のさまざまな理由によって，こうした誤差得点は，(a) 平均がゼロで，(b) 等分散性があり（すなわち，全予測変数の分散が等しい），(c) 予測変数は相互に無相関であり，(d) 正規分布に従う，のが最良とされている。さらに，外れ値の存在や，極端な残差得点は望ましくない影響を引き起こす（たとえば，Cohen & Cohen, 1983を参照）。こうした誤差得点についての特徴は，MRCを評価するときに使えるし，こうした仮定から少し逸脱するぐらいなら，大きな問題にはならない（Lewis-Beck, 1980; Pedhazur, 1982を参照）。さらに，刊行された論文は，ときおりこうした問題を評価するのに必要な情報を載せている。だから，それらはここでは長々と論じないことにする（これらの仮定についてのさらなる詳細を知りたい場合は，章末に掲載した推薦図書を参照してほしい）。しかし，その他の2つの仮定，すなわち誤った定式化と測定誤差については，本章で記載されている重要な注意点のほとんどに関与しているので，この節の残りでは，この2つのカテゴリーの仮定について論じよう。

▌誤った定式化

　以下にあげる要件のいずれかに反する場合，誤った定式化が生じる。(a) 変数どうしの関係は線形でなければならない，(b) すべての関係のある予測変数が分析に

含まれていなければならない．(c) 関係ない予測変数は含まれてはならない．最初の要件については，MRC は予測変数と基準変数の間に線形か曲線関係を想定している．MRC においては線形関係のみが検出されるが，予測変数どうしの非線形関係および相互作用は，特定の変換を行うことで対応可能である（たとえば，Cohen & Cohen, 1983; Pedhazur, 1982 を参照）．

　定式化に関する残り 2 つの要件が設けられる主要な理由は，MRC で算出される指標のすべてが，1 つの重要な予測変数が分析に加わるだけで，劇的に変化してしまうことがあるからである．だから，もし重要な変数が含まれていなかったら，得られた重回帰分析の指標は誤解を招くものになる．無関係の変数を含むこともまた，指標の値に影響を与えるが，もし本当に無関係な変数であればその影響は小さくてすむだろう．しかし，無関係の変数が多すぎたら，統計的な有意差や交差妥当性を見出すのがむずかしくなる．

　経験的あるいは理論的な検討によって，MRC において使われる予測変数が選択される．純粋に経験的な手続きについてのいくつかの反論，すなわち，理論的考察を伴わない，単独で，経験的な手続きだけをとる問題についてはすでに論じた通りである．こうした反論は MRC が説明目的で使われるときに，より重要になってくる．純粋に経験的に予測変数を選択することは，あらゆる理論的変数，無関係な予測変数を排除してしまい，誤解を生むような，あるいは再現できないような結果を生み出してしまう．純粋に経験的な選択というのはおそらく仮説を生み出すときにだけ使われるべきであり，そのときはおもな問題についてほとんど知識がないわけだから，結果は十分な注意をもって解釈されるべきである．

　MRC における誤った定式化を避けるために最も有効な方法は，検証されるべき仮説と研究に含まれる変数の両方を管理するために，興味のある現象についてのフォーマルな理論を用いることである．誤った定式化は，現象に対する理論が弱いときに最も問題になるとされている．このようなケースでは，MRC の結果は決定的なものというよりもむしろ示唆的なものとして扱われるべきである．しかし，理論や仮説がより高度に，経験的になるにつれて，追加の研究に含まれる変数の推定は改善され，結果の解釈の信頼性も，それに応じて増加するはずである．

▌ 測定誤差

　測定が信頼できない，妥当でないという問題は，あらゆる研究において悩ましいことであり，MRC の使用に限った話ではない．特定の MRC の指標における測定誤

差に対処するために，統計的修正（たとえば，減衰修正）が提案されている。しかし，これらの実用性は限定的であり（たとえば，測定における誤差が完全にランダムなときに限られる），適用したとしても，MRCにとって付加的な問題が残ることもある（Pedhazur, 1982）。測定の弱さを統計的に克服しようとするよりも，研究者は測定手続きの選別や発展にもっと努力するべきである。さらに，関心のある対象の測定について，それを支持する証拠を提示する必要がある。本書の読者はこの証拠について慎重に考慮していただきたい。理論的考察が含まれる測定の信頼性と妥当性の問題については注意が必要であり，だからこそMRCの結果の解釈における理論の役割を強調しておくべきであろう。

　これらの測定に関する問題について考慮することで，多重共線性の問題を最小化することができる。もし2つ以上の予測変数で違う構成概念を測定しようとして，高い内的相関が現れるときは，どちらかは測ろうとしている構成概念が測定できていないので，違う変数を用意すべきだろう。一方で，もし同じ構成概念を測定しようとしているのなら，それは1つのスコアに結合するか，どちらかを除外するべきである。注意深く理論的な理由づけをして，構成概念の実践的な検証をすることで，こうした問題は解決されるのである（Linn, 1989）。

3.3　カテゴリカル変数

　MRCにありがちな誤解として，MRCは連続尺度または比率尺度で測定した量的変数しか扱うことができないというものがある。しかし，先述したように，MRCは多くのカテゴリカルな，または名義尺度水準の変数に対応している。そのためには，カテゴリカル変数の変換が必要である（用語集のダミーコーディングやエフェクトコーディングを参照）。

　たとえば，例1では，性別は二分割されたカテゴリカルな予測変数で，2つのカテゴリー，男性と女性からなっている。Willshire et al. (1991)は，男性の値を表現する（あるいはダミーコーディングする）のに1とし，女性を2としている。女性に大きな値を与えているが，それは量的な解釈ができるものではない（たとえば，女性が男性より優れている，という意味ではない）。そこでは，数値は単純に数字が示す被験者が男性なのか女性なのかを表している。2回目の研究で重回帰分析の中に入れたとき，性別に対する標準化されてない偏回帰係数は -7.4 であった（例2.2）。これは性別とIQに負の相関関係があることを示しており，全体的には，男

性（1で表されている）が女性（2で表されている）よりも高いIQを示していることを意味する。Exhibit2.2の重回帰方程式によって予測されるIQスコアの女性の平均値は、全体のスコアから14.8（偏回帰係数の−7.4に性別変数を掛けたもの、この場合は女性なので2を掛ける）を引いたものになっている。それぞれの男性に対しては、全体の平均から7.4だけ引いたものになる。だから、他のすべての状態（たとえばNARTや教育スコア）が同じであれば、男性は女性よりも高いIQであると予測される。

2つ以上のカテゴリーをもつカテゴリカルな予測変数の例が例2に示されている。ここでは社会経済的地位（SES）と家族構成（FAM）がいずれも3つのカテゴリーをもっている（たとえば、FAMでは実の両親、片親、ステップファミリー[◇3]）。3つのカテゴリーは単に0，1，2と数字を与えられているわけではない。なぜなら、これは特殊な量的順序を含意してしまうからだ（すなわち、ステップファミリーが他の2つよりも何か大きいことを表してしまう）。そうではなくて、FAMでは二値的なダミー予測変数に変換され、0はない、1はある、を意味するカテゴリーにされる。たとえば、FAM_1が1だったら、その学生の家族は生物学的な意味で自然なもので、0だったらそれは片親かステップファミリーである。同様に、FAM_2が1であれば、それは片親を表し、0であれば他の2つのカテゴリーである、とする。この研究では、3つのカテゴリーだけであったが、FAM_3を考えることもできる。なぜなら、FAM_1とFAM_2のスコアを結合して、統合した第三のカテゴリーであるとするからだ。つまり、FAM_1で0であり、FAM_2で0であればステップファミリーである。FAM_1もFAM_2も1であれば、それはステップファミリーではない。しかしFAM_3を回帰式に含めると、完全に多重共線性を引き起こす。だから、2つのダミー変数、FAM_1，FAM_2だけが別々の予測変数として重回帰分析に含められる。

3.4　MRC分析の種類

MRC分析の最も基礎的なものは、同時回帰として知られている。なぜなら回帰方程式や重相関がすべての予測変量を同時に分析することで決定されるからである。これは例2の初めの分析で行われた方法だ。

◇3　結婚などによって、血縁のない親子・きょうだいなどの関係を中に含んだ家族のこと。

論文でしばしば報告される MRC のその他の形態としては階層的回帰があり，これは同一の基準変数を用いた同時分析の組み合わせである。一連の分析の中で最初に行われるのは，1つ以上の予測変数を用いるものである。次の分析で，1つ以上の新しい予測変数が，最初の分析で用いられたものに追加される。さらに次の分析では，二度目の分析にさらに予測変数を追加する，といった具合である。連続した分析の間で生じる R^2 値の変化が，基準変数における新たに追加された変数が共有する分散の割合を表している。だから階層的な分析というのは，部分相関を計算する方法の1つである。例2ですでに述べた，第二の分析で新しい予測変数（相互性）を最初の分析に加える例がそれである。

　階層的回帰を用いるうえで十分に考慮すべきなのは，一連の分析において変数をどの順番で入れるかということである。なぜなら，この順番が分割・制御される順番を決定するからである。先述したように，先の段階で投入された変数の影響は，後の段階で投入された変数どうしの関係からは取り除かれる。結果的に，階層的回帰における異なるステップの，統計的な影響を統制した指標は，同じ変数セットから抜き出したものではないし，他と直接比較できるものではない。

　また別のタイプのよく用いられる MRC としては，ステップワイズ回帰がある。ステップワイズ回帰の1つのバリエーションは，増加法（forward inclusion）というもので，基本的には階層的回帰分析と同じような手続きである。しかし，ステップワイズ回帰においては，どの予測変数が含まれるかの順番は基準変数と他の予測変数との実際的な関係によってのみ決定される（すなわち，予測変数が最も大きな R^2 の変化量をつくれば，次の段階でも含まれる）。階層的回帰分析では，投入する順番は研究者によって直接決められ，ほとんどの場合それは理論的な基盤に基づいている。

　ステップワイズ回帰の別のバリエーションは，減少法（backward elimination）というもので，そこではまずすべての予測変数が最初の分析で投入される。続く各分析では，変数が徐々に少なくなる。また，除外する順番は変数の実際の関係に基づいている（つまり，R^2 の変化量を最も少なくしたものから除外されていく）。

　階層的回帰においては，追加される変数の数および分析の回数は分析者に委ねられている。それに対してステップワイズ回帰は，増加法では R^2 を有意に増加させる変数がなくなった段階で，減少法では R^2 値を有意に減少させる変数がなくなった段階で終結する。このように，ステップワイズ回帰は数ある潜在的な変数の中から，経験的に予測変数の組み合わせを選択するための1つの手段である。

多くの変数をためこんだものの中から経験的に変数を選出する他の MRC として，総当たり法（all possible subset）というのがある。これはここで論じた他の MRC に比べて用いられることは少ないが，論文の中ではたまに目にすることがある。実際に，この手の MRC の種類はいくつかあり，またコンピュータプログラムも結果を出すためにさまざまなアルゴリズムを用いる。しかし，概念的には，たくさんの変数群における潜在的な予測変数について，可能なすべての順列組み合わせをした，同時 MRC なのである。だから，選択される解の1つは，基準変数と最も大きな R^2 をもつものである。

ステップワイズ回帰も総当たり MRC も，使うときには細心の注意が必要である。なぜなら，すでに述べたように純粋に経験的な選別というのは，かなりサンプル依存的であり，あらゆる理論的関連を見ているわけでもなく，予測変数のあらゆる無関係なものを除外しているわけでもないからである。だから，こうした手続きは再現性がなかったり誤解を招くような結果になることもある。

3.5　タイプ1・タイプ2エラーを統制し，有意水準 α の上昇を抑える方法

統計的推論のために MRC が用いられる際には，タイプ1エラー（Type I Error）およびタイプ2エラー（Type II Error）の可能性を調整し制御することが重要である。多くの統計の基礎的な教科書で述べられているように，タイプ1エラーとは帰無仮説が本当は正しいにもかかわらず，それを棄却してしまう可能性のことであり，タイプ2エラーとは帰無仮説が本当は誤っているにもかかわらず，それを採択してしまう可能性のことである。Cohen & Cohen（1983）の記述に習えば，タイプ1エラーは「ないものを発見してしまう」ことであり，タイプ2エラーは「あるものを見落としてしまう」ことである（p. 166）。

タイプ1エラーの統計的な確率は，1つの仮説を検証するとき，研究者自身が危険率 α として決定するものであり，典型的にそれは $p < 0.05$ である。しかし，複数の仮説を検定するときは，α をそれぞれの仮説に対して 0.05 とするべきかどうか，仮説の集合に対して大きめにするべきかどうかという問題が生じる（一実験あたり（experimentwise）とか調査あたり（investigationwise）の危険率などとよばれる）。これは MRC をするときには重要な問題である。なぜなら，MRC は複数の仮説検定を含んでいるからである。

たとえば，同時重回帰分析には R の統計的有意性の検定と，それぞれの予測変数

の偏回帰係数の検定が含まれている。したがって，5つの予測変数があれば，少なくとも6つの仮説が検定されることになる（部分相関，偏相関，素点の偏回帰係数，標準偏回帰係数などの値は同一であり，したがって別々の仮説を構成するものではないため，これらの統計的有意性の差別化について考慮する必要はない）。階層的，ステップワイズ，総当たりの回帰にともなう検定はもっと多くなる。なぜなら，それらは複数の同時回帰分析を含んでおり，各ステップで異なる検定をしなければならないからである。

　個々の独立した検定において $p < 0.05$ の基準が用いられているとき，一実験あたりの α が 0.05 を上回る可能性の正確な程度を決定することは，仮説の相互依存の程度が一部影響するためにむずかしい。しかし，タイプ1エラーが生じる可能性は，とくにステップワイズや総当たり法による回帰のように，分析に複数の段階があり，最小限の理論的指針がある場合には，無視できないほどに増加する。一実験あたりのタイプ1エラーの確率を統制するための手続きの種類については，ANOVA のような統計手法に関連して言及されてきた（たとえば，Bonferroni, Dunn's, Newman-Keuls, Duncan と Scheffé の検定——Cohen & Cohen, 1983; Hays, 1988 などを参照）。たとえば，Bonferroni の方法は，各仮説で用いられる α を決定するために，一実験あたりの α を独立した検定の数で割るというものである。しかし，MRC に関してこうした問題の詳細な議論を目にすることは少ない。例外として，Cohen & Cohen（1983, pp.166-176）のすばらしい説明を，本節の残りの部分で概説する。

　まず，Cohen & Cohen（1983）は一般的な原則を述べる。それは「少ないことはいいことだ」である（p.169; Cohen, 1990 も参照）。つまり，多くの理由に基づいて（多重共線性を最小化する，といったことも含む），予測変数の数を最小限にすることで検証の複雑さを減らし，そのことで意味の多い，理解しやすい結果になるというものだ。この考え方に従えば，検定すべき仮説の数は減り，その結果，一実験あたりのエラー発生率が低くなる。また，検定力も増加し，少ない予測変数のおかげでタイプ2エラーの確率も減る（その理由は明らかなのだが，本章での範囲を超えてしまうので，Cohen & Cohen, 1983; Pedhazur, 1982 を見てほしい）。

　だから，研究者は注意深く理論的な理由づけによって，重要な変数を必要最小限だけ選び出してから，重回帰分析に用いる努力をするべきである。

　一般に，「さぐりを入れる（fishing expeditions）」すなわち変数が有用であるからという理由で分析に含めることは，タイプ1エラーの確率を高めるために推奨さ

れない。しかし、予備的研究の段階においては、このような探索的な調査は有効であるとされている。ただし、それらを用いるには、探索的な要因であることが明記される必要があり、統計的有意性の解釈には細心の注意が必要とされ、より慎重に計画された検証的研究が行われなければならない。

　Cohen & Cohen（1983）は、重回帰分析に対して、分散分析の手続き用にデザインされたFisherの保護されたt検定（Fisher's protected t-test）を使うことを提案している。基本的にそれはシンプルかつ実践的で、強い経験的支持を得ている。分散分析においては、この手続きはまず全体的なF統計量が有意かどうかを検定するところから始める。全体的なFが望ましいレベルのα（たとえば$p < 0.05$）で有意であるとき初めて、独立した群の平均値が統計的に比較される。こうした個別の検定は、「小さな一対比較［α］の積み重ねが、大きな一実験あたりのエラー発生率になる可能性から保護されている（なぜならわれわれは、全体的な帰無仮説が真であるときの95％において、サンプル平均の比較をすることができなくなっているから）」という（Cohen & Cohen, 1983, p.172）。Cohen & Cohen（1983）は、全体的なRが統計的に有意であった場合に、部分的な係数や特定の予測因子の寄与の統計的有意性の検討を可能にすることによって、このような方略がMRCにも一般化できると提案した。この方法の詳細についてはCohen & Cohen（1983）で詳述されているので、そちらを参照してもらいたい。

4　全体的結論

　社会科学や行動科学における研究テーマは複雑なので、興味のある現象を十分に予測・説明するための決定要因は複数にならざるを得ない。MRCは、複数の潜在的な決定要因それぞれの影響や全体的な影響を分析するときに強力なツールとなる。実験的な統制が不可能な場合はとくにそうである。しかし、MRCは限界や複雑さがないわけではなく、そうした問題は予測よりも説明のときに大きくなる。

　統計的統制は、実験的統制とけっして同一視されるべきではない。MRCにおける統制の手続きは、因果の逆向きの可能性を排除できないし、実際上は合理的・理論的な意味や表現をもたない変数を作成してしまうことがある。しかも、分析に含められていなかったり実験的に統制されたりした第三の変数が、結果の他の解釈として残っている可能性がある。さらに、MRCの指標は変数特定的で、ものによっ

ては被験者依存的であるものが，分析の中に含まれている。だからこそ，全体的な関係あるいは無関係でないものを評価することが重要であり，そういう変数が含まれるべきなのである。多くの研究において，目的変数の測定の信頼性と妥当性，さらにはサンプルの代表性を細心の注意をもって評価しなければならない。

これらの注意点と複雑さは手ごわいように感じられ，MRCの一般的な有用性に疑問を抱かせるかもしれない。しかし，社会科学や行動科学における主題もまた複雑であり，われわれが行うことのできる実験的統制には限界がある。MRCの限界についての正しい理論と知識が結果の解釈に用いられれば，MRCは実験的・準実験的あるいは相関的な研究における強力な科学的ツールになり得る。

〈謝辞〉
　本章の原案に対してさまざまな思慮深いコメントを与えてくれた，以下の人々に感謝したい。Barbara G. Licht, Richard Wagner, Ellen Crawford, Anita D. McQuillen そして Elaine Goff。また，本書の編集者である Laurence G. Grimm と Paul R. Yarnold，および有益な提案をくれた匿名の2名のレビューアーにも感謝の意を表したい。これらの同僚，学生，友人たちの意見によって，本章がより優れたものになったことを確信している。もちろん，本章の欠点はもっぱら私の責任である。

推薦図書

　MRCやその解釈についてのさらなる説明や，より細かい知識を提供してくれるいくつかの本がある。そうした本の中でもとくに読み応えのあるテキストは，Cohen & Cohen（1983）や Pehazur（1982）である。いくつかの数学的導出や説明がされているが，そこで強調されているのは計算手続きの概念的な理解とMRCの解釈である。この2冊はとくに推奨される。

　Cohen & Cohen（1983）および Pedhazur（1982）は理論的説明を目的としたMRCの使用に焦点を当てている。パーソナリティ，臨床，産業心理学で用いられるような，理論的説明よりも予測を目的としたMRCの使用に関するすばらしい概念的説明は，Wiggins（1973）で提供されている。また，縮小式に対する経験的な相互検証手続きの使用についてのより包括的な議論は Fowler（1986），Mitchell & Klimoski（1986），Wiggins（1973, pp. 46-49）などを参照してほしい。

用語集

R^2 の変化量〈Change in R^2〉　階層的あるいはステップワイズな重回帰分析の一連のステップの中の，2つのモデルにおける R^2 の差。基準変数と，その段階で新たに追加された予測変数（あるいはその組み合わせ）との間の部分相関係数の二乗に等しい。

階層的重回帰／相関分析〈Hierarchical Multiple Regression/Correlation〉　重回帰分析の形式

の1つで，1つ以上の新しい予測変数を，その前の分析で使われていたものに追加していく。どの変数がそれぞれの段階で付け加えられるのかを決定するのは，研究者によって決められる。

基準変数（従属変数）〈Criterion or Dependent Variable〉 回帰／相関分析において予測または説明される変数。観測された基準，あるいは基準得点とは，実際に被験者（ふつう素点は Y で表され，標準化されていたら z_Y で表される）から得られた得点である。予測された基準，あるいは基準得点とは，回帰方程式によって被験者をもとに計算されたスコアである（ふつう Y' や $\hat{Y}$ で表現される。標準化されていたら $z_{Y'}$ か $z_{\hat{Y}}$）。

交差妥当性研究〈Cross-Validation Study〉 (a) 導出研究で用いられたものとは異なるサンプルの参加者——この異なるサンプルは「交差妥当性サンプル」「調整サンプル」「ホールドアウトサンプル」などとよばれる——から基準変数と予測変数の経験的スコアを得るような研究，また (b) これらのデータが導出研究の評価のために用いられるような研究をさす。この評価はふつう，元になった研究で得られた重回帰方程式を使って，交差妥当性サンプルの基準変数の得点を，実際に得られた予測変数の得点から予測することによって行われる。これらの相互検証的なサンプルにおける予測得点は，圧縮された R の形式である相互検証的重相関（一般的に R^2_{cv} で表される）と比較される。

最小二乗解（最小二乗基準）〈Least Squares Solution or Criterion〉 二変数または重回帰式において，回帰係数および切片の値を推定するために用いられる基準。値は参加者間の基準変数における予測値と実測値の差の二乗和を最小化するように求められる。すなわち，予測における誤差の二乗和の最小値である。

差分重みづけ〈Differential Weighting〉 各予測変数の得点と変数の回帰係数を掛け，その積の和によって基準変数の予測得点を得る方法。各予測変数は独自の回帰係数をもっているため，予測変数の差分で重みづけられる。単位重みづけについても参照。

残差得点（誤差得点）〈Residual or Error Scores〉 参加者の回帰式によって予測された基準変数得点を，実際の基準変数得点から減算することで求められる値。

実験的統制〈Experimental Control〉 統計的な方法とは対照的に，ある変数を一定に保持あるいは均質化することにより，潜在的な第三変数によって生じうる説明を統制する方法。たとえば，参加者を群に無作為に割り当てたり，群間で参加者の特徴を均一にするなど。また，女性の参加者のみを研究に用いることで性別を統制することができる。

重回帰／相関〈Multiple Regression/Correlation: MRC〉 データ分析手法の1つで，最小二乗基準に基づき，複数の予測変数と1つの基準変数の間の線形関係を決定すること，あるいは，ある基準変数を予測するのに最適な予測変数の結合のしかたを決定することである。

重回帰係数〈Multiple Correlation Coefficient〉 重回帰分析の結果の1つ（一般に R で表される）で，0から1までの値をとり，(a) 基準変数と合成された予測変数の間の線形関係，または (b) 実際の観測変数と予測された基準変数の間の線形関係，の程度を表す。

重回帰方程式〈Multiple Regression Equation〉 重回帰分析の結果は，最小二乗基準に基づいて，予測変数を重みづけた線形結合で表現し，基準変数に最適な予測変数を提供する。これには素点を用いる形式と標準化得点を用いる形式の方程式がある。素点の重回帰方程式は，

第 2 章 重回帰分析と相関分析

$$Y' = a + B_1X_1 + B_2X_2 + \cdots + B_KX_K$$

であり，標準化得点を用いた回帰係数は

$$z_{Y'} = \beta_1z_1 + \beta_2z_2 + \cdots + \beta_Kz_K$$

である。ここで Y' や $z_{y'}$ は予測された基準変数であり，X や z は予測変数，B は素点の偏回帰係数，β は標準化偏回帰係数。a は切片である。基準変数，予測変数，偏回帰係数，切片の項も参照（単回帰分析においては，1 つの予測変数と 1 つの重みしかない）。

重決定係数〈Coefficient of Multiple Determination〉 MRC 分析において，予測変数の組み合わせの中で共有されている基準変数の分散の割合を表す，重相関係数を二乗した値（一般的には R^2 で表される）。

縮小，縮小式，縮小された R（調整済み R）〈Shrinkage, Shrinkage formula, Shrunken or Adjusted R〉 導出研究における部分的な，サンプルに特有の変数どうしの関係を反映する MRC の出力結果。したがって，回帰式が異なるサンプルの参加者に対して用いられたとき，予測の関連性と精度は低くなる（つまり，小さくなる）。これは縮小という現象として知られている。予想される縮小を推定するための式は縮小式として知られており，これらの式の 1 つによって推定された重相関係数は縮小されたあるいは調整済み R とよばれ（一般的に R_a で表される），縮小されたあるいは調整済み R^2_a の形で報告されることが多い。

冗長な分散〈Redundant Variance〉 2 つかそれ以上の予測変数によって共有されている基準変数の分散。つまり，この分散はこれらの予測変数のどこからでも予測・説明されるので，この過剰な分散は予測を目的にするときは余分である。

推定値や予測の標準誤差〈Standard Error of Estimate or Prediction〉 重回帰分析の結果で（SE_{est} または $SE_{Y-Y'}$ と書く），誤差，すなわち残差得点の分布の標準偏差である。予測された基準変数得点の誤差の平均的な大きさを表す。

ステップワイズ重回帰／相関〈Stepwise Multiple Regression/Correlation〉 重回帰分析の形式の 1 つで，段階をもつ同時 MRC 分析の組み合わせから構成される。各段階において，その前段階で用いられたものに加えて，1 つあるいはそれ以上の新たな予測変数が追加（増加法）または削除（減少法）される。各段階においてどの変数が追加あるいは削除されるかという決定は変数どうしの経験的な関係によってのみ決定される。

切片〈Intercept〉 素点を用いた回帰方程式の要素の 1 つで（一般に a の記号で表される），すべての予測変数の値が 0 だったときの基準変数の値を示す。標準化された回帰方程式においては，常に 0 になるため，この項は含まれない。

総当たり法による重回帰／相関〈All-Possible-Subsets Multiple Regression/Correlation〉 MRC の形式の 1 つで，多くの予測変数の組み合わせから R が最大になり，基準変数を最も予測するようなものを選出する。この変数選択は，分析における変数間の実際の関係性にのみ依存する。

測定誤差〈Measurement Errors〉 MRC 研究において，変数を測定するための手続きに信頼性と妥当性の問題が存在すること。

第三変数による説明〈Third-Variable Explanations〉 二変数間の関係の因果的説明が，両者の変数と関係するその他の（第三の）変数に起因するような状況。たとえば，年齢と成人における幸福度との関係が身体的健康に依存する，といった状況。

59

多重共線性〈Multicollinearity〉 この用語は重回帰分析における予測変数内の内部相関についてのものである。この相関係数があるカットオフレベルの数字をこえていたら，つまり重回帰分析を適用するには高すぎるようであれば，予測変数間の内部相関の程度が高いことを示している（たとえば，高い，中ぐらい，低い，多重共線性がこの研究でみられる，などという）。

ダミーコーディング（エフェクトコーディング）〈Dummy or Effect Coding〉 MRC 分析においてカテゴリカル変数を扱う方法。尺度そのものを用いるのではなく，それらを特定のカテゴリーの有無を表す二値の変数（もともとのカテゴリカル変数の数より1つ少なくなる）に変換する。

単位重みづけ〈Unit Weighting〉 予測変数の得点に偏回帰係数を掛けることなく，単純な予測変数の得点の和によって基準変数の予測得点を得ること。これは，すべての回帰係数または重みを1（つまり，1単位）に設定することに等しい。差分重みづけについても参照。

定式化の誤り〈Specification Errors〉 MRC の次の3つの仮定のどれかについて違反があることである。(a) 変数間の関係が線形である，(b) すべての関係する予測変数が分析に含められている，(c) 関係のない予測変数は分析の中に含められていない。

統計的統制〈Statistical Control〉 潜在的な第三変数による説明を，実験的な方法ではなく，統計的な方法で統制すること。経験的データにおいては，第三変数は潜在的な交絡を生じさせるが，統計的手法（MRC など）の使用によってこの交絡を排除することができる。パーシャリング，制御，残差化，保持，共変動としても知られている。

同時重回帰／相関〈Simultaneous Multiple Regression/Correlation〉 MRC の形式の1つで，変数を順次追加したり減らしたりするのではなく，すべての予測変数を同時に入れて検証する。

導出研究〈Derivation Study〉 (a) 基準変数と予測変数から得られる経験的なスコアを得るための研究。この研究で用いられる参加者のサンプルは，「導出サンプル」「トレーニングサンプル」「スクリーニングのサンプル」とよばれる。また (b) 経験的スコアで回帰式や，予測変数と基準変数の間の関係の指標を導出するために用いられる研究。

等分散／異分散〈Homoscedastic/Heteroscedastic〉 基準変数スコアにおける分散の割合がさまざまな予測変数の間で共通であること。たとえば，等分散性があるというのは，幸福得点の分散が（これが基準変数として），本質的に50代，60代，70代で同じである（予測変数としての年代），というときである。年代が変われば幸福得点が変わってくるというのであれば，そのデータは異分散性をもつという。回帰／相関分析における要約統計量，たとえば相関係数や標準誤差などは，予測変数のレベル全体の平均であるため，等分散と異分散に注目することは重要である。すなわち，データが比較的等分散であるときに限り，それらの統計値はすべてのレベルのための合理的な推定値となる。

独立した寄与〈Independent Contribution〉 研究において用いられたある説明変数以外の，すべての説明変数を統計的に統制した後で，その変数と基準変数との間にみられる関係のこと。

二変数回帰／相関〈Bivariate Regression/Correlation: BRC〉 二変数の関係や，一方がもう一方を予測する程度を調べるためのデータ分析の手法。

二変数または 0 次の相関係数〈Bivariate or Zero-Order Correlation Coefficient〉 -1 から 1 の間の値をとり，2 つの変数の線形関係の程度と方向を表す係数（一般的には r で表される）。二乗された値（r^2）は決定係数とよばれ，二変数の間で共有されている分散の割合を表す。

半偏相関係数（部分相関係数）〈Semipartial or Part Correlation Coefficient〉 -1 から 1 の値をとり，1 つあるいはそれ以上の変数（$X_2, X_3, \cdots X_k$）の影響が X_1 から取り除かれた際に，2 変数（Y と X_1）間の線形関係の程度と方向を示す係数（一般的には $r_{Y(1 \cdot 2,3 \cdots k)}$ や r_{sp} で表される）。二乗された値（$r^2_{Y(1 \cdot 2,3 \cdots k)}$ または r^2_{sp}）は X_1 が他の予測変数と共有している分散が X_1 のみから取り除かれた場合の，Y における X_1 と共有された分散の割合を表す。

偏回帰係数（重み）〈Partial Regression Coefficient or Weight〉 回帰式によって，予測変数の得点が基準変数の得点の予測のために掛けられることにより求められた数値。いずれの予測変数もそれぞれの独自な係数をもつ。これらの係数について言及される際，偏という文字が欠落してしまう場合が多いが，それらはその他のあらゆる予測変数の影響をパーシャルアウトした後の予測変数の影響を表しているため，「かたよった」係数である（二変量回帰においては，予測変数は 1 つしかなくパーシャルアウトの必要がないため，偏回帰係数は算出されない）。これらの係数には 2 つの形態がある。素点の偏回帰係数（一般的には B で表される）と標準化偏回帰係数（一般的に β で表される）である。

偏相関係数〈Partial Correlation Coefficient〉 -1 から 1 の値をとり，変数 Y および X_1 から，1 つあるいはそれ以上の変数の影響が取り除かれた場合に，2 つの変数（Y と X_1）間の線形関係の程度と方向を表す係数（一般的には $r_{Y1 \cdot 2,3 \cdots k}$ や r_p で表される）。二乗された値（$r^2_{Y1 \cdot 2,3 \cdots k}$ または r^2_p）は，X_1 が他の予測変数と共有している分散が Y および X_1 から取り除かれた場合の，Y における X_1 と共有された分散の割合を表す。

抑圧変数〈Suppressor Variable〉 他の予測変数と高い相関を示すが，基準変数との相関は高くない予測変数。抑圧変数の影響は，他の予測変数と基準変数の関係ない分散を取っていくので，予測変数と基準変数の関係が強く現れてしまう。

予測得点の標準誤差〈Standard Error of a Given Predicted Score〉 所与の予測変数の値の組み合わせから予測された標準誤差（一般的に $s_{y'}$ で表される）。これは特定の予測得点の信頼区間の推定において推定標準誤差（平均誤差）よりも正確である。

予測変数あるいは独立変数〈Predictors or Independent Variables〉 重回帰分析において基準変数を説明したり予測したりするのに使われる変数（ふつう素点のときは X_K で，標準化されたときは z_K で表される。この K は変数を特定するためにつけられた数字）。この得点は常に実際に測定された点数である。

第3章

パス解析

Laura Klem

　パス解析は重回帰分析の拡張版と考えることができる。重回帰分析では調査者は1つの従属変数を想定しているが，パス解析では1つ以上の従属変数を用いる。パス解析で重要なことは，従属変数の順序性である。「X が Y を予測する」モデルが回帰モデルであり，「X は Y を予測し，Y は Z を予測する」というのがパス解析モデルである。パス解析によって調査者は変数セットにおける因果の順序性を検証することができる。

　本章では読者がパス解析をよりよく理解し，用いることができるような情報を提供していくことをめざしている。加えて，この手法の限界と仮定について注意をうながす。それがおもな2つの目的だ。さらに，読者にとって有用な周辺情報にも配慮するよう心がけた。パス解析は共分散構造分析[◇1]の特別なケースである。もし本章を読んだ読者が共分散構造分析に興味をもったら，主たる狙いとは別の目標は達成できたことになる。

　本章は3つの節からなる。最初の節は概観するところで，パス解析モデル，ダイアグラムの基本的な要素について述べられている。また，パス係数をどうやって得るかの説明がある。概観するときに，背景も見ることにしよう。そしてこうしたアイデアを実現するための2つの例を呈示する。第二のセクションは，統計的概念で，少しばかり技術的なことに言及する。どのようにしてパス係数を掛け算する（掛け

　◇1　構造方程式モデリングと同義。

算し足し合わせる特殊なルールがある）のかを説明し，非直接的な影響を評価する方法を解説する．2つの例に加えて第三の例を示して，新しいツールで分析する．最後の節は，仮定と問題点と題して，パス解析の仮定と，それについて考える方法を呈示する．また，標準化の問題について解説したうえで，この節を閉じる．そして短い結論とコメントがつけ加えられる．

1　概　観

1.1　歴史と応用

　パス解析は，1918年に Sewall Wright が初めて行い，1920～30年代に彼が雑誌で詳述したものである．Wright は遺伝学者で，おもにパス解析を使った人口の遺伝的な研究を行った．彼の論文の題目は興味深いものが多い．たとえば，「モルモットのまだら模様のパターン」（Wright, 1920）や，「穀物と豚の相関について」（Wright, 1925）などだ．1960年，彼は自分の1921年の論文を選び出し，*Journal of Agricultural Research* にパス解析の最初の概略的記述として発表した．しかし，彼の論文は社会科学者がほとんど読まない雑誌で公開されたため，実際には40年間注目されなかった．

　その後，1960年代になって，社会学者，心理学者，経済学者や政治科学者がこの手法について出版し，社会科学者の興味を向けさせた．H. M. Blalock, Jr. と O. D. Duncan はいずれも社会学者であり，とくにこれに貢献した人である．*Causal Model in the Social Science*（「社会科学における因果モデル」）は Blalock（1971）が編集した本で，因果モデルの他領域での重要性と概観について書いている．それはパス解析が20年以上も前から広く用いられていたかのように，社会科学者の熱視線をひきつけた．その結果，パス解析はかなり広範囲の問題に応用されるようになった．その広がりを知るために，いくつかの例をあげてみよう．自尊心，健康，教師の期待，道徳的判断の発達，組織の合意形成，輸送機関の保守性能，医者の身分，マイクロコンピュータに対する態度，倫理的意思決定行動（Bachman & O'Malley, 1977; Boldizar, Wilson, & Deemer, 1989; Curry, Yarnold, Bryant, Martin, & Hughes, 1988; DeCotiis & Summers, 1987; Igbaria & Parasuraman, 1989; Jussim, 1989; Obeng, 1989; Roth, Wiebe, Fillingim, & Shay, 1989; Trevino &

Youngblood, 1990)，などがそうである。

　パス解析の最も現代的で興味深い発達は，1970年代半ばより始まった。共分散構造一般を分析するコンピュータプログラムが出てきたのだ。共分散構造分析のプログラムは，他のものに比べてより洗練されたパス解析をすることができる（こうしたソフトウェアを使う利点は，本章の後のほうでふれる）。新しいソフトウェアはこの技術に対する興味の復活をもたらした。現在用いられ発表されているパス解析は，以前よりも完全で洗練されたものとなっている。

1.2　モデル

　パス解析の出発点は，変数セットでの因果関係に関する，調査者自身の理論である。理論はモデルによって形式的に，明示的に表現される。モデルはふつう，言葉とパス図（パスダイアグラム）によって表現される（そして時々数学的方程式の形で）。パス図では，いくつかの仮説が圧縮された状態にまとめられている。明確さ（モデルを展開するために必要）と圧縮性（パス図の決まりによってつくられる）という2つの特徴こそが，パス解析を非常に魅力的なものにしているのだ。

1.3　パス解析のデータ

　パス解析を行うためには，モデルに含まれる各変数のデータが必要となる。各変数は間隔尺度，あるいは間隔尺度として扱ってもよいと信じられる順序尺度で測定される必要がある。観測変数はモデルの複雑さによるが，少なくとも200〜300は必要だ。

1.4　パス解析の結果

　結果には大きく分けて2種類ある。まず，パス解析では仮定された効果の大きさの推定値を提供する。このとき得られた推定値とモデルが成立した条件が正しいかどうかをしっかりと見きわめることが重要である。言い換えるなら，モデルが正しいという仮説のもとで効果量は推定されるのである。第二に，パス解析によって（ふつうは），モデルが観測されたデータ上でつじつまが合うかどうかを検証することができる。もしモデルが観測されたデータ上でつじつまが合っていなかったら，モデルが適切ではなかったとして棄却することができる。一方で，もしモデルとデ

ータがつじつまが合っていたら，そのモデルが妥当であるといえるだろう。しかし，同一データで異なるモデルがあてはまることもあり，パス解析ではモデルの妥当性は保証できない。

1.5 例1：症状の再発

多くの研究者は神経症の人が身体的症状をオーバーに訴えてくることを知っている。つまり，神経症的傾向と症状の再発の訴えとの間には正の相関がある。Larsen (1992) は相関に影響する2つのモデルを比較する研究を行った。彼の2つのモデルは図3.1に示す通りである◆1。矢印は，仮定された効果を表している。これらのモデルには次の3つの変数が含まれている。(a) 24項目からなる尺度で測定された神経症的傾向，(b) 併発した症状の程度。これは2か月の間，1日に3回以上の胃腸不良を訴えてくる回数の平均値をデータとした。(c) 再発した症状。これは研究が終わったあとの2か月間で生じた胃腸不良の程度について質問紙で回答を得たものである。二変数間のPearsonの積率相関係数を表3.1に示した。被験者は43名の学部学生である（43名のデータはパス解析をするには少なすぎるが，この単純なモデルを検証するには十分である）。

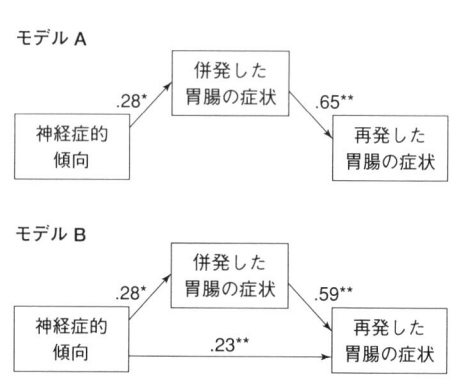

図3.1 神経症的傾向と再発のパス図と標準化係数（Larsen, 1992, p. 481, 484）

この係数は表3.1の相関を用いて算出した。小数点を0.01で丸めたので，Larsen (1992) とは異なるところもある。* は片側 $p < .05$，** は片側 $p < .01$。

◆1 Larsen (1992) は1つの心理的，3つの身体的症状について研究した。胃腸に関するデータはこの例のみで用いられている。

第3章 パス解析

⑤表3.1 想起される症状データにおける，二変量の
Pearson の積率相関係数 (Larsen, 1992, p.483)

変　数	1	2	3
1．神経質	—		
2．併発する胃腸症状	.28	—	
3．再発した症状	.39	.65	—

　このモデルAでは，神経症的傾向が再発に与える影響は非直接的である。神経症的傾向は，それが生じたときにどのような症状として受け止められるかに影響し，その知覚された影響がその後の再発の頻度に影響する。モデルBでは，神経症的傾向の再発も直接影響するし，症状が生じた際の知覚を経由した影響も直接届く。直接効果は，神経質な人は再発した症状を，実際にそのとき感じたよりも悪くなったと感じる，というさらなる仮説を生み出す。矢印の上の数値は，標準化されたパス係数である。それらは，モデルが正しいとしたときの，影響力の大きさを推定したものである（再発に対して併発した症状の影響力の大きさは，2つのモデルで異なっていることに注意してもらいたい。この違いはこの例ではふれていないが，モデルの推定値が条件付きであることは心にとどめておいてもらいたい）。標準化されたパス係数は，Pearson の積率相関係数と同じような尺度である。しかし，Pearson の積率相関係数と異なるのは，範囲が−1.0と1.0からはみ出ることもあるという点である。

　いずれのモデルでも，すべての影響力は有意である。リサーチクエスチョンは「神経質的傾向が，再発した症状に直接影響しているのか」であるが，それはモデルBにおいて有意であった。モデルの妥当性に関して言うと，インプライド相関のところでのちほど述べるが，モデルAはあまりあてはまりがよくなく，ほぼ不正確である。これについては，完全に逐次なモデル（モデルにおいてすべての因果的・直接的つながりを認めるモデル）のところで議論する。また，モデルBはデータに一致していて正しいモデルに見えるが，検証できないことについても議論しよう。

1.6　内生変数と外生変数

　パスモデルには2種類の変数がある。内生変数と外生変数である。内生変数の値は，モデルの中で1つ以上の他の変数によって説明されている。外生変数は自明のものであり，わざわざ説明されることはない。この違いは従属変数（内生変数）と

独立変数（外生変数）の違いに似ている。しかし，パスモデルでは，変数は独立変数にも従属変数にもなり得る。たとえば，再発症状のモデルでは，併発した症状は神経症的傾向によって説明され，次に再発した症状の原因になっている。だから併発した症状は内生変数である。このルールは，変数がモデルの中のどの部分からも独立しているといえるかどうか，である。再発した症状も内生変数である。ところが，神経症的傾向はこのモデルの中では外生変数である。なぜなら，このモデルは何もそれを説明しようとしないからだ。神経症的傾向を説明する変数は，このモデルの外側にあるのである。

1.7　例2：再婚と精神的健康

Greene（1990）は，妻に先立たれた年配者の再婚と彼らの精神的健康が関連することを調査するために，パス解析を用いた。大きなデータセットから335名の単身者になった男性を抽出し，サンプルがつくられた。この研究は時系列的なものである。男性は1人になる前に一度，なった後に二度目のインタビューを受けた。モデルの1つは，Greeneが「拡張選択モデル」とよんだもので説明された。この特別なモデルの背後にある理論は，図3.2に示されているが，再婚した男性と再婚していない男性との間の精神的健康の違いは，以前の精神的健康によって説明しうるとするものだ。すなわち，再婚した男性は最初の結婚よりも高い幸福感を得るということである◆2。このパスモデルには3つの外生変数，以前の健康，以前の豊かさ，教育，が含まれている。そして内生変数は以前の精神的健康，健康，豊かさ，再婚，

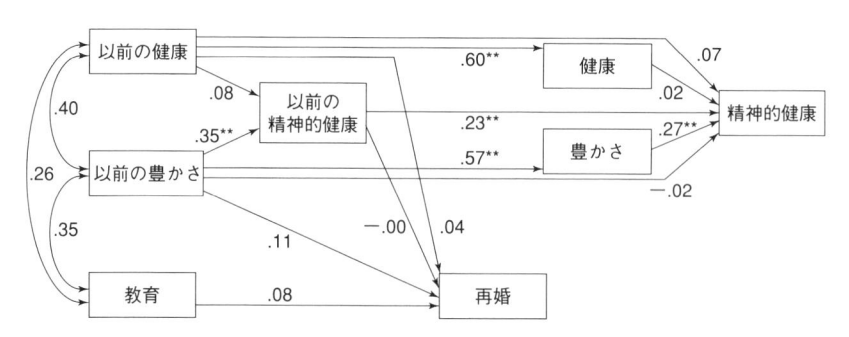

◯ 図3.2　再婚と精神的健康に関する選択モデルのパス図と標準化係数 （Greene, 1990, p.71）
　係数は表3.2の相関を用いて求めた。小数点以下0.01で丸めたので，4つの係数はGreene（1990）とは異なる。*は片側 $p < .05$，**は片側 $p < .01$。

表3.2 再婚と精神的健康データにおける，二変量の Pearson の積率相関係数 (Greene, 1990, p.60)

変　数	1	2	3	4	5	6	7	8
1．以前の健康	—							
2．以前の豊かさ	.40	—						
3．以前の精神的健康	.20	.33	—					
4．健康	.60	.32	.18	—				
5．豊かさ	.36	.57	.33	.33	—			
6．精神的健康	.21	.24	.33	.18	.36	—		
7．再婚	.10	.15	.06	.07	.18	.33	—	
8．教育	.26	.35	.24	.18	.40	.18	.13	—

そして精神的健康，の5つである。検証される仮説は，再婚と精神的健康がそれぞれの以前の状態によって説明されるというものだ。二変数間の Pearson の積率相関係数は，表3.2に示している。

1.8　パス係数の計算

　パス係数を推定する伝統的でシンプルな方法は，重回帰分析を用いるものである（第2章参照）。パスモデルにおける内生変数ごとに1回の回帰分析を行う（内生変数を見つけ出す簡単なやり方は，変数のダイアグラムを見て，1つ以上の矢印を受け取っているかどうかを見ればよい。そのモデルが，その変数の分散を説明しようとしているかどうかである）。各回帰分析で，従属変数は内生変数であり，予測変数はそれらに直接，説明の矢印が向いているすべての変数である。図3.1の再発症状モデルでは，パス係数を得るために2回の回帰分析が行われた。これらの回帰分析それぞれの変数が，表3.3の上にリスト化されてある。図3.2の再婚と精神的健康モデルのパス係数を得るためには，5回の回帰分析が必要なことがわかる[3]。それぞれの回帰分析は表3.3の下のほうに列記した。

　こうした例にあるように，パス係数はふつう，パス図で表示される。各パス係数

◆2　タイム2とタイム3データはこの方法で用いられた。「以前の (prior)」という言葉は，タイム2データに言及するために用いた。
◆3　再婚は二値変数であるため，Greene (1990) は回帰分析に加えてロジスティック回帰分析を行った（第7章参照）。2つの分析結果は同じ傾向を示している。

📎 表3.3 パス係数を得るための回帰分析における変数

モデル	従属変数	独立変数
再発した症状	併発した症状	神経的傾向
	再発した症状	神経的傾向
		併発する症状
再婚と精神的健康	以前の精神的健康	以前の健康
		以前の豊かさ
	再婚	以前の健康
		以前の豊かさ
		以前の精神的健康
		教育
	健康	以前の健康
	豊かさ	以前の豊かさ
	精神的健康	以前の健康
		以前の豊かさ
		以前の精神的健康
		健康
		豊かさ

は対応する回帰分析から得られた回帰係数である。回帰分析の他の結果として注意すべきは，標準誤差と係数が有意かどうか，そして全体的に説明された分散の量（R^2）であり，それらもパス係数に関係する。ふつう，重回帰分析は，コンピュータプログラムで実行される。重回帰分析のコンピュータプログラムのほとんどは，ローデータ（それぞれの変数のそれぞれのケースについての得点）から計算が始められるか，相関行列（変数の各組み合わせによる相関係数を含んだ行列）から計算が始められる。ローデータから開始する場合，プログラムは相関行列を回帰分析の最初のステップで計算している。本章で扱うパス係数は，相関行列から始められる重回帰分析の手法を用いている。

1.9 パス図を書くときの慣例

　以下の3つのやり方が，パス図を書くときの習わしである。(a) ダイアグラムは因果の流れが左から右に行くように描く。(b) モデルの中の因果関係は，一方向矢印で書く。矢印は仮説的な因果の影響の向きを表す。(c) 外生変数間の関係（ダイ

アグラムの左に示す）は，双方向矢印で示す。この関係はその存在が仮定されるときに描き，その因果構造はモデルの中では明示されない。

時々，紙面上の都合あるいは乱雑さを省くために，こうした習わしが変更されることもある。たとえば，曲線で表すべき双方向の矢印（外生変数間の関係を表す）が直線の双方向矢印になるとか，ダイアグラムから除外されるということもある。またときには，図 3.1 や図 3.2 にあるように，残差への矢印や係数が省かれることもある（残差のパスは，モデルから除外された因果のパスである。図 3.1 や図 3.2 のパス図を完全に描こうとすると，すべての内生変数には残差変数からのパスが含まれていなければならない。それらはよくわからない原因からの影響であり，図からは省かれている）。

それぞれのパス係数は p で表される。論文では，文字や数字は変数に使われる。慣例的には，特別なパス係数は添字をつけて特定され，従属変数の文字が前にくる。たとえば，もし再婚が r で表され，以前の豊かさが w で表されるなら，p_{rw} が図 3.2 の以前の豊かさから再婚への矢印を表している。

さて，ここまでで基本的なパス解析の考えを示した。重要な点として，パス解析は理論的モデルから始めなければならないことも指摘し，パス図と専門的な単語を紹介した。また，モデルのパラメータを推定するために重回帰分析が使われることにも言及した。では次の節で，こうしたパラメータ推定値，パス係数が，モデルの理解と検証に使われることについて話そう。

2 統計的概念

2.1 直接・間接効果を推定する

直接効果は，1 つの変数から別の変数への直線矢印という形で，パス図に表示されている。たとえば，図 3.2 に示されたモデルでは，再婚に対して以前の豊かさが直接影響している。すでに示したように，直接効果は回帰係数によって推定され，コンピュータの出力結果から直接読み取ることができる。たとえば，再婚に対する以前の豊かさからの直接効果は 0.11 と推定された。図 3.2 のモデルはまた，再婚に対する以前の豊かさからの間接効果も示している。以前の豊かさは，以前の精神的健康に影響し，以前の精神的健康は再婚に影響している。間接効果は，一連の直

線矢印で，（矢印の方向である）前方に向けた矢印のパスである。それらは合成パスとよばれる。ある変数から他の変数に対する間接効果の大きさを推定するためには，すべての間接的ルートを確かめなければならない。すなわち，すべての合成パス，ある変数から他の変数への影響の流れの確認である。それから，それぞれのルートにおいて，パス係数を掛け合わせて積を得る。最後に，その積を足し合わせて間接効果を得る。再婚に対する以前の豊かさからの間接効果は，$-0.00 = (0.30 \times -0.00)$ である（以前の精神的健康から再婚へのパス係数は-0.00とゼロに符合が付いているのがおかしいが，これは係数が小さく，負の数であるのだが，丸められて-0.00となっているからである[◇2]）。この効果は以前の精神的健康を通じてくるものである。以前の豊かさから精神的健康への影響は0.22で，2つのルートを含んでいる（$(0.30 \times 0.23) + (0.57 \times 0.27)$）。一方のルートは以前の精神的健康を通じて，他方のルートは豊かさを通じてくるものである。パスモデルで2つの変数を仲介する変数は，2つの変数を媒介するものとして仮定されている。この変数が媒介変数として機能するのは，いくつかの因果的影響が間接的ルートを通じても成立するのに十分な大きさがあったとき，である。以前の精神的健康と豊かさいずれもが，以前の豊かさと精神的健康の媒介変数として機能している。つまり，以前の豊かさは以前の精神的健康と豊かさに影響しており，これらの変数が精神的健康に影響しているのである。

パスモデルにおける変数は他の変数に対する直接的影響を与えるだけでなく，間接的影響しか与えないこともあるし，両方与えたりどちらでもなかったりする。直接効果と間接効果の合計は，総合効果，あるいは効果係数という。

2.2 インプライド相関の計算と利用

モデルでの各変数のペアには，インプライド相関（暗に示された相関）がある。このインプライド相関は，4つの要素の合計である。すなわち，直接の影響（どんなものであっても），間接効果の和（どんなものであっても），そして疑似効果（spurious effects）と，分析されない効果（unanalyzed effects）の和である。インプライド相関はこれらすべての要素を必要とするわけではない[◆4]。

◇2　四捨五入などで桁数を揃えるときにこうした誤差が出ることを，数値計算業界では「丸め誤差」とよぶ。

◆4　効果に対する専門用語は少ない。ここではPedhazur（1982）にならった。

「疑似効果」は，2つの変数間に共通の原因があることによって生じる。パス図において，疑似効果は矢印の向きに反して進むパスによって明らかになる。再婚と精神的健康モデルを描いた図3.2では，再婚と精神的健康の間に想定されたすべての関係が疑似的であると仮定することもできる。それはまさに，モデルの背後にあるもの全体についての考え方である。これらの2つの変数が相関しているのは，共通の原因をもっているからかもしれない（以前の健康，以前の豊かさ，以前の精神的健康）。図3.2において，再婚から精神的健康（またはその逆）のパスはすべて，矢印の向きに沿って逆行（矢印と逆方向に進む）するところから始まることに注目しよう。たとえば，再婚から精神的健康へのパスの1つは，以前の豊かさへパスを逆に辿り，それから前方の精神的健康へと進む（矢印の向きに沿って）。疑似効果の大きさは，こうした個々の関係の係数の積である。

「分析されない効果」は，カーブで表される双方向矢印，つまり，外生変数間の相関を含んだ効果である。たとえば，以前の豊かさが再婚に影響したとして，それが教育を通じて影響していくとしよう。この効果は，2つの係数を掛け合わせることで得られるが，因果の観点からは分析されていないことになる。なぜなら，それは相関であり（以前の豊かさと教育の），因果の向きは特定されていないからである。もし1つの変数から別の変数へのパスがなんらかの共通する原因をもつのであれば，効果は擬似的であるといえる。だから，たとえば，豊かさから以前の豊かさへ行き，そこから教育を経由して再婚へ，というパスは，疑似効果というより，分析されていない影響である。

モデルに含まれる二変数間のインプライド相関は，すべての影響を計算して，それらを足し合わせることで分析できる◆5。これら4つのタイプの影響それぞれの貢献度を検証することは，興味深いものになる。総和したインプライド相関と，観測された相関と比較することは常に興味深い。すなわち，もしインプライド相関が観測された相関と大きく異なっているようであれば，そのモデルは説得力がないということだ。たとえば，再婚と精神的健康の間の観測された相関係数は，図3.2によると0.33である。このモデルによるインプライド相関係数は0.04である（変数間

◆5 適切なパスや経路を追跡調査するための決まりがある。その決まりはさまざまな方法で表現されている。本章で採用したやり方はKenny (1979)のもので，2つの変数間の追跡すべきルートは，次の2つのルールに従う経路すべてを含めるというものである。まず，パスは同じ変数を二度は通さない。次に，パスは矢印に沿って変数に入るのであって，変数からパスが出て行くとは考えない。二番目のルールは，ある経路が1つ以上の「分析されない効果」をつくり出さない，ということを意味している。

の27本のパスがある。その計算は本章末の付録を参照のこと）。このことから導かれる結論は、再婚と精神的健康の間に観測された関係を、拡張選択モデルはうまく説明しないということだ。これは妥当なモデルではないのだ。

同様のロジックは、病状再発データでもモデルAを否定する結果を導く。神経症的傾向と再発の訴えの間の、インプライド相関係数は0.18（= 0.28 × 0.65）であり、観測された相関係数は0.39（表3.1より）である。これは倍以上大きいからだ。

2.3 モデルの適合

前節で、再婚と精神的健康のインプライド相関が実際の相関とはほど遠いことから、私は拡張選択モデルを否定した。モデルにとって、ある特定の相関が理論的理由により決定的に重要なのだ。しかし、もっと一般的に考えて、モデルはモデルの中のすべての変数間の相関を想定しているはずだ。場合によっては、観測された相関とインプライド相関が正方行列で表現されることがある。そのときは対角項の下の三角行列の中に実際の相関係数が、上三角行列にインプライド相関係数が配置される。各変数のペアにおける観測された相関係数とインプライド相関係数の間のズレが、三角行列で示されることもある。

総合的な適合度指標は、1つや2つではなく、インプライド相関係数と実際の相関係数のすべてを比較したものからなる。すべてのズレの絶対値を平均したものは、モデル適合の指標の1つである◆6。実際には、重回帰分析でパラメータを推定したとき、研究者はある理論的関心に基づく関係のところだけ、インプライド相関係数を計算することがある。あるいは重回帰分析が使われたとき、モデルがどのようにして完全行列を再生できるかという問いに答えるための適合度である Q を計算することもある◆7。Q は0から1までの値をとるものである。これが1に近い値をとるときはモデルがデータによくフィットしていることを意味する。しかし、Q を使うのは時代遅れ気味である。後の章で議論することだが、共分散構造分析のソフトウェアを使うことの1つの利点は、モデルの推定されたパス係数を出力するとき、全体的なモデル適合度も同時に提供してくれることだ。もしモデルの全体的なフィ

◆6 差の絶対値の平均を受け入れる目安に関する、よいガイドラインはないようである。しかしその平均は、異なるモデルで同じデータを比較することができる。1つのモデルの適合度を得るには、絶対値の差の平均の大きさを、もとの相関の範囲と比較するとよい。
◆7 Q を求める式は、Pedhazur（1982, p.619）にある。

◎ 表3.4　仮説データ

変数	A	B	C
A	—		
B	.50	—	
C	.10	.20	—

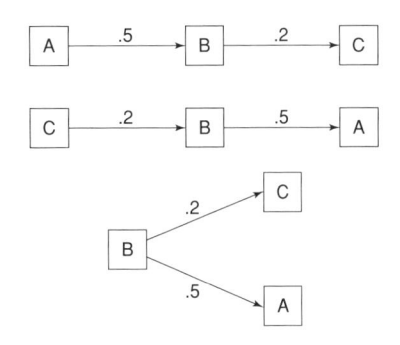

◎ 図3.3　表3.4の仮説データのモデル

ットに関心があるなら——完全に逐次なモデルでない限りふつうはそうだろうが——そうしたソフトウェアを使うことは明らかにメリットがある。

　最後に，適合度とは関係ない2つのことを注意しておこう。まず，適合度は係数の大きさや内生変数における説明された分散の量とは何の関係もないということだ。これを説明するために，表3.4の仮想的データと図3.3の上のモデルについて考えてみよう。AとCのインプライド相関は小さく，$(0.5 \times 0.2) = 0.10$ である。しかし，これは観測された相関係数と一致している。つまり，モデルはデータに完璧にフィットしたことになるが，Cの分散をモデルが説明する割合はわずかなもの（4％）だ。2つ目は，適合度はモデルの正しさを示すものではないということだ。図3.3の下2つのモデルは，観測されたデータを完全に説明する。しかし，3つのモデルすべてが正しいはずがない。実のところは，どれも正しいものではないかもしれない。

2.4　パス係数の残差と誤差の分散

　上述したように，パス分析では重回帰分析を各内生変数に対して実行する。重回帰分析の計算で算出される R^2 は，内生変数が直接影響する変数によって説明された分散の量を表している。パス解析のレポートにおいて，それぞれの R^2 は表や文中でよく報告される。パス図（有効なモデルの図）では逆の傾向がある，つまり，説明されないまま残っている分散の量が示される。

　パス図において説明されなかった分散を示すには，伝統的な2つの方法がある。重回帰分析では，それぞれのケースにおいて従属変数の観測値と予測値の間のズレを残差としたことを思い出そう。残差は予測におけるエラーなのだ。より古い伝統

```
 ←——
 ←——— 精神的健康 ←—.91——  精神的健康 ←—.82
 ←———
 ←——
```

◎ 図3.4　説明されていない分散を図示する異なるアプローチ

　図 3.2 でのモデルにおける内生変数は，精神的健康である。左は残差パス係数，右は誤差分散を表す。

的な方法は，残差を標準化するものである。そうすることによって，分散を1にし（分析における他の変数のように），内生変数に対する残差変数の影響を報告する。残差のパス係数は，他の係数の表記法と同様に矢印の上に表記される（実際には，残差を標準化する必要はない。残差パス係数は $\sqrt{1-R^2}$ で，このとき R^2 は関係する重回帰分析の R^2 である）。Asher (1983) と Pedhazur (1982) は，残差パス係数の例を示している。2つ目のアプローチは，こちらはとてもよく使われる方法だが，誤差の分散を表記する方法で，$1-R^2$ を示すものである。もしこの方法をとるなら，分散の数値は矢印のあと（つまり，矢印の向きの反対側）に記される。このアプローチは共分散構造分析の結果の表し方と同じものである。説明されなかった分散を示す2つの異なるやり方を，図3.4に示した。ときおり，図が複雑になりすぎるのを避けるため，残差パス係数や誤差分散が省かれることもある。

2.5　モデルの種類

　完全に逐次なモデルと一般的な逐次モデルの間の違いを区別しておくことは，重要である。完全に逐次なモデルは，すべての変数がすべての変数に対して直接的な影響をもち，因果のつながりがどんどん下へおりていくものである。図3.5の上のモデルは，完全に逐次的である。すなわち，変数 A は変数 B の原因であり，変数 A と B は C に影響し，変数 A, B, C は D に影響し，A, B, C, D が E に影響している。完全に逐次ではないモデルは，1つ以上の直接的影響関係が因果の序列の中で欠けているものである。図3.5の上のモデル図で，1つ以上のリンクが欠けてたとえば図3.5の下のようになれば，完全逐次モデルにはならない。症状の再発事例で，モデル A は逐次的で，モデル B は完全に逐次的である（図3.1）。再婚と健康モデルは逐次的である（図3.2）。

　モデルが完全に逐次的かどうかに注意する理由は，完全に逐次的なモデルはいつもデータがモデルに完璧に適合してしまうからである。だから，図3.5の上のモデルがあるデータセットに適合したことに感動してはいられない。このモデルは5つ

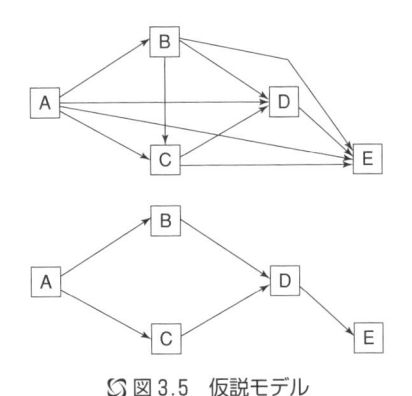

⤴ 図 3.5　仮説モデル
上のモデルは完全に逐次的であるが，下のモデルは違う。

の変数からなるどのようなデータにも完全に適合してしまう。もしモデルが図 3.5 の下のように 1 つでもリンクが欠けていて，そのときモデルにデータがフィットしたら，喜んでもいいだろう。変数 A, B, C が E に影響するのはすべて間接的だからである。

くり返しになるが，モデルが完全に逐次的であれば，それはどのようなデータにも適合し，パラメータの推定値の大きさだけが興味の対象になる。しかし，モデルが完全に逐次的でないならば，適合度を問うことも大事である。だから，病状の再発データに関する興味深い結果とは，双方のモデルのパラメータ推定値の大きさと，データと一致していないが故のモデル A の否定である。モデル B は完全に逐次的なモデルであるから，その適合度は検証しようがない。

次に便利な区別は，逐次モデルと非逐次モデルの違いである。逐次モデルにおいては，すべての影響が一方向である。つまり，変数間にくり返して因果がくることがないし，(たとえば，変数 A が変数 B の原因で，変数 B が変数 A の原因になるというような) ループ (変数 A が B の，B が C の，C が A の原因となるような) もない。さらに，逐次モデルにおいては，誤差項 (残差) が他のものと相関しないと考えられている。本章で説明されているすべてのモデルは逐次的である。非逐次的なモデルは，時々魅力的なのだが (現実世界では多くの変数が相互に影響し合っていることは想像にかたくない)，それらのパラメータを推定するのはむずかしい。純粋に技術的な観点から，重回帰分析を使って推定することはできない。しかし，この問題はそれほど大きくない。というのは，コンピュータのソフトウェアに実装されたさまざまな技術があるからだ。非逐次的なモデルのもっと厄介な問題は，

時々モデルの識別が困難になることだ。つまり，非逐次的モデルは各パラメータが唯一の推定値をもつような方程式を立てるのがむずかしいのである。データに同じように適合する推定値の組み合わせがあるかもしれないのである。たとえば，モデルがちょうど2つの変数 A, B からなり，互いが原因になっているようなパスをおくことを考えてみよう。つまり，A から B へのパスと B から A へのパスがある場合だ。A と B の間に観測される相関係数は1つだけで，2つの独立したパス係数を推定するための十分な情報が提供されていないことになる。非逐次モデルについては，2つの推薦図書をあとに挙げておく。

2.6 モデルのトリミング

時々，モデルのパラメータが推定された後で，研究者がモデルを単純化するために，影響が小さかったり有意ではなかったりするパスを除外することがある。これはモデルのトリミングとよばれる。モデルをトリミングするときに，忘れてはいけないことが2つある。

1つ目は，トリミングした後でもう一度新しいパラメータを推定する必要があるということだ。もし取り除いた影響が小さいものでも，新しい推定値は古い推定値とそれほど大きく変わらないだろうが，それでも報告されるパラメータ推定値はそこにあるモデルの推定値である必要があるので，再推定する必要がある。2つ目に，トリミングされたモデルは，ある程度，観測されたデータに依存したものになる。つまり，トリミングはデータにおける関係の偶然性を利用したことになるかもしれない。新しいモデルにおいてパラメータが統計的に有意であるというのは，コンピュータが新しい結果を報告した，といえるほどの重要性はないかもしれない。

これに関連して，最終的なモデルの妥当性に対するより重大な危険性があるのは，モデルをレイアウトする前にデータの周辺を詮索することである。トリミングなどで事前に詮索してしまうと，偶然生じた関係を取り上げてしまう危険性があり，それで最終的なモデルが正しいと確信してしまうことは，パス解析のもつモデル主導的な考えに逆行する。

偶然生じた関係を取り上げてしまう落とし穴から，研究を守る古典的な方法が1つある。それは，ホールドアウトされたサンプルを使うことだ[3]。つまり，可能で

---

[3] ホールドアウトサンプルについては，第9章の判別分析に詳しい。

あれば，十分な観測度数をもつサンプルの一部分（1/3程度）をランダムに選び出したセットで十分な練習をして，そこでモデルを発展させるのだ。最終的なモデルは，ホールドアウトサンプルで検証される。この手続きは交差妥当化として知られている。

2.7 例3：心臓病患者に対する2つのQOLモデル

Romney, Jenkins, & Bynner（1992）は心臓病患者のQOLを研究するためにパス解析を用いた。彼らは心臓血管病の手術6か月後の患者から集めたQOLデータ（Jenkins & Stanton, 1984）を再分析した。このデータは患者に対するインタビューや，質問紙，病院のカルテから集められたものだった。それらは469名の患者から，58の項目と尺度について回答を得たものである。これらのデータはJenkins, Jono, Stanton, & Stroup（1990）によって因子分析がすでにされており，58の項目からいくつの因子がつくれるのか，その因子が何なのかについて報告されている（因子分析の結果は第4章参照）。それに基づく以下の5つの因子を使って，Romneyらは彼らの分析を行った。5つの因子とは，(a) 意欲の低下，(b) 病気の症状，(c) 神経学的機能障害，(d) 対人関係の少なさ，(e) 社会経済的な地位の低下，である。因子得点間の相関行列を表3.5に示した。

Romney et al.（1992）は，因子が互いにどのように影響し合うかについて，異なる2つの因果モデルを仮定した。その後彼らは，2つのモデルがどれだけ観察データに適合するのかを判定した。

2つのモデルは図3.6と図3.7に示した。図3.6のモデルは伝統的な医療モデルである。すなわち，病気の症状と神経学的機能障害が，心理社会的・経済的因子に負の影響を与えるというものである。図3.7は心理社会的モデルである。すなわち，

表3.5 心臓病患者のQOLの因子得点に関する，二変量のピアソンの積率相関係数 (Romney et al., 1992, p.170)

因　子	1	2	3	4	5
1．意欲の低下	—				
2．病気の症状	.53	—			
3．神経学的機能障害	.15	.18	—		
4．対人関係の少なさ	.52	.29	−.05	—	
5．社会経済的な地位の低下	.30	.34	.23	.09	—

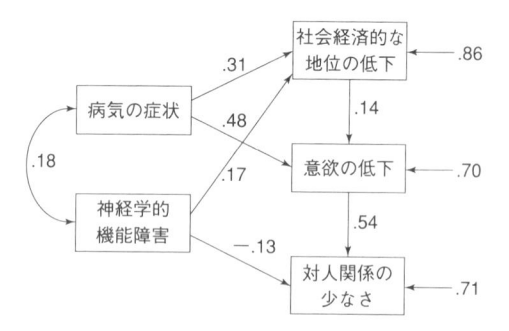

🔄 **図 3.6　心臓病患者の QOL の医療モデルのパス図**（Romney et al., 1992, p.172）

.18 は相関係数，.31，.48，−.13，.14，.54 は標準化パス係数，.86，.70，.71 は残差分散を表す。パラメーターの推定には表 3.5 の相関係数を用いた。小数点を .01 で丸めたので Romney et al.（1992）と異なるところもある。すべての値は両側 $p < .05$ で有意。

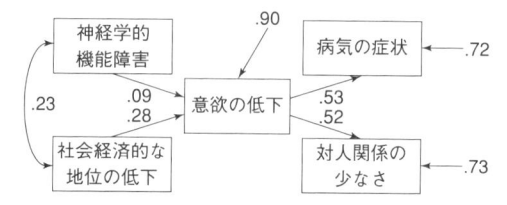

🔄 **図 3.7　心臓病患者の QOL の心理社会的モデルのパス図**
（Romney et al., 1992, p.172）

.23 は相関係数，.09，.28，.53，.52 は標準化係数，.90，.72，.73 は残差分散。.09 以外のすべての値は両側 $p < .05$ で有意。

神経学的機能障害や社会経済的な地位の低下が意欲を下げ，それが症状をさらに悪化させ，対人関係の少なさを導くというものだ。

図 3.6，図 3.7 に示されている推定されたパラメータは，重回帰分析[8]によって得られたものである。相関行列を入力データとして，重回帰分析が 3 回医療モデルに適用された。同様に，心理社会的モデルにも重回帰分析が 3 回適用された。

図 3.6 に示された標準化回帰係数は，コンピュータの出力から写しとったものである。病気の症状と神経学的機能障害の間の相関は，入力した相関行列からとってきたものである。3 つの残差分散は 1 からそれぞれの R^2 値を引いたものだ。

◆8　Romney et al.（1992）はモデルパラメータの推定に LISREL を用いている。

図3.7も同様のものを記している。

表3.6は各モデルにおける直接・間接的な因果的影響を示したものである。この効果は手計算したもので，図3.6や図3.7のパス係数を使って算出した。さらに，間接的な影響を報告する最も一般的な方法として，間接効果は実質的に意味のある間接効果だけにして示した——擬似効果や分析されない効果は含めなかった。たとえば，表3.6の医療モデルでは，病気の症状から対人関係の少なさへの間接的な影響である0.28は，(0.31 × 0.14 × 0.54) + (0.48 × 0.54)で計算した。0.18ある相関係数を介して与えられる影響は含まれていない（図3.6を参照）。

全体として，これらのモデルの係数は理にかなったもののように思える。しかし，

表3.6　心臓病患者の2つのQOLモデルにおける標準化された直接および間接的効果

独立変数	病気の症状	神経学的機能障害	社会経済的な地位の低下	意欲の低下
〈医療モデル〉				
社会経済的な地位の低下				
直　接	.31	.17		
間　接	—	—		
意欲の低下				
直　接	.48	—	.14	
間　接	.04	.02	—	
対人関係の少なさ				
直　接	—	−.13	—	.54
間　接	.28	.01	.08	—
〈心理社会的モデル〉				
意欲の低下				
直　接	.09	.28		
間　接	—	—		
病気の症状				
直　接	—	—	.53	
間　接	.05	.15	—	
対人関係の少なさ				
直　接	—	—	.52	
間　接	.05	.15	—	

注：横線（—）はモデルにない効果を示している。

医療モデルでは，神経学的機能障害が対人関係の少なさに負の影響を与えており，少し驚かされる。また，特筆すべきことは，誤差分散の大きさだ。これらが示すのは，内生変数に影響する含まれていない変数があるということだ。

モデルの適合を見るため，各モデルの変数におけるすべてのペアのインプライド相関を計算することができる。このインプライド相関係数を，表3.7の下三角に示した。これらインプライド相関係数はそれだけではさほど情報があるように思えない。しかし，表3.5の観測された相関係数と比較すると，それぞれのモデルがもとの相関行列をどれほど再現しているのかを見ることができる。観測された相関行列とインプライド相関行列の間の差の絶対値を計算し，示したのが表3.7の上三角行列である。観測された相関行列とインプライド相関行列の差の絶対値の平均，つまり，平均的な残差の絶対値は，医療モデルでは0.02である。心理社会的モデルでは0.05である。つまり，医療モデルのほうが元の相関行列を復元できており，その範囲は−0.07から0.53の間である。これは，心理社会的モデルがデータにうまく適合していないのに比べて，いくぶんよいことを示す[9]。残差の絶対値の平均の違いは，劇的なものではないけれども，医療モデルのほうがあてはまりがよいことを示している。

表3.7 2つのQOLモデルに対するインプライド相関（下三角）と残差の絶対値（上三角）

変　数	1	2	3	4	5
〈医療モデル〉					
1．意欲の低下	—	.01	.03	.01	.01
2．病気の症状	.52	—	.00	.03	.00
3．神経学的機能障害	.12	.18	—	.02	.00
4．対人関係の少なさ	.53	.26	−.07	—	.06
5．社会経済的な地位の低下	.29	.34	.23	.15	—
〈心理社会的モデル〉					
1．意欲の低下	—	.00	.00	.00	.00
2．病気の症状	.53	—	.10	.01	.18
3．神経学的機能障害	.15	.08	—	.13	.00
4．対人関係の少なさ	.52	.28	.08	—	.07
5．社会経済的な地位の低下	.30	.16	.23	.16	—

[9] ここでの残差は，元の相関の再生におけるエラー，と表現されている。それらは残差ともエラーとも異なり，得られた値と予測値の間の差である。

2.8 競合する仮説

データに適合したモデルを考え，できればそういうモデルを採用したいとき，理論的に意味があり，データにも適合する他のモデルがあるのではないか，と考える必要がある。

たとえば，心臓病患者に対する QOL のデータについて医療モデルのほうがより適合していたと考えるとき，このモデルの他のバリエーションでも適合するのではないかと考えることができる（事実，私はこのモデルをへたなりに改訂してみようと思った。なぜなら対人関係の少なさに神経学的機能障害が予期せぬ負の影響を示していたからである。私は神経学的機能障害が，対人関係ではなく意欲の低下に影響しているような，直接的影響を仮定したモデルを書いた。つまり，私は1つの矢印を動かしたのだ。その結果，私のモデルはぐちゃぐちゃになった。つまり，係数はすべて正の値になり，意味もあるように思えたが，適合度は図 3.6 のそれよりもぐっと悪くなったのだ）。

モデルを評価するとき，さらにモデルの中の変数を使った他のアレンジを考えるときは，人はモデルに含まれていないが，入る可能性のある変数についても考慮しなければならない。たとえば，モデルの中にはない，意欲の低下と対人関係の少なさの両方に影響する，ある変数について考えるとしよう。そうした変数として，自尊心を考えることができるかもしれない。もしそういう変数があるならば，そしてそれがモデルの中に含まれているならば，その変数は意欲から人間関係への大きな影響力を低下させるだろう。

モデルの代案を考えることは，すでにモデルの中にある変数の因果の向きを変えたり，関係のある変数を追加したり除外したりすることでもあるが，結局はパス解析のもつある仮定を検証することである。以下では，こうした仮定についてより全体的に議論しよう。

3 仮定と問題点

3.1 パス解析の仮定

ここまでは，パラメータをどのように推定するかや，モデルを評価するためにそ

の推定をどのように用いるかなど，パス解析モデルの本質について述べてきた。それらのモデルや結果の研究の価値は，条件が整っているかどうか次第である。パス解析の必要条件は，3つのカテゴリーに分けられる。重回帰分析の仮定，因果モデルの仮定，一般的なデータ分析で考えるべきこと，の3つである。

パス解析が重回帰分析の技術に依存していることから，第2章でふれた重回帰分析の仮定が，ここにも適用される。それらの仮定で最も重要なことは，測定誤差がないことと定式化の誤りがないことだ。なぜなら，重回帰分析はそれらについてロバストな性質◇4をもっていないからだ。測定誤差は観測された変数の測定が不正確であることを意味している。定式化の誤りとは回帰モデルの定式化における不正確さを意味する。定式化の可能性に関する2つの厄介な問題とは，(a) モデルに含まれているがモデルに含まれるべきでない変数があること，(b) モデルに含まれるべきなのにモデルから除外されている変数（こちらのほうがなお悪い），があることである。これらの仮定に違反した結果がどうなるかについては，以下の問題と併せて次の節で論じる。

パス解析の仮定における第二のカテゴリーは，モデル全体における因果の考え方から派生する。モデルの中で因果の順番が正しいかどうか，モデルに含まれる変数は正しいかどうか，といったことである（パス解析の結果はモデルをきちんと定式化することに依存していることを思い出そう）。ここでのモデルの定め方についての注意点は，1回の重回帰分析を超えてモデル全体にかかわることである。たとえば，2つ以上の内生変数に影響するモデルに含まれない変数があれば，異なる回帰分析から得られた残差が相関することになり，仮定に違反していることになる（この違反は時系列的なデータの問題でもある。そこでは，同じ変数が何回も測定される。図3.2の再婚と精神的健康の例を考えてみよう。たとえば，毎回精神的健康が測定されるときに影響していた他の変数があり得ないだろうか？）。

パラメータのかたよりのない推定をしなければならない，という統計的な仮定に加えて，より一般的なデータ分析の文脈で考えるべき問題がある。重回帰分析，そしてそれに基づくパス解析は，加算的な技術である。その問題とはつまり，従属変数に対する1つの予測変数の影響は，他の変数（の水準）に依存していないという仮定である。もし2つ以上の予測変数と従属変数の間に交互作用の存在が疑われるなら，パス解析が行われる前にその可能性を調べておくべきなのである。もし交互

◇4 ある統計的手法が仮定している条件を満たしていなくても，結果に大きな影響を与えない性質のこと。

作用が見いだされたら，交互作用項は回帰分析の中に統合することができる。交互作用という言葉に関しては，Baron & Kenny (1986) もしくは Jaccard, Turrisi, & Wan (1990) の論文を参照してほしい（交互作用を取り出し，統制することを，ここでは一般的な分析的関心に分類している。交互作用モデルが適しているときに，加算的なモデルを使うことは，定式化の誤りに関する話である）。

二番目の一般的な分析的問題は，多重共線性である。すなわち，もし予測変数どうしが相互に高い相関関係にあれば，パラメータ推定値は信頼できないものになる。一方で，多重共線性の大きさでも，許容できる範囲のものもある。パス解析における多重共線性の問題は，重回帰分析のそれと同じ道を辿るものである（第2章参照）。

最後に，どれだけデータが大きければ結果が信頼できるのか，という問題がある。その答えは，推定しようとしているパラメータの数に依存する。一般的な目安は，推定するパラメータよりも5〜10倍の観測度数が必要である◆10（パス図における1つの直線「→」がパラメータとしてカウントされる。これには残差の矢印も含まれる）。

3.2 仮定を破ることの影響

重回帰分析の仮定を破ることによる影響は，本書の第2章でも論じられたし，他書にも多い。仮定ごとに短くまとまっているのが Lewis-Beck (1980)，長い解説なら Pedhazur (1982) などがある。Berry (1993) のモノグラフも実践的な意味で有用な情報がある。

上に示したような文献のなかでも説明されているのだが，重回帰分析において，変数を測定するときの失敗は，まずい結果を引き起こす。標準化回帰係数がまちがって推定されるからだ。Baron & Kenny (1986) はこの問題についての議論をより広い因果モデルの文脈に拡張した。とくに，媒介するものとして測定誤差の影響について詳細に論じている。簡単に言うと，媒介変数の効果は過小推定を引き起こし，独立変数からの直接的パスの効果が過剰推定されてしまう（すべての係数が正のときには）というものだ。これが意味するのは，たとえば，図3.1に示した病状の再発モデルにおいて，併発した症状が多くの誤差とともに測定されているから，モデ

◆10　この目安は，共分散構造分析（たとえば，Bentler & Chou, 1988）の一般的提言に基づいている。パス分析は共分散構造分析の1つの型である。

ルBにおける胃腸の症状の再発に対する神経症の直接効果が膨張していると考えなければならないということだ。

Asher（1983）はパス解析の文脈においても測定誤差の問題があることを論じている。彼は（簡単ではない）テクニックを使って，その帰結を査定する方法を提示している。後の章でふれることだが，共分散構造分析のプログラムを使ってパス解析を実行する利点の1つは，変数が誤差なしで測定されているかどうかという仮定をおく必要がないということだ。

パスモデル全体としての定式化の失敗は，不正確な結果を招くことになる。さらに，本章でもすでに示したように，パス解析から結果が十分であったとしても，それが正しいことを証明することはできない。なぜなら，モデルはうまく適合し，多くの分散を説明し，有意な推定値であったとしても，全体としてまちがっているということもあるからである。理にかなった説明は，定式化の誤りに対する最善の防衛になる。

こうした違反をすることによる仮定や帰結を考えることは，憂うつなことではある（私がかつて見たモデルとデータで，パス解析の仮説について向き合ったかどうか考えたくはない）。しかし，これは仮説を無視してもいいということを意味するものではない。仮説に合っているかどうかを考えることは時々役に立つ。かなりの自信を見いだすことのできる分析もあるし，価値のある分析もある（それらの変数は，完全に測定されてはいないかもしれないが，うまく測定されているということはないか？ モデルにおいて，変数が丁寧に含まれたり除外されたりしていれば，十分に正しい，注目に値するモデルへと近づくのではないか？ ということなど）。

3.3 標準化 vs 非標準化パス係数

標準化された回帰係数と非標準化回帰係数があるように，標準化・非標準化パス係数がある。本章の例では，すべて標準化係数を使ってきた。非標準化係数を報告するときは，重回帰分析のコンピュータプログラムの結果から，非標準化された数値をうつし取るだけでいい。

標準化係数の利点は，単位どうしが比較できることだ。たとえば，もとの変数はまったく異なる尺度で測定されているにもかかわらず，以前の豊かさは以前の健康よりも再婚に大きな影響を与えているということが一目でわかる（図3.2）。標準化係数は，予測変数の相対的な重要性を考えるときに便利なのである。実際，研究者

はほとんどいつも，標準化されたパス係数を示す。

　非標準化係数の利点は，予測変数の一単位の変化が従属変数にどれぐらいの大きな変化をもたらすかを見ることができる点だ。豊かさに関する測定が1万ドル単位で測定されていたとしよう。豊かさの非標準化係数は，もう1万ドルあれば，再婚の確率に与える影響はどうかを示し，その数字は興味深いものだろう。おおまかな経験則ではあるが，非標準化係数を報告するべき3つの状況がある。(a) 2つ以上の異なるサンプルに対してパス解析を行ったかどうか。たとえば，違う国民に別々のパス解析をするのかどうか。(b) パス解析に，異なる時間でとった同じ変数があるかどうか。そして異なる時間でとった変数の分散が異なるかどうか◆11。(c) 変数の単位に意味があるかどうか。たとえばドルや，年や，カロリーなど。

　Kim & Ferree (1981) は，標準化の複雑さについて述べ，標準化と非標準化係数双方の利点を残すような解決方法を提唱した。簡単にまとめると，いくつか，あるいはすべての変数において標準化された推定値を分析する前に示しておき，解釈のときに非標準化係数を使うという方法である。

4　結論としてのコメント

4.1　パス係数を推定するベストな方法

　これまで，重回帰分析でパス係数を推定する方法について解説してきた。同じ係数が，共分散構造分析のパラメータを推定するソフトウェアからも得られる。パス解析は一般的な共分散構造分析の特別な場合である。LISREL（Jöreskog & Sörbom, 1989）と EQS（Bentler, 1989）はモデルパラメータ推定プログラムの二大巨頭である。こうしたソフトウェアのパス係数は，標準化係数であれ非標準化係数であれ，重回帰分析の係数とまるで同じように解釈することができる。さらに，こうしたソフトウェアを使う2つの大きな利点がある。

　LISREL（やそれに類するプログラム）を使ってパス解析をする第一の利点は，プログラムがいろいろな結果を出すことである。たとえば，インプライド相関係数，

◆11　このガイドラインに従うと，非標準化係数が再婚と精神的健康モデル（図3.2）で報告されるべきだったかもしれない。しかし，一般には，健康，豊かさ，精神的健康の変数は時間によって大きく変化するものではない。

すべての総合効果，間接的影響の標準誤差を出してくれたりする。最も大事なことは，モデルの全体的な適合の指標を，いくつか計算して出力してくれることである。こうした指標を報告するのが，作法になりつつある（たとえば，心臓病患者のQOLモデルである図3.6や図3.7において，筆者は適合度指標としてLISRELからの結果を書いている。医療モデルがすばらしかったのに比べ，心理社会的モデルのそれは残念なものであった）。

ソフトウェアを使う二番目の利点は，共分散構造分析が，すでに指摘したように，ある仮定に合った分析をしてくれる。従来のパス解析（重回帰分析の仮定を隠しもっている）であれば，測定された変数は誤差がないと考える。LISRELにおけるパス解析では，研究者は測定誤差をおくことができ，多くのケースにおいてそれはより現実的なモデルとなる。

共分散構造分析を完全にマスターするには時間がかかり，とりつきにくいと感じるかもしれないが，一般的な共分散モデルのソフトウェアを本章で述べたパス解析（すべての変数が測定されている逐次モデル）に応用するのは，かなり直接的なやり方でできる。少し練習すれば，モデルは簡単に準備して解釈することができる。

また，共分散構造分析プログラムの力を借りることにより，回帰では取り組めないような複雑なパス解析にも挑戦できる。（異なる国の市民のような）複数のサンプルに対するパス解析を比較する問題とか，非逐次的なモデル，一般的な共分散分析における測定されてない変数を対象とするようなモデルなどがそうだ。

推薦図書

因果の本質や因果的影響の本質について，広い観点から見るためには，Kenny（1979）やHeise（1975）のテキストの第1章を見るとよい。重回帰とパス解析についての警告的な話題については Bibby（1977）を参照してほしい。Bibbyは彼の章の結論において，「一般線形モデルは落とし穴，わな，だましがある。前の章で与えられた警句に注意することで，その邪悪な影響が部分的に和らいだとしても，だ」と述べている（Bibby, 1977, p.76）。同様に，より現代的で，より因果的モデリングのことを強調している Cliff（1983）にも警句が載っている。

本章全体で解説した，パス解析に関する2つのシンプルかつ一般的な話題は，Pedhazur（1982）と Knoke（1985）によった。Pedhazurの章は，明瞭な教示があり，多くの例があり，さまざまな効果の計算に言及している。一般的な取り扱い方については，少し長くなるがAsher（1983）の因果モデリングについてのモノグラフがいい。そこでは単純なパス解析に加えて，非逐次モデルや識別の問題についても議論している（識別は本章で扱ったモデルでは問

題なかったが，非逐次モデルを考えるとすぐに出くわす問題である)。もう1つのモノグラフ (Berry, 1984) は全体的に，非逐次的モデルについて論じている。

とくに媒介変数の役割に興味がある読者は，Baron & Kenny (1986) を読み，調整・媒介変数の有名な文献を見るとよい。筆者らは，媒介を必要とする3つの状況を示している。彼らはまた，間接的影響の標準誤差の計算方法についても定式化している。

もしパス解析をしようとするならば，パラメータを推定するために共分散構造分析のためのソフトウェアを用いたいと考えるであろう。*LISREL 7 User's Reference Guide* (Jöreskog & Sörbom, 1989) や *EQS Structural Equation Program Manual* (Bentler, 1989) のいずれも，パス解析の例を有している。いずれもパス図と，それに対応する準備や結果について書いてある。

Hayduk (1987) や Bollen (1989) は共分散構造分析の導入から発展的なトピックスまで，緻密な議論をしている。

用語集

インプライド相関係数〈Implied Correlation〉 モデルによって暗に示された変数間の相関。パス解析の結果提供されるパラメータで，どの二変数間ペアにもインプライド相関係数を計算することができ，実際の(観測された)相関係数と比較することができる。インプライド相関係数はしばしば，モデルに埋め込まれた相関とか，再生された相関ともいわれる。

外生変数〈Exogenous Variable〉 変数の数値が変数自身，あるいはモデルの中にない変数によって決められている変数。モデルの中では，外生変数は常に原因となり，けっして影響されない。パス図において，外生変数は他の外生変数と二方向の曲がった矢印でつながっているか，内生変数に直線の矢印で影響を与えているかのいずれかである。

完全逐次モデル〈Fully Recursive Model〉 それぞれの変数の間に直接的な関係があり，すべての変数が因果の鎖でつながっているようなモデル。

共分散構造分析〈Covariance Structure Models〉 統計モデルの大きな枠組みで，パス解析はそのうちの1つ。共分散構造分析は，一般的に潜在(測定されてない)変数にも対応している。しかし，すべての変数が観測されているとき，それはパス解析になる。共分散構造分析は，構造方程式モデル(SEM)ともよばれる。

効果係数〈Effect Coefficient〉 ある変数から他の変数に対する直接的影響と間接的影響の和。総合効果ともよばれる。

合成パス〈Compound Path〉 2つの変数間のパスで，2つ以上のリンクを含んだもの。合成パスは直接的影響，擬似影響，分析されない影響を表す。

誤差分散〈Error Variance〉 内生変数の中にある分散で，モデルによって説明されない部分。$1 - R^2$ に等しい。ここで R^2 は内生変数に直接影響する変数によって回帰されたときの重相関係数の平方。

残差パス係数〈Residual Path Coefficient〉 パス係数(パラメータ)の中でも，内生変数に対して測定されていない変数からの直接的影響を示したもの。

総合効果〈Total Effect〉 ある変数から他の変数に対する直接効果と間接効果の和。効果係数とよばれることもある。

逐次モデル〈Recursive Model〉 因果のつながりが一方向なモデル。とくに，モデルが再帰的なパスを含まず，フィードバックループをもたず，非測定変数間に相関がないモデル。

内生変数〈Endogenous Variable〉 モデルの中で，1つ以上の他の変数から影響を受けている変数。パス図では，内生変数は1つ以上の矢印が刺さっている。

パス係数〈Path coefficient〉 ある変数から他の変数に与える直接的な影響の大きさパラメータ。

第3章 パス解析

付録

図3.2に示された拡張選択モデルにおける再婚と精神的健康の間に埋め込まれた相関係数の計算。このモデルではすべての効果が疑似効果である。

直接効果		なし
間接効果		なし
疑似効果	$.11 \times -0.2$	
	$.11 \times .57 \times .27$	
	$.11 \times .35 \times .23$	
	$.04 \times .07$	
	$.04 \times .60 \times .02$	
	$.04 \times .08 \times .23$	
	$.00 \times .23$	
	$.08 \times .26 \times .08 \times .23$	
	$.08 \times .26 \times .60 \times .02$	
	$.08 \times .26 \times .07$	
	$.11 \times .40 \times .08 \times .23$	
	$.11 \times .40 \times .60 \times .02$	
	$.11 \times .40 \times .07$	
	$.08 \times .35 \times -.02$	
	$.08 \times .35 \times .57 \times .27$	
	$.08 \times .35 \times .35 \times .23$	
	$.04 \times .40 \times -.02$	
	$.04 \times .40 \times .35 \times .23$	
	$.04 \times .40 \times .57 \times .27$	
	$.00 \times .08 \times .07$	
	$.00 \times .35 \times -.02$	
	$.00 \times .35 \times .57 \times .27$	
	$.00 \times .08 \times .60 \times .02$	
	$.00 \times .35 \times .40 \times .07$	
	$.00 \times .35 \times .40 \times .60 \times .02$	
	$.00 \times .08 \times .40 \times .57 \times .27$	
	$.00 \times .08 \times .40 \times -.02$	
疑似効果の合計		.0447
分析されない効果		なし
インプライド相関	$.0 + .0 + .04 + .0$	.04

第4章

主成分分析と探索的・検証的因子分析

Fred B. Bryant and Paul R. Yarnold

　臨床心理学者が，さまざまなライフイベントの望ましさを測定するための調査票の開発を試みたとしよう。彼らはランダム抽出した100名の成人に対して，幸福になるようなイベント（たとえば，パーティ，よい成績をとった，友人との会話）の簡単な説明を書かせることから始める。これらの項目（イベント）に，少なくとも10個以上は回答するよう求める。次の成人のサンプルに対しては新たな調査票を用い，これらの各イベントについてどの程度幸福に感じるかという程度を，幸福に感じない（1）からとても幸福に感じる（7）までの7点のリッカート尺度によって回答させる。この調査票の回答を説明する基本的な次元を明らかにするには，主成分分析（PCA）を用いることができる。

　レジャー研究をする人が，小学生のサンプルから夏休みを楽しんだかどうかを測定するための質問紙調査を行ったとしよう。研究者は次のことを明らかにしたい。それぞれ，(a) 子どもたちが彼らの夏休みの楽しさを評価する次元の数，(b) 主観的な質に関するこうした次元の意味，(c) これらの次元がそれぞれどのような関係にあるのか，である。これは探索的因子分析（EFA）研究の，典型的なシナリオである。

　健康心理学者が12項目の質問紙調査をした。それらはAIDSの恐ろしさを測定していて，200名の高校生サンプルを対象としていた。この質問紙は，3つのある次元に沿って，恐怖度を測定するようデザインされたものであった。つまり社会的不名誉の恐怖，身体的苦痛の恐怖，死の恐怖，である。質問紙の項目を調べるにあたって，研究者は最初の4つの項目が社会的不名誉の恐怖に，次の4つの項目が身体的苦痛への恐怖に，最後の4つが死への恐怖に関係している，との仮説を立てた。これは典型的な検証的因子分析（CFA）の応用例である。余談ではあるが，研究者はこの三因子モデルがジェンダ

ーや民族性をまたいでも同じであるかどうか見きわめたいと思っていた。これは多母集団 CFA によってできることである。

本章ではこうした3つの手法，主成分分析（PCA），探索的因子分析（EFA），検証的因子分析（CFA）について論じよう。

1 主成分分析（PCA）

間隔尺度あるいは比率尺度の変数セットによって得られた観察サンプルが得られたとしよう。PCA の使用には少なくとも2つの変数が必要である。どれぐらいの観測度数（被験者数）が必要かについては，研究者は慣例に従っている。それは一般に，被験者-変数比（Subjects to Voriables: STV 比）とよばれている。ある分析が信頼できる結果であるというためには，つまり，独立したサンプルを使って分析をくり返したときに同じ結果が再現できるようにするためには，少なくとも変数の5倍ぐらいのサンプルがなければならないとされている。STV 比が5以上である，ということだ。さらに，各分析において，STV 比にかかわらず最低 100 度数はあるべきだ（Gorsuch, 1983）。たとえば，10 変数によって測定された観測度数 200 の架空のデータで考えてみよう。STV 比は 200/10，すなわち 20 であり，サンプルサイズは信頼性の基準に対して十分に大きい。200 の観測値に対して用いることができる最大限の変数の数は 200/5，すなわち 40 変数である。検算するなら，STV 比 5 と変数の数 40 を掛けると観測度数 200 になるという点に目を向ければよい。200 度数に対して 40 変数以上を使うときには，STV 比が 5 を下回るのである。

仮の例として，10 変数に対して観測されたスコアが z 値の形式に標準化されていると考えてみよう（つまり，各変数の平均が0で分散が1である）。変数が z 値の形式に変換されているから，全体の分散は変数の数に一致する。つまり，この仮のサンプルの，全分散は 10 である。PCA の目的は，この分散のすべて（あるいはほとんどすべて）を説明する主成分とよばれるいくつかの新しい変数をつくることである。PCA の基本的な仮定は，全分散は説明された分散と誤差分散の和を反映しているというものである（Hotelling, 1933; Pearson, 1901）。

最初の主成分を考えてみよう。この成分は元の変数の一次関数になっている。表面的には，この一次関数は切片の項目がない重回帰方程式と同じである。たとえば，

第一主成分 $Y = 0.1$(変数 1) $- 0.3$(変数 2) $+ 0.45$(変数 3) のような形態をとる。最初の主成分は説明される全分散の総量を最大にするような特徴がある。すなわち，他の一次関数では主成分以上に全分散を説明することができないのである。幾何学的には，第一主成分は多次元空間にプロットあるいはグラフ化されたデータの点（サンプルの観測値）の群れを横切る線としてとらえられる。この空間の次元の数は変数の数と等しい（各変数が次元である）。この空間において，各観測値から第一主成分を表している線に対しておろした垂線として，ある距離が考えられる。この第一主成分（線）から観測値への垂線の距離は，観測値の誤差得点である。第一主成分（線）はこのサンプルの観測値に関する誤差平方和を最小にするようになっている。

仮に，全分散を説明する第一主成分が 6 に等しかったとしよう。つまり，第一主成分は $(6/10) \times 100\%$，すなわち元の変数セットの分散の 60% を説明することになる。これはかなりの測定効果，いわゆるパーシモニー（倹約度）である。なぜなら，新しい 1 つの変数（すなわち第一主成分）が，全分散の中で元の 6 変数が説明するのと同じ割合を占めているからである。数式的には，一次関数，あるいは主成分は，固有ベクトルとして得られる。この場合，第一固有ベクトルである。また，固有ベクトルが説明する全分散の量は固有値（記号 λ で表記される）として知られている。固有ベクトル上の参加者の得点は，元の変数の参加者の得点を一次関数（式）に代入することによって求められる。

この例では，第一固有ベクトルは全分散の 60% を説明する。したがって，全分散のうち 100% − 60%，すなわち 40% が説明されないままである。そこで，第二主成分（固有ベクトル）が計算される。第一固有ベクトルと同様に，第二固有ベクトルも元の変数の一次関数になる。また，第二固有ベクトルは残された分散の全体を最大限説明するように構成される。この例では，第二固有ベクトルは固有値 3 であった。したがって，第二固有ベクトルは全分散の $(3/10) \times 100\%$，すなわち 30% を説明することになる。合計すると，2 つの主成分は 10 個の元の変数の組み合わせの全分散のうち，60% + 30%，すなわち 90% を説明する。第一固有ベクトルと第二固有ベクトル（そしてその後のすべて）は独立であり，相関しない（幾何学的には，これは主成分どうしが垂直に交わることを意味する）。したがって，第二固有ベクトルにおけるいずれの分散も，第一固有ベクトルによっては説明されない。

最初の 2 つの固有ベクトルを除いても 10% の分散が説明されずに残っているので，第三固有ベクトルが計算される。他の固有ベクトルと同じく，第三固有ベクトルも

元の変数の一次関数になる。この例では，第三固有ベクトルの固有値が1であったとしてみよう。第三固有ベクトルが全分散の10%を説明するのである（とくに，最初の2つの固有ベクトルでは説明されない部分）。あわせると，これら3つの固有ベクトルは（60 + 30 + 10）%で100%，元の10変数の全分散を説明することになる。全分散の100%を説明するために必要な固有ベクトルの数は相関行列のランク（階数，あるいは真の次元）として知られており，元の変数の間の相互関係を要約するのに用いられる。この例においては10個の変数の相関行列のランクは3である。そして観測値の特性を記述するために10の次元を必要とするよりも，3つの次元（主成分）を用いるほうが，元の10変数の組み合わせに存在するあらゆる情報（分散）のロスが少ない。

　実際のところ，調査者が全分散の100%を説明し終わるまで固有ベクトルを抽出することはめったにない。むしろ，全分散が説明される前に分析を中断するのが一般的である。この後の解説では，適切な固有ベクトルの数をどのように決定するかということと，それぞれの固有ベクトルをどのように解釈するか，すなわち，変数のパターンによって抽出される，各固有ベクトルの最も重要な構成要素である理論的な次元をどのように特定するかについて述べる。

1.1　固有ベクトルの数の決定

　PCAの目的は元の変数の相関行列における全分散のすべてを説明する最小因子数を特定することにある。この分析からどうやって抽出する（確保する）因子の数を決めることができるのだろう？　この疑問への答えとして，さまざまなタイプの停止ルール（ストッピング・ルール）が設けられている。

　PCAを実施する際に，調査者は全分散の説明率が特定のパーセンテージになるまで因子を抽出することを事前に指定することがある。このルールは分散のパーセンテージルールといわれる。たとえば，ある人は全分散の75%が説明されるまで因子の抽出をしようと決めるかもしれない。強く相関したいくつかの変数が含まれる小サンプルの研究においては，この基準を満たすためには1つあるいは2つ程度の因子ですむ場合が多い。しかし，より一般的な変数の相関と大きなサンプルサイズからなる研究の場合，この基準でいけばかなりの数の因子が確保されてしまう。1つの変数だけに相関する因子を見つけ出すことはあまり一般的ではない。とくに，こうした単一変数因子は肥大化した特性（bloated specifics）とよばれることもあ

る。

　もう1つの停止ルールは，先行研究基準（a priori criterion）として知られているものだ（Hair, Anderson, Tatham & Black, 1992）。だれかが他の研究者の結果を再現しようとしたときに，固有ベクトルをいくつ抽出したいか知りたい，ということがある。このようなアプローチは，抽出される固有ベクトルの適切な数が理論に基づいてわかっている場合にも有効である。

　たとえば，Yarnold（1984）は3つの異なる調査票——心理学の異なる領域で用いられるため，相互検証されることはめったにない——について，2つの基本的次元があると仮定した。2つの次元とは，タスクフォーカス（「仕事をやり遂げる」ことを優先する）および他者フォーカス（他人の幸福を優先する）であった。この研究では，各参加者は3つの調査票のすべてに回答した。それぞれの質問紙から2つのスコアを算出し，6つのスコアがPCAに使われた。予想された通り，2つの固有ベクトルが抽出された。これら2つの固有ベクトルによって説明される6つの得点の全分散は56％ほどであった。事前の仮説どおり，第一固有ベクトルの係数（つまり，固有ベクトルの中の数字で一次関数として変数に掛けられる数字）はタスクフォーカスを測定する変数において大きく，第二固有ベクトルの係数は他者フォーカスを測定する変数において大きかった。

　しかし，ふつうは次に示す少しあいまいな停止ルールが適切な固有ベクトル数を決めるのに使われる。1つ目は，固有値が少なくとも1，すなわち標準化された単一の変数の分散と同等以上の固有ベクトルを抽出（保持）するというカイザーの停止ルール（Kaiser, 1960）である。2つ目は，Cattell（1966）が図式的な手続きを提案した，スクリーテストとして知られる適切な固有ベクトルの数を決定するための基準である。スクリーテストを実施すると，固有値がY軸に，因子がX軸に連続的にプロットされる。まず第一固有ベクトルの固有値をプロットし，次いで第二固有ベクトルの固有値をプロットする，といった具合である。通常，固有値のプロットは最初のいくつかの固有ベクトルで急激に落ち込み（すなわち，グラフに視覚的な降下がある），その後はゆっくりと，しかし着実に減少する。急激に落ち込んでいる部分の固有値（および対応する固有ベクトル）は保持され，なだらかに下降する部分（急な下降の部分からなだらかな部分への移行途中も含む）の固有値は取り除かれる。

　こうした手続きの正確さを研究したものを要約すると，Stevens（1986）はカイザーの停止ルール（Kaiser, 1960）は30変数以下で共通性（探索的因子分析を参

照）が0.7以上，あるいは250度数以上の観測データに対して共通性が少なくとも0.6ある事例に対して適用するべきであると結論づけている。または，200以上の観測度数があり共通性がかなり大きい場合には，スクリーテストが用いられるべきである（Stevens, 1986）。

1.2 固有ベクトルの解釈

　いったん固有ベクトルの適切な数が決定された後，それぞれの固有ベクトルが測定しているものを特定するにはどうすればよいだろうか？　直観的には，この疑問は比較的簡単に解決できるように思える。固有ベクトルが元の変数の一次関数で，固有ベクトルの係数は，元の変数に掛けられる数字であったことを思い出そう。ある状況（ここで示すのは単純構造として知られているものだが）では，ある固有ベクトルがあって，いくつかの変数に対しては高い（ほとんど1に近い）係数であり，他の変数に対しては低い（ほとんど0の）係数であることがある。この固有ベクトルは，明らかにその係数が高くなっている変数の影響を反映していると考えられる。低い係数をもっている変数は，固有ベクトルの解釈には使われない。

　PCAがさまざまなコンピュータプログラム[1]によって実施される際，その出力の一部に因子負荷量として知られているものがある。これらはほとんどの論文で報告されている。これらの係数は固有ベクトルによって定義され，一般的に表の形で示される。表の行は固有ベクトル（1，2，3など）を表し，表の列は変数を表す。表中の各値はこれらの固有ベクトルと変数との相関を表す。たとえば，最初の変数の第一固有ベクトルに対する負荷量が0.73である場合，それは最初の変数の得点と第一固有ベクトルが$r = 0.73$の相関関係にあることを意味する。

　残念ながら，多くのケースでは，PCAで特定される固有ベクトルは解釈がむずかしい。しかし，固有ベクトルを任意の方向に回転させることで解釈がしやすくなる（実際，PCAとそれに関する手法に対する一般的な批判は固有ベクトルの位置を固定しない点にある。いわゆる因子不確定性問題（Steiger, 1979）である）。とりわけ，解釈のためには，適切な回転によって単純構造とよばれる状態になることが望ましい。Thurstone（1947）は単純構造に関して，以下のような特性を述べている。まず，いずれの変数も少なくとも1つの負荷量は，1つ以上の固有ベクトルに

---

[1] 主成分分析の文脈では，固有ベクトルから得られるこの数値は主成分負荷量とよばれることがある。

対して0に近い必要があり，4つ以上の固有ベクトルがある際には，ほとんどの変数が，ほとんどの固有ベクトルに対して0に近い負荷量をもつべきである．次に，各固有ベクトルについては，負荷量が0に近い変数の数は固有ベクトルの数以上である必要がある．最後に，いずれの固有ベクトルのペアにおいても，どちらか一方にのみ負荷する変数がいくつか存在する必要がある．一般的に，変数は特定の固有ベクトルのみに対して大きな負荷をもつことが望ましい．単純構造が満たされた際には，固有ベクトルの解釈は多くの場合に簡単になる．

単純構造を得ようとして，数種類の回転が行われる．最もよい区別の方法は，それが直交（相関しない）か斜交（相関する）かで分けることである．最もよく使われる直交回転はバリマックス回転（因子負荷行列の各列において，できるだけ多くの値がゼロに近くなるようにすることを目的としている）とクォーティマックス回転（因子負荷行列の各行においてできるだけ多くの数字がゼロに近くなることを目的としている）である．これらの手続きのどちらも単純構造になることを目的としていて，固有ベクトル間の独立性を保ちながら，つまり回転された固有ベクトルが無相関であるように回転を行う．それに対して，斜交回転においては，異なる固有ベクトル上の値は相関していてもよい．

固有ベクトルが単純構造になるように回転されたら，負荷量が固有ベクトルに寄与する中心的な次元を決定できるかどうか検証される．たとえば，Yarnold（1984）の3つの質問紙を使った研究では，タスクフォーカスを測定する尺度は第一固有ベクトルに高い負荷量を示し，他者フォーカスの変数はこの固有ベクトルに対して低い負荷量しか示していない．明らかに，第一固有ベクトルはタスクフォーカスを評価している．ここで，指定された固有ベクトルの構成要素として見なされるためには，どの程度の因子負荷量が必要であるかが気にかかる．一般的に，研究者は因子負荷量の絶対値が少なくとも0.3ぐらいないと「固有ベクトルに乗った負荷量」とは考えないし，固有ベクトルの意味を解釈するのに使えるとは考えない．負の因子負荷量をもつ変数は，固有ベクトルと負の相関をしていると考える．このとき，正の因子負荷量と負の因子負荷量が同じぐらいある固有ベクトルは，二極固有ベクトル（bipolar eigenvectors）とよばれる．因子負荷係数が0.3あるというのは，変数と固有ベクトルが $(0.3)^2 \times 100\%$，すなわち9％の分散を共有していることである．

Stevens（1986）らが論じているように，因子負荷量が0.3を超えるものだけを考えるというやり方は，多くのサンプルを無視することになる．なぜなら，変数と固有ベクトルの間の相関係数が統計的に有意かどうかの判断はサンプルサイズに依存

しているからで，変数を固有ベクトルの成分とみなすための基準は，所与のサンプルサイズにおいてタイプ1エラーの確率を $p < 0.05$ にするために必要な相関の値に基づいている必要があるからである。しかし，それに加えて，ふつうの PCA で実質的な意味のある因子負荷量を評価しようとするなら，偶然の結果を避けようとする伝統的な基準にも沿うべきで，分析全体でのタイプ1エラーが 0.05 以下になるようにするべきである（たとえば，第8章における多変量分散分析の Bonferroni の方法についての議論を参照）。こうした使用上の注意は応用研究ではほとんどみられないが，一実験あたりのタイプ1エラーを統制する重要性について徐々に研究者の間で理解が広まってきている。

2 探索的因子分析（EFA）

　EFA は PCA と密接に関係している。たとえば，PCA のように，EFA の使用において調査者は解釈の容易な固有ベクトルの組み合わせ（EFA においては因子とよばれる）を求める。これらの因子は単純構造を満たすために，直交（無相関）あるいは斜交（相関）のいずれかの手段によって回転させることができる。また PCA と EFA のいずれにおいても，得られた因子の構成要素としてみなすためには，変数の因子負荷量がどの程度の大きさであればよいかという問いが存在する。

　EFA と PCA の大きな違いは，その仮定にある。PCA の基本的な仮定を思い出そう。PCA では変数の全分散が2つの（説明される分と誤差の）成分の和を反映する。それに比べて，EFA の基本的な仮定は，全分散が3つの異なる種類の分散の和を反映するものとしてとらえる。この3つとは，信用できる，つまり安定して抽出される共通分散と特殊分散，そして信用できない誤差分散，である。共通分散は分析に使われる他の変数と相関する（共有された）分散の全体を反映する。特殊分散は他の変数と相関しない分散の全体を反映する（変数の信頼性は共通分散と特殊分散の和を反映している）。誤差分散は，これに対して，はじめから信頼できないランダムなふるまいを反映する。PCA が説明される全分散の総量を最大化する固有ベクトルを見いだすのに対して，EFA は説明される共通分散の総量を最大化する因子を見つけようとする。

　変数における独自性と共通性という2つの概念は，EFA を理解する上できわめて重要である。変数の独自性は全分散のうち他の変数と無関係な部分であり（独自

性＝特殊分散＋誤差分散），変数の共通性は1－独自性の値に等しい。計算的に，変数の共通性は，変数の負荷量平方和と一致する。たとえば，第一因子の因子負荷量が0.80，第二因子の因子負荷量が0.10であるような2因子モデルについて考えてみよう。このときの変数Aの共通性は，$(0.80)^2+(0.10)^2$，つまり0.65である。共通性は因子のセットによって説明される，変数の分散の比率を表す指標である。

　PCAと同じく，EFAは相関行列を，それを構成する因子，すなわち次元，あるいは影響源に分解することがその本質である。PCAでは相関行列の対角項，つまり行列の左上（第一変数と第一変数自身の相関係数が入っているところ）から右下（最後の変数と最後の変数の相関係数）までは，1がずらりと並んでいる。つまり，PCAでは変数どうしの相関係数が等しいと仮定されている。そこから得られる因子（固有ベクトル）は実際の（測定されたデータの値）データをうまく再現するが，それは因子が共通性や特殊性の分散と同じように誤差分散を反映しているからである。

　最も一般的に報告されるタイプのEFAは，主因子法（主成分と混同しないように）である。ここでは，相関行列の対角要素がそれぞれ異なる数字になっている。とくに，研究者は対角要素を変数の共通性で置き換えるとか，信頼性（安定した共通分散と特殊分散の大きさを反映したもの）で置き換えることが多い。共通性は，研究の目的が項目どうしの相関関係から理論的な因子の性質を明らかにすることである際に用いられる。見いだされた因子は，観察された項目間の相関を最大限に再現したものになる。一方，信頼性は，研究の目的が安定した変数の分散を最も説明するような因子の性質を明らかにすることである際に用いられる。

　相関行列が準備されると，主因子法EFAはPCAと同じやり方で手続きが進む。しかし，EFAの手続きは反復的である。つまり，計算手続きがデータを複数回経由する。最初のステップで，初期の調整された相関行列（信頼性を含めた相関行列や，PCAを使って推定された共通性が相関行列の対角項に代入されたもの）がPCAで分析される。第二のステップで，第一段階で特定された因子に基づいて推定された共通性が，相関行列の対角項に再び代入され，PCAが再び実行される。この手続きが続き（反復し），連続する2つの段階における共通性の推定値の変化がごくわずかになるまで続けられ（反復され）る。このやり方がふつうで，それから単純構造に向けた回転や解釈へと進む。

　PCAはさまざまな科学領域で用いられている。なぜなら，PCAは情報の要約という方法において，単純なデータにおける全体的な広がりをかなりうまく要約する

ことができるからだ。それに対して EFA は，今から述べるような，はるかに強力な検証的因子分析（CFA）の手続きの出現により，文献で扱われる頻度が減っているように思われる。読者はまちがいなく，CFA においてはいかに数多くの豊富な分析的オプションが選択できるかということに気づくであろう。

3 検証的因子分析（CFA）

3.1 概　要

まず探索的／検証的方法の違いについて言及した後，CFA の基本的なルールと構成要素について，それが何か，どのように実行するか，調査者が因子構造についての仮説の検定のためにどのように用いるか，などを紹介する。さらに，CFA がどのようにして因子モデルの説明力を評価するか，どちらのモデルがよりデータに適合しているかを決定する方法を説明する。加えて，CFA のモデルを推定するために分析で指定する必要のある情報について強調し，3つの一般的に用いられる推定方法と，その統計的仮定および限界について述べる。その後，実際の研究例を用いて，CFA がどのように仮説を検定するかについて，(a) 因子負荷量と単一グループにおける因子間相関，(b) 複数グループ間における因子構造の等価性の両面から説明を行う。最後に，CFA における観測値および推定値を表すために多用される，ギリシャ文字やローマ字について説明する。

3.2 CFA のロジック

探索的 vs 検証的な因子構造

探索的および検証的因子分析の間には1つの大きな違いがある。前者がデータに最もフィットする単一の基本的な因子モデルを見いだすのに対し，後者は反対に，研究者がデータに対して特定の因子モデルを当てはめることを可能にし，そのうえでそのモデルが尺度の組み合わせに対する回答をどれだけうまく説明できているかを見る。EFA では，観測されたデータセットがそこに潜む因子構造を事後的に決定する（つまり，観測データから導出されたモデルを帰納的に理由づけする）。それに対し CFA では，因子モデルを事前に用意しデータの適合のよさを評価する

(つまり事前に仮説としてもっている構造を演繹的に理由づけする)。だから，EFAは理論構築のツールとして用いられるのが主で，それに対して CFA は理論の検証のツールだといえる（Bollen, 1989; Hayduk, 1987; Long, 1983 参照）。

探索的，検証的手続きがここでは説明のために区別して示されているが，実際にはこの２つの技術はよくいっしょに用いられる。複数のサンプルや大きなサンプルを半分に分割するなどして，EFA が一方のサンプルを使って適切な因子構造を発見し，それから CFA が残るサンプルデータで単純化，洗練，基本的なモデルの確認をする，といった使い方である（たとえば，Moore & Neimeyer, 1991）。だから，この２つの技術は補完し合うような，研究におけるコインの両面なのである。EFAは後から考察が必要なのに対し，CFA には事前の仮定が必要である。

基本的な CFA モデル

以下は，CFA を使った研究を見つけたときのための簡単なガイドである。興味をもった読者は，より細かい情報を提供する参考文献をあたったり，CFA を実践するときにふつう用いられる構造方程式モデリングの領域まで広げて参考にしたりするといい（Bollen, 1989; Hayduk, 1987; Long, 1983）。

始めるにあたって，CFA が古典的な測定理論に基づいているところから説明しよう。EFA を使ったときのように，あるデータセットの観測された変数は，１つ以上の潜在的な構造や因子の指標だと考えるのである。複数の因子がある変数セットのもとに埋め込まれていると考えることもできるし，それぞれの項目が１つ以上の因子に負荷しているともいえる。たとえば，CFA を知覚された能力を測定する９項目の背後にあると想定される，２つの競合するモデルを検証するために使ったとしよう。２つのモデルとは，(a) 単一の潜在構造（自己効力感）についての９つの変数からなる一因子モデル，および (b) それぞれ変数の異なる組み合わせによって定義される，独立であるが相互に関連した因子（学問的，社会的，および肉体的な自己効力感）からなる斜交三因子モデルである。このとき CFA は，研究者がどの因子モデルがデータに最もあてはまるかを決定することを可能にする。

CFA のモデルは，変数における反応の変動には２つの主要な要因があることを前提としている。とりわけ，変数（あるいは観測された指標）における被験者の得点は潜在構造（あるいは下に潜んでいる因子）および特殊誤差（すなわち測定されなかった変数および確率誤差）の影響を受けていると見なされる。自己効力感尺度の例では，たとえば，研究者は CFA を用いて，９つの測定変数のそれぞれが１つ

103

あるいはそれ以上の潜在因子（たとえば，学問的，社会的，および肉体的自己効力感）および説明されない独自誤差（すなわち自尊心，気分，社会的望ましさのような測定されていない潜在因子の分散，および確率誤差による分散）によって影響されているようなモデルを作成するだろう。

　EFAでは観測された指標に対する独自誤差どうしが独立である（つまり互いに無相関である）と考えるのに対して，CFAでは，測定誤差どうしが独立であっても相関していてもよいと考える。CFAでは，独自性が独立しているとか，測定誤差が相関しているとかいった関係を検証する一般的な方法を経て，誤差分散を変数から分離する（とりわけ：partial out）こともできる。たとえば，自己効力尺度の言葉が肯定的なもの（たとえば「私は社会的状況において優秀だと感じる」）のと，否定的なもの（たとえば「私は自分自身をよい学生だとは思えない」）とを含んでいた場合，研究者はCFAを使うことで，因子負荷量や因子間相関から，共有された測定誤差を取り除いて分析することができる。検証するための一般的な方法とは，肯定的・否定的な用語の項目の例だけで用いられるのではなくて，自分で報告するタイプの観測変数と行動変数といった，査定法の違いにも用いられる。

　EFAのように，CFAでは観測セットどうしの関係を検証する。CFAは項目内の相関だけでなく，項目の共分散にひそむ構造も分析することができる。2つの測定値間の共分散とは，それらの尺度の相関係数に，両者の標準偏差を掛け合わせた値である。つまり，Pearsonの相関係数は，各項目の分散が1に固定された，標準化された共分散である。共分散は，相関では見ることのできないばらつきにおける群の差についての重要な情報を含んでいる。

▌モデルの適合

　データから一般分散，あるいは説明された全分散（PCA）を最大化するように因子を抽出する（因子分析の主成分解という）探索的分析とは異なり，CFAは分析者が項目の組み合わせの相互関係（すなわち，相関あるいは共分散）の予測のために定式化したどのようなモデルをも扱うことができる。これらの予測された関係と実際の観測された相互関係の間の違いを，適合の残差ということができる。あるモデルの適合のよさとは，適合の残差の全体的な大きさを検証することによって評価することができる（つまり，モデルによって予測される相関と実際に観測される相関の間の一致度である）。この残差が0に近づくにつれ，モデルはデータにより適合している。

第4章 主成分分析と探索的・検証的因子分析

　研究者は，CFAモデルがデータに適合したかどうかを判断するために，よく標準化された残差を検証する。標準化残差は適合の残差を推定された標準誤差で割ったものである。標準化残差は観測された指標における測定単位とは独立なので，はっきりと解釈しやすい (Jöreskog & Sörbom, 1989)。また，モデル中の各推定パラメータ（パラメータとはCFAモデル中の因子解における数値のそれぞれを示す用語である）について，CFAは与えられたパラメータが0とは異なる確率を示す。この情報は，信頼性を損ねることなく，どの観測変数をモデルから除去することができるかという決定に用いることができる。

　CFAはそれぞれ，全体的な最尤χ^2値とそれにともなうp値を算出し，モデルによって算出された適合残差行列がゼロから異なっている確率を見ることができる。他の伝統的な統計的検定では有意であることを示すp値は，予測がより正確であることを示しているが，CFAでは，χ^2値が統計的に有意であるとは，モデルが観測されたデータを正確に再生することに失敗したことを意味する（つまり，残差が有意にゼロでなかったことになる）。CFAでは，p値が有意にならないようなモデルを求めることになるし，それによって帰無仮説を棄却することになる。科学哲学の問題と帰無仮説を採択することの妥当性はさておき (Popper, 1968)，CFAのモデルを評価することにおいて，有意な値がデータに適合してないのではなく，有意でない値が適合しているのだ，ということを覚えておくことが重要である。

■ 追加的（増分）適合

　多くの応用においては，研究者は有意でないχ^2値を示すモデルを探すことにはあまり興味がなく，むしろある特定のモデルがその他のモデルよりもデータに適合しているかを知りたがる。これらの競合するモデルが入れ子状になっているとき，χ^2値を使って，あるモデルが別のモデルよりもデータによく適合しているという仮説を検証するときに参照することができる。より制限的なある因子モデルが，より一般的なモデルになんらかの制約を課すことで得られる場合，その因子モデルはネストしている（入れ子状になっている）と考えられる (Bentler, 1990)。自己効力感尺度の例では，学問的，社会的，肉体的な自己効力感の因子間の共分散を0に固定すると，直交した（より制限的な）3因子モデルになる。直交モデルは，いくつかの値が固定されたパラメータ（因子の共分散）を除けば，より一般的である斜交モデルとすべて等しいパラメータをもっており，反対に斜交モデルでは，因子の共分散は自由に変動する。したがって，直交モデルは斜交モデルにネストされている

105

といえる。

　ネストされた2つのモデルの適合度を比較するためには，研究者は単にそれぞれのモデルにおけるχ^2値の差異を計算すれば良い（Bentler & Bonett, 1980; Long, 1983; Mulaik et al., 1989なども参照のこと）。言い換えれば，制限的なモデルのχ^2値から一般的なモデルのχ^2値を引き算し，これを$\Delta\chi^2$とする。次に，制限的なモデルの自由度から一般的なモデルの自由度を引き，Δdfとする。最後に，Δdfを自由度として，$\Delta\chi^2$を一般的なχ^2値の有意性検定にかける。検定結果が有意であれば，より小さいχ^2値をもつモデルが，他のモデルよりも相対的に適合していると判断される。この方法により，研究者はどちらの因子モデルがデータにより適合しているかという仮説について，システマティックに検定することができる。注意してほしいのは，個々のモデルの適合性を評価する際には，χ^2値が統計的に有意にならないことが，データをより良く表現していることを意味したということだ。しかし2つのネストされたモデルを比較する際には，反対に，χ^2値の差（$\Delta\chi^2$）が有意であることが，一方のモデルを他のモデルと比べた際の適合度の増加（あるいは悪化）を意味する。

3.3　適合度の評価

　ところが，χ^2値はサンプルサイズに極端に影響されるので，大きなサンプルが使われるときは，全体的なモデル適合の評価にはあまり価値がない。大きなサンプルのときは，妥当なモデルのχ^2値が統計的に有意になることがよくある（Alwin & Jackson, 1980; Bentler, 1990を参照）。このことから，χ^2値の差分はχ^2値そのものよりも，情報があると考えられる（Jöreskog, 1971b, 1978）。また，Jöreskog (1978)は次のようなアドバイスをしている。

> もしχ^2値が大きな自由度のもとで得られたら，モデルの適合は残差を詳しくみることで検証できるだろう。残差とはつまり，観測された値と再現された値のズレである。多くの分析の結果において，残差や他の結果を考えてみると，より多くのパラメータを導入することでモデルを緩和する方法が提案される。通常，新たなモデルではより小さなχ^2が得られる。もしχ^2値の落ち込みが，自由度の差分に比べて大きいようであれば，これはモデルが実際に改良されたことによる変化の兆候だと考えることができる。ところが，もしχ^2値の減少が自由度の減少にともなって起きる程度のものであれば，この

第4章　主成分分析と探索的・検証的因子分析

適合度の改良は「関係の偶然性を取り上げた」ことによって得られたものであると考えられるし，加えたパラメータは実質的に統計的に有意で意味があるものにはなっていない。(p.448)

自由度と χ^2 値の比率（χ^2/df）

このアドバイスをもとにすると，いくつかの因子モデルの相対的な適合度を考えるのに，χ^2/df を見ればよいことになる。すなわち，χ^2 値と自由度の比率である(Hoelter, 1983)。この比率は与えられたモデルが改良されていくと減少し，ついにはゼロになる。この比率を使うと，他のモデルの適合と比較することができ，しかもその複雑さにおける差分を制御しながら進めていくことができる。あるモデルがより多くのパラメータをもっていると，モデルの複雑さはより大きくなる。したがって，推定パラメータを多く含むモデル（つまり，自由度は小さい）の χ^2 値が，より少ない推定パラメータをもつシンプルなモデルと比べて小さくなるが，両者のモデルの χ^2/df の比は等しい，ということがあるかもしれない。この場合，複雑なモデルは有意味な情報を付加することなく低い χ^2 値を示すと考えられるため，シンプルなモデルのほうが望ましい。

適合度指標

CFA モデルがデータにどれほどうまく適合しているかを測定する別の方法は，適合度指標を比べることである。適合度指標はいろいろ提案されており，Tucker-Lewis 係数（TLC; Tucker & Lewis, 1973); Jöreskog & Sörbom (1989) の適合度指標（GFI）および自由度調整済み適合度指標（AGFI); Bollen (1989) の増分適合度指標（IFI); Bentler & Bonett (1980) の基準化適合度指標（normed fit index: NFI）および非基準化適合度指標（nonnormed fit index: NNFI); Bentler (1990) の基準化比較適合度指標（normed comparative fit index: CFI）および非心非基準化適合度指標（noncentralized nonnormed fit index: NCNFI); Maiti & Mukherjee (1991) の構造近似性（ISC）などがある。これらのさまざまな定式化があるにもかかわらず，これらの相対的な適合度のほとんどは，基本的には与えられた因子モデルがデータにどの程度うまく適合しているかという基準で算出される。つまり，最も制限されたモデル（これをヌルモデル：null model という）として，共通因子をもたず，サンプル誤差が単独で項目共分散を説明するというモデルを考え，これとの比較で算出されている（Tanaka, 1993)。これらのさまざまな適合度指標は，0

〜1の間の数値をとるという共通の特徴を有しており，高い値がよりよく適合していることを意味する。Bentler & Bonett（1980）は，因子モデルの妥当性を評価するためにCFAを用いる際の経験則として，適合度指標の最小基準を0.90にすることを提案している。

▌ 残差の平均平方根（RMSR）

RMSRはあるモデルによって算出される残差の平均的な大きさを示すもので，1つのデータに対して2つ以上のモデルを比較するときに使われる。RMSRは与えられたCFAモデルから得られる適合残差の平均の，絶対値で表される。適合残差は，(a) 観測変数間から得られる実際の相関行列（あるいは共分散行列）と，(b) あるモデルによって予測される相関行列（あるいは共分散行列），の差である。RMSRがゼロに近ければ近いほど，モデルの適合はよいと考える。

▌ 修正指数（MI）

MIは，CFAモデルにおける制限された（あるいは固定された）パラメータに対して推定される。MIとは特定のパラメータが自由になり（制限が解かれる），モデルが再推定されたとした場合のχ^2値の減少の見込みの測度である。制約されたパラメータにおけるMIの有意性は，自由度1のχ^2分布を用いて判定することもできる。この指標が最も大きくなるような制約パラメータは1であり，推定値ではなく固定した場合に適合度の向上が最大になる場合である。研究者は時々MIの値をモデルの適合をどの程度よくするものであるかとして考えるが，このやり方は関係の偶然性を取り上げてしまう傾向があり，実質的な観点から意味があるパラメータの自由化をするときだけ，推奨されるものである（Jöreskog & Sörbom, 1989）。

3.4　CFAのしくみ

CFAのしくみを少し知っておくと，調査者が因子構造についての仮説を検定するために，どのようにCFAを用いればよいかの理解を助けることにつながる。CFAを実行するためには，2つのFORTRANプログラム[2]が最も一般的に用いられる。線形（LIner）構造（Structural）関係（RELationships）に由来するLISREL

---

[2]　FORTRAN（フォトラン）とはプログラミング言語の1つ。科学技術計算に向いた言語として有名。

(Jöreskog & Sörbom, 1989) と，EQS (Bentler, 1989) である。これらのソフトウェアパッケージは素点または項目間の相関（あるいは共分散）行列を分析に用いる。特定の因子モデルを推定するために，CFA は 3 種類のパラメータを特定するための情報を必要とする。研究者が指定しなければならないこれらの情報とは，(a) 因子負荷量，(b) 因子間相関，および (c) 測定誤差，についてのものである。

項目と因子と因子負荷量

　まず，ユーザーは分析に使う観測変数の数を定め，その変数の背後に潜む潜在変数の数を推測し，各因子の観測変数に対する負荷量のパターンを考えなければならない。CFA モデルにおいてどれぐらいの因子負荷量があるのかを決めるときに，研究者は個々の項目がデータに適合する合理的な最低限度の因子からなる，できるだけ要約されたモデルをつくることを考える。こうすることで，研究者は被験者の反応における分散を説明したいという欲求と，より概念的に倹約なモデルを得たいという欲求のバランスをとることができる。

　適合的な CFA モデルを探すときに，研究者は一般にかなり広範囲にわたって代替モデルを考えることになる。一方の極には，潜在的な因子をもたず，因子負荷量がなく，因子の分散あるいは共分散がない，といった厳しい制限のあるヌルモデルが存在する。もう一方の極にあるのは，あらゆる因子負荷量と因子間相関が自由に推定され，反証可能な構造的仮説をもたない完全飽和モデルあるいは無制限モデルとよばれるものである（すなわち，モデルはデータに完全に適合する）。CFA は完全に適合した飽和モデルから，できるだけ推定するパラメータが少ないモデルへと改善していくものであった（つまり，特定の値に固定する因子負荷量や因子間相関はできるだけ少なく，因子解における推定値をできるだけ多くする）。

因子の分散と相関関係

　因子の数と，因子負荷量のパターンを特定することができたら，ユーザーは潜在因子間の相互関係についても考えなければならない。直交モデル（因子どうしが独立する），斜交モデル（因子どうしが相関する）のどちらでもよいし，この 2 つのモデルのコンビネーション（いくつかの因子は相関するが，他とはしない，といったもの）で考えてもよい。直交モデルと斜交モデルそれぞれの χ^2 値の結果を比較することで，因子間相関の仮説を検証することができる。さらに，CFA では同じモデルの中でも 2 つ以上の因子間共分散が等しいという制約を課すこともできる。こ

うして得られる χ^2 値と，因子間共分散がそれぞれ推定されたときの χ^2 値の差を使って，因子間共分散が互いにどう異なるかという仮説を検証することができる。

独自のあるいは相関する測定誤差

分析者が注意すべき情報の最後のピースは各観測変数における独自誤差と，それらの測定誤差どうしの関係である。分析者はこれらを相互に独立である独自性とした，あるいは相互に相関する特殊性とした条件を指定することができる。とくに，これらの共有された誤差がモデルの適合度を増加させることが先行する理論によって十分に示されている場合には，CFAモデルにおける測定誤差どうしの相関を仮定することがよく行われている。

推定の方法

CFAにおいてモデルパラメータの推定値を得る方法で，一般によく使われている3つの方法がある。(a) 最尤法（ML），(b) 一般化最小二乗法（GLS），(C) 重みなし最小二乗法（ULS）である。ULSと違って，MLとGLSは尺度不変，つまり尺度自由（Long, 1983）という特徴がある。これが意味するのは，MLやGLSを使って得られたパラメータ推定値は，測定の単位が変わったとしても変える必要がないということだ。MLとGLSはモデルの適合度をテストする全体的な χ^2 値を算出してくれるという利点がある。この利点は，CFAモデルの推定法としてMLとGLSを選ぶときの決め手になる。最も有名な推定方法は，おそらくMLである。

3.5　統計的な仮定と限界

多変量正規性

CFAはEFAと同様に，多変量正規性を前提とする。これは各観察指標が正規分布しているという仮定以外に，それらの指標のあらゆる線形結合も正規分布すると仮定することを意味する。多変量正規性の違反によって適合度指標がゆがめられ，統計的検定によって導き出された結論が無効になる可能性がある（Browne, 1984; Hu, Bentler, & Kano, 1992）。

範囲の制限（つまり変数がとりうる数値が少ない）と分布のゆがみの両方が，因子負荷量を小さくする。変数の分布が正規分布から大きく外れるとき，MLとGLSが算出する適合度指標や標準誤差は信頼できない（Jöreskog & Sörbom, 1989）。順

序尺度やその他の非正規の変数を分析するために生み出された CFA の特別なテクニックもある（Muthén, 1993 を参照）。

◀ サンプルサイズ

サンプルサイズもまた，CFA において考慮すべき重要な点である。一般に，因子分析を用いる研究は大サンプルを必要とする（Guadagnoli & Velicer, 1988）。皮肉にも，CFA モデルの評価のために ML による χ^2 値を用いると，小さなサンプルではモデルが本当に適合から外れているかどうかを見いだす力が弱くなるので，モデルの見た目の適合度はインフレを起こす。つまり，検定力が弱いので残差が本当に非ゼロであるかどうかが検証できないのである。不十分なサンプルサイズであれば，平均の差を分析したときにその差を見つけ出すことができない（タイプ 2 エラー）のに対して，本当に被験者が少ないときに相関関係を使った分析をすると，適合度がよくなるバイアスが生じる（タイプ 1 エラー）。

サンプルサイズが適合度指標に与える影響は，特定の指標を使うときにのみ生じる。ある適合度指標（たとえば NFI）は小さなサンプルのときにゆがむが，他のもの（たとえば NNFI）はどんなサンプルサイズであっても正確なモデル適合度を反映する（Anderson & Gerbing, 1984; Marsh, Balla, & McDonald, 1988）。EFA と同じように，サンプルサイズの最小数のおおまかな目安は，測定変数の 5 〜 10 倍ほどである。

◀ 識　別

識別問題は，観察変数の相互関係から得られたパラメータの値を一意的に決定可能かどうかという問題である。CFA は既知の（固定された）パラメータと未知の（自由な）パラメータの両方を含む連立方程式から，数学的な解を導出する。ある CFA モデルは各自由パラメータから得られる推定値が 1 つだけになったときに，識別されたと考える。もしモデルパラメータを 1 つに定めるには自由パラメータが多すぎるときは，モデルは識別不能とよばれ，CFA の推定値は信用できないものになる。パラメータ推定は識別可能なモデルから代数的に導出されるもので，観測データから独自に推定されるものではない。このモデル識別問題（すなわち不確定性）を解くために，ユーザーは未知数を減らすためにいくつかのパラメータを特定の値に固定しなければならない。

丁度識別は，CFA モデルにおいて唯一の推定値をもつ未知パラメータと既知の

数字の組み合わせが，ちょうど同じ数になったときに起きる。モデルが識別されるためには，k 個の潜在変数がモデルに含まれているとすると，最低でも k^2 個の要素が因子負荷行列の中で固定されていなければならない（Alwin & Jackson, 1979, 1980）。CFA モデルが丁度識別を行うのに十分な数以上の既知のパラメータを含んでいるとき，そのモデルは過剰識別であるとされる。このような場合には，自由パラメータに対して複数の推定値を導出することができ，得られた解は本質的に恣意的なものになる。過剰識別の問題に対処するには，分析者は未知のパラメータの数を増やすために，いくつかのパラメータを自由にする必要がある。一般的に，研究者は，未知母数が多すぎる（識別不能）か少なすぎる（過識別）モデルをつくろうとする。

CFA モデルにおけるパラメータの推定に関連する問題として，分析者は各潜在因子の測定尺度を固定する必要がある。これは典型的には，因子の分散を 1 に（つまり標準化解を得る）するか，各因子につき 1 つの負荷量を 1 に固定する（ふつう最も高い負荷を示すもの）ことによって行われる。後者の手続きは，ユーザーがとくに因子の分散を検証したいと思うとき，あるいは集団間での因子構造の違いを見たいときに行われる（Jöreskog & Sörbom, 1989）。

モデルの定式化の誤り

識別問題が与えられたモデルが正しい未知・既知要素から一意の数学的解を得られるかどうかにかかわっているのに対して，モデルの定式化の誤りという問題は，与えられたモデルが合理的で，データにしっかり向き合っているかどうかにかかわる問題である。ある CFA モデルが適切に識別されたが，誤っているということはある。特定の CFA モデルが，観測されたデータが支持する構造からかけ離れているとき，与えられたモデルは定式化の誤りといわれる。ささいな定式化の誤り（たとえば，真のモデルにはないような因子負荷量を含む）は適合度指標に表向きはほとんど影響を及ぼさない。もっと実質的な定式化の誤り（たとえば，重要な因子負荷量が欠けている）の場合には，反対に，適合度指標は劇的に低下する（La Du & Tanaka, 1989）。モデルの定式化の誤りが生じた結果は，CFA 解においてより重要で，独自誤差が負になるとか，因子間相関が 1 を超えるとか，パラメータ推定値が並外れて大きくなる（Bagozzi & Yi, 1988）ということになる。

標準化

　研究者はしばしばCFAを実施する前に測定変数を標準化する。このやり方は，データセットが異なる行列において算出された分散を含んでいるときには合理的で，たとえば反応尺度が異なるサイズの尺度で得られていて，異なる範囲からなる数値の合計得点などの場合には適している。そういう状況では，より大きな分散をもつ測度は強い相関，因子負荷量を示すことになり，すべての指標が同じ測度で測定されたときに比べて，潜在因子の推定値が信用できないものになる。この問題をただすために，研究者はその観測された変数それぞれを，素点からz得点に，CFAをする前に変換してしまうのである。

　観測変数を標準化するのは，研究者が異なるグループから得られた，より大きなプールされたサンプルに対してCFAを行うときにも重要である。もし，別々の集団が各指標において有意差を示していたら，たんにそのローデータを結合してしまうと，プールされたグループにとっての相関係数が偽物になってしまう（Blyth, 1972）。違う集団から得られたデータをプールする前に，研究者はまずローデータをそれぞれのグループにおいて標準化し，それからそのデータをプールするべきである。

　しかし，群間の構造的な差を検証したいと考えているとき，群ごとに別々の標準化されたデータを使うのはけっして好ましいものではない。そうしてしまうと，集団間の測定における共通の測度を殺してしまうことになり，負荷量の比較や因子の分散が無意味になってしまう。そこで，研究者は標準化しない分散共分散行列を分析し，群間の因子構造を比較するのである（Cunningham, 1978; Jöreskog & Sörbom, 1989）。

　一般的に用いられている別のタイプの標準化としては，標準化因子解がある。標準化解はCFAモデルにおいて潜在変数の分散が1に固定されたときに現れる。この種の解は，潜在変数間の関係が共分散から相関に変わるので，より解釈がしやすくなる。

3.6　単一サンプルで構造的な仮説を検証する場合

　CFAについてのロジック，機構，限界についての一般的な導入が終わったので，実際にどのように研究者が構造的仮設を検証するためにこれを使うのか例をあげて説明していこう。まずは単一グループにおける仮説検定について，その後グループ

間の仮説検定について説明する。

因子モデルの比較

おそらく最も一般的な CFA の使い方は，ある特定の因子モデルが，他のモデルと比べてデータによりうまく適合するかどうかを見る，というものだろう。このとき CFA はいくつかの因子負荷量状態の適合を評価するために使われ，最も適切な測定モデルを決めることになる。たとえば，McKennell & Andrews (1980) は主観的幸福感の尺度セットの基本的構造についての仮説を検証するために CFA を用いている。モデルは別々の因子が認知的自己評価と感情的自己評価に影響しているもので，ネストされたモデル，つまり認知と感情の区別がないモデルよりも有意に良好なデータへの適合度を示すことが見いだされた。この知見は，感情と認知の経験の相対的な独立性に関する理論的推論に則っている (Campbell, 1980)。

近年では，Weinfurt, Bryant, & Yarnold (1994) において，個人のポジティブあるいはネガティブな感情の特性的強度に関する自己報告式尺度である，感情強度尺度 (AIM: Affect Intensity Measure; Larsen, 1984) における 2 つの競合するモデルを比較するために CFA を用いている。2 つのモデルは (a) 基本的な単一因子に 40 項目すべての項目が負荷するという制約をおいた一次元モデル，と (b) 2 つのポジティブ感情および 2 つのネガティブ感情の因子を含む，EFA に基づいた多次元モデルである。大学生 673 名の AIM データの分析において，後者の 4 因子斜交モデルは，前者の 1 因子モデルと比べて有意な適合度の改善を示した ($\varDelta\chi^2 = 2313.08$, $\varDelta df = 5$, $p < 0.0001$)。この知見は AIM の基礎となる主要な理論的想定——感情の強度は一次元的である (Larsen, 1984)——に疑問を投げかけ，人々はポジティブおよびネガティブな感情経験について独立に自己評価を行っているという考えを支持した (Bradburn, 1969; Bryant & Veroff, 1982, 1984)。

因子間相関の検証

CFA の他の一般的な使用として，因子間の相関を仮定する斜交モデルが，因子間を独立であるとする直交モデルと比べてデータに適合しているかどうかを決定するというものがある。このタイプの CFA は Bryant & Yarnold (1989) において示されており，そこでは 1,203 名の大学生について，タイプ A 行動の一般的な指標である学生ジェンキンス活動調査 (SJAS: Student Jenkins Activity Survey) への反応が分析されている。SJAS の反応の根底に直交する 2 因子があると想定するモデ

ル（Glass, 1977）に対して，強い欲求／競争性と性急さ／焦燥の因子は相関しているという斜交モデルは，$\Delta\chi^2 = 316.00$，$\Delta df = 1$，$p < 0.0001$ という有意な適合度の増加を示した。この結果は，タイプA行動の次元として，競争性と焦燥の概念が相互に独立であるとするよりも関係しているとするほうが正確であることを示している。

CFA を仮説検証に使う別の用法として，潜在変数どうしの相関関係の強さの違いを見る，というものがある。たとえば，Bryant (1989) は CFA を使って，524名の学生からとった 15 の自己統制（perceived control）尺度の背後に潜む因子間相関について検証した。まず，対立する因子モデルと比べて，4因子斜交モデル（良い／悪いイベント，および良い／悪い感情についての自己統制）がデータに適合していることを確認するために CFA が用いられた。次に，この 4 因子モデルについて，良い／悪いイベントの自己統制の因子間の共分散と，良い／悪い感情の自己統制の因子間のそれとが等しくなるように制約をおいた修正版が推定された。この等値制約をおいたモデルは，制約のないモデルと比べて $\Delta\chi^2 = 7.81$，$\Delta df = 1$，$p < 0.001$ という有意に悪い適合度を示した。仮説に基づいて検討すると，因子間に想定される相関から，良い／悪い感情の自己統制についての信念は，良い／悪いイベントの自己統制についての信念とはより独立的であることが示された。

3.7　複数サンプルにおける仮説検定

因子不変性に基づく仮説検定

得られた因子モデルが単一サンプルのデータにどの程度適合するかについて検討する以外に，複数サンプル間で因子構造が同じであるかどうかを確認するために CFA を用いることもできる。このような方法は同時 CFA とよばれ，独立したサンプルから得られたモデルに関して，因子負荷量の不変性や因子の分散-共分散，独自誤差項などを体系的に検定することができる（Alwin & Jackson, 1979; Jöreskog, 1971a; Jöreskog & Sörbom, 1989 を参照）。

CFA でのモデルの因子的不変性の検証には，3つの仮説が含まれる。最初の仮説は複数の集団で同じ因子負荷量が共有されているという仮説である。これは 2 種類の同時 CFA をし，それぞれから得られる χ^2 値を比較することである。最初の分析では，すべての集団が独立した因子負荷量をもっているとし，二番目の分析ではそれぞれの集団で因子負荷量を計算する。2つの分析間の χ^2 値の差（$\Delta\chi^2$）が統計

的に有意であれば,モデルは集団間で異なる因子負荷量をもつと考えられる。χ^2値の差が有意でなければ,因子負荷量は集団間を通じて等しいと考えられる。

因子負荷量の等しさを仮定して検証したように,因子の分散,共分散が集団を通じて同じかどうかについて,同じ手続きで検証することができる。ここで,最初の分析ではグループ間の因子負荷量は共通であるとしたが,分散,共分散が共通であるかどうかはわからない。この分析で算出されるχ^2値は,グループ間の因子負荷量および因子の分散,共分散が不変であるとする制約をおいた場合のχ^2値と比較される。χ^2値の差($\Delta\chi^2$)が有意であった場合,得られたモデルにおいてはグループ間の因子の分散,共分散が異なっていることを示し,有意でなければ因子の分散-共分散は違わないことになる。

因子の分散-共分散が共通であることが確認できたら,同じやり方で最後に独自誤差がグループ間で等しいという仮説を検定する。これは (a) 因子負荷量および因子の分散,共分散がグループ間で等しい(ただし,誤差項は等しくない)という制約をおいた場合に得られたχ^2値と,(b) 因子負荷量,因子の分散,共分散,および誤差項のいずれもグループ間で独自に推定された場合のχ^2値を比較することによって検討される。χ^2値の差($\Delta\chi^2$)が有意であれば,そのモデルは集団を通じて異なる独自誤差をもつことを意味するし,有意でなければ集団を通じて誤差が同じであることを意味する。因子負荷量,因子の分散,共分散,および誤差項についての3つの仮説がすべて棄却できなかった場合,因子モデルがグループ間で等しい可能性が非常に高い。

集団間の因子負荷量を比較する:実践例

同時 CFA を使って集団間の因子負荷量の等しさを検証した例として,Bryant & Veroff(1982)をあげる。この研究では,EFA および CFA の両方を使って,2か国からの代表的なサンプルを用いた縦断的研究により,人々の心理的幸福感の基盤となる次元を調べた。一度目の調査は 1957 年に行われ($n = 2,460$),二度目は 1976 年に実施された($n = 2,264$)。幸福感の感覚,自己認知,苦痛の症状,結婚・親子関係・仕事の調整に関するさまざまな側面を測定する 18 項目からなる尺度が両方の調査で用いられた。いずれの調査でも,最初に適切な因子数と基本的な構造モデルを明らかにするため,男女別の EFA が実施された。スクリープロットから,1957 年および 1976 年のどちらの調査においても,男女ともに,幸福感尺度の基盤には3つの因子(不幸,緊張,個人的欠点と命名された)があることが示された。

EFAによって見いだされた各グループのモデルを精緻化し，解釈可能な因子構造とデータへの適合の良さの両方をもつ倹約的なモデルを導出するために，CFAが用いられた。これらの群ごとの結果からつくられたモデルは，調査年と性別の相対的な強さを測定するため，他のグループに対してそれぞれ適用された。群ごとのCFA（Bryant & Veroff, 1982, p.663で実施された）の結果を表4.1に示した。

表4.1の結果を解釈するために，1957年男性データを見てみよう。3つの異なるCFAモデルがこのデータセットに適用されている。1957年の男性のサンプルから得られたCFAモデル（論理的に最も高い適合度を示すであろうモデル），1957年の女性のサンプルから得られたCFAモデル，および1976年の男性のサンプルから得られたCFAモデルである。まず1957年男性データに対するモデル別Tucker-Lewis係数（TLC; Tucker & Lewis, 1973）を比較してみよう。予想される通り，最も高いTLC（0.86）は1957年男性データに対するモデルを1957年男性データに適用したものである。最も悪いTLC（0.80）は，1976年男性データに対してつくられたCFAモデルを，1957年男性データに当てはめたものである。そして1957年

表4.1　異なるデータを用いた3因子モデルの適合度指標（Bryant & Veroff, 1982, p.663）

データセット	モデル	χ^2	df	χ^2/df	TLC
1957年 男性	1957年 男性	326.03	131	2.49	.86
	1957年 女性	347.56	133	2.61	.84
	1976年 男性	412.91	134	3.08	.80
1957年 女性	1957年 女性	330.67	133	2.49	.87
	1957年 男性	403.62	131	3.08	.82
	1976年 女性	462.95	132	3.51	.81
1976年 男性	1976年 男性	262.63	134	1.96	.85
	1976年 女性	280.45	132	2.12	.83
	1957年 男性	297.82	131	2.27	.81
1976年 女性	1976年 女性	311.87	132	2.36	.83
	1976年 男性	366.03	134	2.73	.78
	1957年 女性	388.93	133	2.92	.76

注：表中の値はLISRELの先駆者であるCOFAMM（Sörbom & Jöreskog, 1976）によって実行された，単一グループの検証的因子分析の結果である。χ^2/df比は，推定されたパラメタの数に対応する，モデルのデータに対する適合度を反映している。この値が減少して0に近づくにつれて，得られたモデルの適合度は増加する（Hoelter, 1983）。TLCは適合度指標の1つであるTucker-Lewis係数（Tucker & Lewis, 1973）を表している。この係数は全分散に占める，モデルが説明する一般分散の量を反映している。TLCが増加して1.0に近づくにつれて，モデルの適合度は増加する。

女性データにおける CFA モデルを 1957 年男性データに当てはめたときの TLC は中間ぐらい（0.84）である。なぜ 1957 年女性の CFA モデルを 1957 年男性データに当てはめたときのほうが，1957 年男性データセットに 1976 年男性モデルを当てはめたときよりもうまく適合することになるのだろう？ この発見は，1957 年の男女の類似性のほうが，男性の 10 年間を通じての類似性よりも高かったことを示唆する。同じパターンの知見が，χ^2/df 比からもいえる。異なるモデルの適合を検証し続けることで，次のような結果が明らかになってきた。つまり，パターンの相対的な適合は，男性モデルを男性データに時代を通じて当てはめたり，女性モデルを女性データに通時的に当てはめたりするよりも，男女モデルそれぞれを当てはめたほうが適合がよいのである。言い換えると，心理学的幸福感の構造については，ジェンダーの違いよりも時代的な違いのほうが強いということである。

このデータ分析の最後のステップで，Bryant & Veroff（1982）は同時 CFA をし，集団間で因子負荷量が異なるかどうかの検証を行った。幸福感の構造における時代的な変化を考察するために，彼らは男性と女性を別々にし，どちらの時代のデータにも同じようにうまく適合するかどうかを検証した。時代を越えて因子負荷量が等しいとなったのは，1957 年女性モデルを両方の女性データに当てはめたときだけで，$\chi^2(14, N = 1465) = 23.63$，$p < 0.10$ であった。この結果は，幸福感の経年変化は女性よりも男性のほうが大きいことを示している。

因子構造のジェンダー差を評価するため，Bryant & Veroff（1982）では年ごとに，それぞれのジェンダーのモデルがもう一方のジェンダーデータにも同じように適合するかどうかを検証した。ここでもやはり，男性と女性の間で因子負荷量が共通であったのは 1 か所の比較のみであった。すなわち 1976 年の男性のモデルを 1976 年の男性と女性両方のデータに当てはめたとき，$\chi^2(13, N = 1,258) = 20.09$，$p < 0.10$ である。この結果は，1976 年における男性と女性は，おもに男性の側の構造が経年変化したことにより，1957 年における両者よりもより似ているということを示している。この研究は，CFA によって理論的および実践的な問いに答えることが可能であることを証明している。

3.8 LISREL における表記法

研究者はローマ文字やギリシャ文字を使って，因子分析における観測変数，潜在因子，推定されたパラメータを表す。そのため，一般に使われている文字や記号の

ことを説明しておいたほうがいいだろう。LISREL（Jöreskog & Sörbom, 1989）という，CFA を実行する最も有名なプログラムでは，CFA モデルで必要とされる各パラメータがギリシャ・ローマ文字で示されている。(a) 変数は x の文字で表される。(b) 因子や潜在変数はギリシャ文字 ξ，発音は「グザイ」である。(c) 因子負荷量はギリシャ文字ラムダ（λ），因子負荷のパターンは λs で，観測変数（x）に影響する因子はラムダ・エックス行列（λ_x）で表される。λ_xs は ξs の観測指標の負荷量を表している。(d) 各因子の分散共分散はギリシャ文字ファイ（ϕ）で，潜在構造の分散共分散行列はファイ行列で表される。(e) 変数に対する独自誤差項はギリシャ文字デルタ（δ）で，独自誤差項の分散と共分散で構成される行列は，シータ・デルタ（θ_δ）行列で表現される。

図 4.1 は LISREL における仮想の CFA モデルの概念図である。CFA のモデルを描く際には，各観測変数を四角で囲み，ローマ字の x で表す。この仮想モデルでは x_1 から x_9 で表されている 9 つの観測指標がある。各観測変数に影響する測定誤差は小さな矢印で示され，独自誤差はギリシャ文字 δ で表現されている。この仮説的モデルでは，9 つの観測変数に対する独自誤差があり，$\delta_1 - \delta_9$ で示されている。

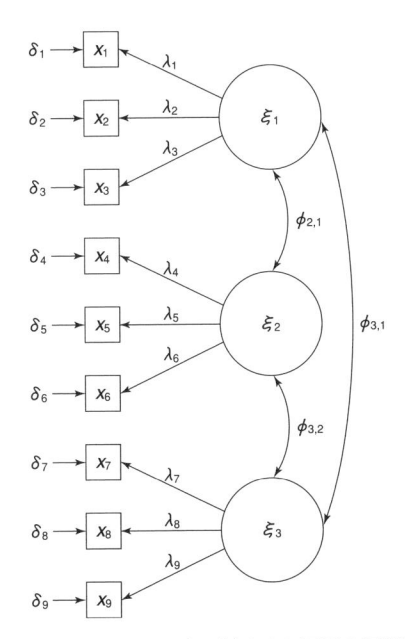

◎ 図 4.1　9 項目の尺度に対する 3 因子の仮説的・検証的因子分析モデルの模式図

各潜在構造（すなわち因子）は円で囲まれ，ギリシャ文字グザイ（ξ）が書かれている。この仮説的モデルでは3つの潜在因子があるので，$\xi_1 - \xi_3$である。潜在因子から観測変数への影響（つまり因子負荷量）は因子から観測指標への直線で表現され，ギリシャ文字λ_xで表されている（このλ_xは固有値を表すλではないので，誤解しないように）。このモデルでは，9つの因子負荷量が示されている。最初の3つの指標（$x_1 - x_3$）は最初の潜在因子（ξ_1）からの負荷量（$\lambda_1 - \lambda_3$）をもつ。真ん中の3つの指標（$x_4 - x_6$）は，第二潜在因子（ξ_2）からの負荷量（$\lambda_4 - \lambda_6$）をもつ。最後の3つの指標（$x_7 - x_9$）は第三の潜在因子（ξ_3）からの負荷量（$\lambda_7 - \lambda_9$）をもつ。その他すべての因子負荷量（つまり，ξ_2やξ_3から$x_1 - x_3$への負荷量，ξ_1とξ_3から$x_4 - x_6$への負荷量，ξ_1とξ_2から$x_7 - x_9$への負荷量）はゼロに固定されている。3つの潜在因子の共分散はカーブのパスで示されており，ギリシャ文字ϕが書かれている。この3因子斜交モデルにおいては，3つの因子共分散が推定されている（$\phi_{2.1}$, $\phi_{3.1}$，および$\phi_{3.2}$）。3つの潜在変数の分散は，図から省かれている。なぜならこれは標準化されたCFA解を得るものだからである。各因子の分散は1.0である。もし標準化されないCFA解であれば，因子の分散は潜在変数の円の中に丸カッコで描かれ，ユーザーは各因子負荷量を（ふつうは最も大きな負荷量をもつ項目に対して）1.0に固定する必要がある。これは各潜在因子の測定尺度を定めるためである。

4　結　論

　PCAとEFAは次元縮約の手続きとして広く使われている。連続変数の組み合わせに対して，これらの技術で固有ベクトルあるいは因子とよばれる，もともとの変数の全分散（PCA）あるいは共通分散（EFA）の大部分を説明する，少数の合成変数を識別することができる。CFAは典型的には理論検証のために用いられる。CFAは研究者に正確な構造的仮説をつくることを求める。構造的特性（パラメータ）は一般に，因子負荷量，因子の分散共分散，因子間相関などについてのものである。異なるモデルがデータにうまく適合するかどうかが検証され，仮説された構造的モデルの代替可能性や相対的な妥当性が検証される。

〈謝辞〉
　因子分析のための非常に貴重なアドバイスを提供してくれたEvelyn Perloff，本章に付属する図を準備してくれたLinda Perloff，また参考資料の検索の補助をしてくれたJennifer Brockwayに感謝したい。

推薦図書

Thurstone（1947）およびFruchter（1954）は優れてはいるが多少時代遅れなPCAおよびEFAの紹介を行っている。比較的近年の，より詳細で読みやすいPCAについての解説はDunteman（1989）およびStevens（1986）であり，PCAとEFAについてはAmick & Walberg（1975），Cattell（1966），Dillion & Goldstein（1984），Green（1978），Hair et al.（1992），Kleinbaum, Kupper, & Muller（1988），Tabachnick & Fidell（1983）などがある。比較的実践的な解説をしているのは，Gorsuch（1983），Harman（1976），Jolliffe（1986），Lawley & Maxwell（1971），Morrison（1976）である。

もっとCFAのことについて学びたい読者には，Bollen（1989），Hayduk（1987）がよい。これらの本は，単一集団や複数集団の両方ついて，全体的で実践的なロジック，応用，解釈を教えてくれる。技術的な細部について知りたい場合は，Jöreskog & Sörbom（1989）がお薦めである。

用語集

アプリオリな基準〈A Priori Criterion〉 固有ベクトル（因子）の適切な数を決定するための「抽出停止ルール」であり，事前にいくつの因子が抽出されるかがわかっている場合に用いられる。

EQS 検証的因子分析を実行するための一般的なコンピュータプログラムの1つ（Bentler, 1989）。

一次関数〈Linear Function〉 次のような形式をもつモデルである：$Y = X1 \times 変数1 + X2 \times 変数2\cdots$。ここで，Xsは係数である。線形関数ともいう。

一実験あたりのタイプ1エラー〈Experimentwise Type I Error〉 実験全体において第一種過誤を犯す確率のこと。複数の統計的仮説検定を含む研究において，実験全体での第一種過誤が生じる確率（p）は，個々の仮説の検定それぞれにおいて第一種過誤が生じる確率（p）よりはるかに高くなる。

因子〈Factors〉 主成分分析において抽出された固有ベクトルのこと。探索的因子分析において抽出された多次元であり，検証的因子分析においてその存在が想定されているものでもある。

因子の回転〈Rotation of Factors〉 単純構造を得るために固有ベクトル（因子）を回転する手続き。

因子負荷量〈Factor Loading Coefficient〉 変数と固有ベクトル（因子）の相関。

カイザーの停止ルール〈Kaiser's Stopping Rule〉 固有値が1以上である固有ベクトルを保持するという，適切な固有ベクトル（因子）の数を決定するための停止ルール。

- **χ^2値と自由度の比率**〈Ratio of Chi-Square to Degrees of Freedom: χ^2/df〉 同じデータにおける対立する因子モデルの相対的な適合度を比較するために用いられる。この比が0に近いほど，得られたモデルの適合度は高くなる。この比を用いることで，モデルの複雑さを統制した状態で対立するモデルの適合度を比較することができる。
- **過識別**〈Overidentification〉 モデルから単一の推定値を算出するのに，未知母数が少なすぎるときに生じる状態。過識別パラメータのCFA推定値は，代数的にも信頼することができない。
- **共通性**〈Communality〉 変数の因子負荷量をすべての因子について二乗和したもので，ある変数が分析において使われた他の変数と共通しているものをさす。
- **共通分散**〈Common Variance〉 変数が共通している部分の全分散に占める割合。
- **クォーティマックス回転**〈Quartimax Rotation〉 単純構造を達成するために用いられる，固有ベクトル（因子）が無相関（$r = 0$）であることを強制する回転方法。この回転方法は，因子負荷行列の各列において，できるだけ多くの変数がゼロになるように回転する。
- **グザイ（ξ）**〈Xi（ξ）〉 LISRELにおいて，潜在構造または因子はξで表される。
- **検証的因子分析**〈Confirmatory Factor Analysis: CFA〉 測定された変数セットの背後に潜む次元について，仮説を検証する多変量統計的技術の1つ。CFAを使うと，ユーザーはある因子モデル（たとえば，因子負荷量，因子の分散共分散，測定変数の特殊誤差の状態）を特定し，それがデータに適合している程度を評価できる。
- **誤差分散**〈Error Variance〉 主成分分析において，主成分によって説明されないすべての分散の比率。探索的因子分析においては，信頼できないランダムな分散によって引き起こされた全分散の比率。
- **固定パラメータ**〈Fixed Parameter〉 CFAモデルにおいて，ユーザーによって特定の値が割り当てられた，因子負荷量や因子分散，共分散または特定の誤差項。
- **固有値**〈Eigenvalue〉 記号λで表される指標で，固有ベクトルによって説明される相関行列の全分散の割合を示している。
- **固有ベクトル**〈Eigenvector〉 相関行列において，それが説明する分散の量を最大化する主成分分析を用いて同定される，変数の一次関数。
- **残差の平均平方根**〈Root Mean Square Residual: RMSR〉 CFAモデルの適合度の判断に用いられる統計値。RMSRはCFAモデルの適合残差の平均値の絶対値を表す。適合残差とは，(a) 観測変数間の実際の相関係数（や共分散）と (b) あるモデルによって予測される相関係数（や共分散）の間の差。RMSRが0に近いほど，モデルの適合がよいとされる。
- **シータデルタ（θ_δ）**〈Theta Delta〉 LISRELにおける，各観測指標の独自誤差およびそれらの誤差項の相関の行列。
- **識別**〈Identification〉 CFAモデルが得られたデータから独自の推定値を得るのに十分な既知（固定）あるいは未知（自由）のパラメータを含んでいるかどうかという数学的な問題。
- **識別不能**〈Underidentification〉 モデルに含まれる未知のパラメータが，データから独自の推定値を得るには多すぎる状態。得られるパラメータは恣意的で信頼性の低いものになる。
- **斜交回転**〈Oblique Rotation〉 単純構造を達成するために用いられる，固有ベクトル（因子）間に相関を仮定した回転方法。

修正指標〈Modification Index: MI〉　CFA をモデルにおける固定パラメータそれぞれに対して，あるパラメータを自由にして推定し直したときの χ^2 値の予測される減少量のこと。この指標の最大値をもつものは，それが固定されているよりも推定させるほうが，モデルを最大限改善させることになる。

自由パラメータ〈Free Parameter〉　因子負荷量，因子の分散，因子間の共分散，あるいは特定誤差項など，CFA をモデルにおいて変わることが許されたもので，コンピュータプログラムが分析の中で推定するもの。

主成分〈Principal Component〉　相関行列において，（残りの）全分散の理論上の最大量を説明するような，変数の組み合わせの一次関数。

主成分分析〈Principal Component Analysis: PCA〉　相関行列において，（残りの）全分散の理論上の最大量を説明するような一次関数あるいは因子を得るための方法。

信頼性〈Reliability〉　探索的因子分析における，共通分散と特殊分散の和。

スクリーテスト〈Scree Test〉　適切な固有ベクトル（因子）の数を決める停止ルールで，連続する固有ベクトル（因子）の固有値をグラフにして線を引くことで，連続する因子の変化を見ることができる。このプロットにおいて急激な減少が生じる線の上までの固有値に対応する因子を取り出すことにする。スクリースロープの下にある固有値の因子は抽出しない。

正確な識別〈Exact Identification〉　検証的因子分析モデルが，観測データから独自の推定値を得るために，既知および未知のパラメータの正しい数と組み合わせを含んでいる場合に生じる状態。

z スコア（あるいは標準化されたスコア）〈z-Score (or Standardized Score)〉　次の形式で示されるスコアの変換：z スコア ＝（元のスコア－平均）／SD。標準化された変数は平均 0 で分散 1 である。

説明された分散〈Explained Variance〉　主成分分析において，主成分によって説明可能な分散の一部分。

線形関数〈Linear Function〉　次のような形式をもつモデル：$Y = X^1 ×$ 変数 $1 + X^2 ×$ 変数 $2…$。ここで，X_s は関数の係数である。

全分散〈Total Variance〉　PCA では，分析される変数セットの分散のこと。変数が z スコアの形に標準化されていれば，変数の全分散は変数の数に一致する。EFA においては，前分散は共通分散，特殊分散，誤差分散の和に等しくなる。

相関行列〈Correlation Matrix〉　変数間のすべての組み合わせについての相関関係を表の形でまとめたもの。行も列も変数（たとえば，変数 1，2，3）である。ある変数とそれ自身との相関係数（r）は常に 1 なので，相関行列の対角項は常に 1 である。非対角要素は，測定変数どうしの相関係数 r が入っている。たとえば，4 行 5 列目の数字は，変数 4 と 5 の r が入っている。この数字は，5 行 4 列目のそれと同じであることに注意（相関行列の要素は対角を挟んで対称的である）。

相関行列の階数〈Rank of a Correlation Matrix〉　相関行列の全分散を 100％説明するのに必要な主成分の数。

相関行列の対角項〈Diagonal of the Correlation Matrix〉　相関行列の左上端から右下端まで

のセルで，ある変数とそれ自身との相関係数 r を表している。

探索的因子分析〈Exploratory Factor Analysis: EFA〉　一次関数や因子を特定するための方法で，相関行列において（残っている）共通分散を理論的に最大限説明しようとするもの。

単純構造〈Simple Structure〉　固有ベクトル（因子）上の変数の負荷量が1（絶対値）あるいは0に近い状態。負荷量が1に近い変数は因子の解釈において非常に重要であり，反対に0に近いような変数は重要ではない。単純構造は因子の解釈を単純化する。

直交回転〈Orthogonal Rotation〉　単純構造を達成するために用いられる，固有ベクトル（因子）間は無相関である（$r=0$）とする回転方法。

停止ルール〈Stopping Rules〉　抽出すべき固有ベクトル（因子）の数を決定する手続き。

適合残差〈Fitted Residuals〉　特定の因子モデルによって予測された相関や共分散の値と，実際の観測値との差。残差が0に近づくほど，モデルはデータに適合している。

適合度指標〈Goodness-of-Fit Index: GFI〉　最も制限されたモデルであるヌルモデルと比較した際の，得られたCFAモデルにおいて向上した適合度の値を示す，0から1の値をとる係数。CFAモデルの良否の判断の際には，経験則として，GFIは少なくとも0.90以上であることが推奨される（Bentler & Bonett, 1980）。

同時検証的因子分析〈Simultaneous Confirmatory Factor Analysis〉　CFAを使ってある因子モデルを推定するとき，同じ分析を複数の集団のデータに当てはめること。研究者は因子負荷量，因子の分散共分散，特殊誤差が集団間で同じであるかどうかを検証することができる。

等値制約〈Equality Constraint〉　CFAにおけるパラメータで，因子の解を求めるときに推定値をむりやり特定することである。等値制約は，あるパラメータを等しくすることであるが，どういう値にするべきかまでは事前に特定しない。そのかわり，CFAプログラムは推定値を等値制約されたものとしてある値を推定するようにする。

独自性〈Uniqueness〉　EFAやCFAにおいて，他の変数と相関しない分散の比率。つまり，独自性＝特殊性＋誤差分散である。また，独自性は1－共通性でもある。

特殊分散〈Specific Variance〉　信頼性があるが，分析中の他の変数とは相関しない全分散の一部分。

二極固有ベクトル（両極因子）〈Bipolar Eigenvector (or Bipolar Factor)〉　少なくとも1つの変数が正の因子負荷係数を，また少なくとも1つの変数が負の因子負荷係数を有している固有ベクトルのこと。

ヌルモデル〈null-model〉　CFAにおいて共通因子モデルの相対的な適合度を考えるときに使われる，ベースラインとなるモデル。被験者の反応における唯一の影響源がサンプリング誤差だと考え，共通分散の存在を仮定しない。これは典型的には，最も制約をかけたCFAをモデルと考えられ，概念的に最も制限されないモデルで，すべてのパラメータを推定する飽和モデルの逆である。

ネストされたモデル〈Nested models〉　ネストしていると考えられるモデルは，より一般的な他のモデルに制約を課すことによって得られる，より制約的なモデルである。このとき，χ^2値（と自由度）の差を計算し，どちらのモデルがより適合しているかを検証することができる。

パラメータ〈Parameters〉 CFA モデル中の，因子解によって求められた数字をともなうあらゆる要素。CFA モデルを構成する因子負荷量，因子の分散，因子の共分散，独自誤差および共有誤差の分散などがこれに該当する。各パラメータはユーザーによってある値に固定されていてもいいし，因子解において自由に推定されてもよい。

バリマックス回転〈Varimax Rotation〉 単純構造を達成するための手法で，固有ベクトル（因子）が相関しない（$r = 0$）因子回転方法である。この回転方法は，できるだけ多くの変数における各列の因子負荷係数が，できるだけ0に近くなるように推定する。

被験者 - 変数比〈Subjects-to-Variables Ratio〉 参加者（あるいは観測値）の数と分析で用いられる変数の比。

標準化解〈Standardized Solution〉 潜在因子の分散を1に固定して推定されたモデルのこと。この種の解は因子間の関係を解釈しやすい。

標準化残差〈Standardized Residual〉 推定された標準誤差で適合残差を割ったもの。観測指標の測度単位から独立であるので，適合残差よりもはっきり解釈ができる。

共分散〈Covariance〉 2つの測定値の間の共分散は，それらの標準偏差を掛けた相関である。Pearson の相関係数は標準化された共分散として表され，各項目の分散が1に固定されている。

分散のパーセンテージによる基準〈Percentage of Variance Criterion〉 適切な固有ベクトル（因子）数を決める停止ルールの1つで，全体（共通）分散の占める割合がある比率になるまで抽出し続けるもの。これはアプリオリな方法の1つ。望ましい（ターゲットとなる）分散が分析の前に事前に定められている（訳注：寄与率ともいう）。

無制限（飽和）モデル〈Unrestricted (or Saturated) Model〉 CFA において，共通因子モデルの相対的な適合度の判断に用いられる基準モデル。このモデルにおいては，調査対象者の反応の分散はすべて測定誤差であり，共通の分散は存在しないとされている。これは最も無制限なモデルであり，あらゆるパラメータは自由で，探索的解の等価性を除いて構造的仮説をもたない。

モデル定式化の誤り〈Model Misspecification〉 指定された CFA モデルと，データの支持するモデルとが異なっている状態。識別失敗モデルは特殊誤差が負になるとか，因子間相関が1を超えるとか，パラメータ推定値が桁外れになるといった，不適切な解を示す。

ラムダ（λ）〈Lambda〉 LISREL を用いた CFA において，因子負荷量のパターンはラムダマトリックスとよばれ，λ_is は潜在因子に対する観測指標の因子負荷量を表す。PCA においては，各固有ベクトルは λ で示される。

LISREL 線形構造関係（*LI*near *S*tructural *REL*ationships）の頭文字（Jöreskog & Sörbom, 1989）であり，社会科学において CFA を実行する最も有名なコンピュータプログラムである。

第5章

多次元尺度構成法

Loretta J. Stalans

　刑事司法委員会があなたをコンサルタントとして雇った，と想像してもらいたい。委員会は，住居侵入強盗（住人がいないときに，建物を破壊して侵入する）と強盗（物理的な危害を加えることで脅して，人から財産を奪う）について，一般的に信じられている公平な罰とはどういうものかという，判例についての法律的文書をつくりたいと考えている。あなたの仕事は，なぜいくつかの犯罪（住居に侵入することとひったくり，など）が類似しているように見えるのか，または異なって見えるのか（武装強盗と非武装強盗，など）を明らかにすることである。あなたは，犯罪の特徴は人がその犯罪に対して適切だと考える罪によって決められると考えて，2つの特徴を思いついた。(a) 物理的な危害を与える恐れがあるか，(b) 盗まれる財産の価値，の2つである。委員会はまた，他の潜在的な犯罪特徴も提案している。(a) 犯罪者の前科，(b) 犯罪者の年齢，(c) 情状酌量の余地がある状況かどうか，である。あなたに必要な統計手法は，一般の人にとって同程度の罰を与えるべき犯罪行為と考えられている特徴はどれなのかを発見するものだ。

　他の例を，もう1つ。あなたが臨床心理学者だとしよう。あなたは，クライアントのジョージが，その家族，友人，知人の関係をどのように受け止めているか知りたいとする。あなたは，彼の他者との関わりに潜む第一の特徴はコントロールについてのものであり，第二に自己中心性に関するものがあるという見立てをしている。これらの臨床的仮説を，あなたはいったいどのように証明するであろうか。ジョージに「あなたがある人に対してよりも別の人に興味があるのはなぜか」とただ尋

ただけでは，十分なデータにはならないだろう。コントロールや自己中心性という彼の特徴的な対人関係を調べるには，客観的な方法で調査する必要がある。そこであなたは，明白で客観的なアセスメントツールを使うことを決める。あなたはジョージにすべての知り合いを，リストアップするよう頼む。それから彼に，交流の深い順に並べ替えてもらう。並べ替えてもらうとき，ジョージはどれぐらい頻繁に交流しているかという点で，ある友人と他の友人が似ているか判断する。並び替えた後，それらの人々について，ジョージが彼らをコントロールできる，ジョージの利己心を満たしてくれる，情緒的支えになってくれる，似た趣味や価値観をもっているなどいくつかの次元で評価してもらう。これによって，ジョージがなぜ他の人よりもある人と交流をもっているのかが明らかになる。こうしたデータから，あなたはジョージの社会的世界を構成する特徴を発見する準備ができたことになる。

この2つの例は表面的には異なっているように見えるが，実は同じ問いをもっている。これらの例はいずれも，メンバーあるいはカテゴリーの項目間での類似性判断のもとに，どのような特徴が潜んでいるかという問いをもっているのである（本章では，「メンバー」はあるカテゴリーにおける人や動物を意味する。「項目」は，カテゴリーのメンバーが出来事（犯罪など）として生じたこと，あるいはカテゴリーの中の生命のない物体（椅子など），植物（木など）をさす。最初の例は，知覚された適切な罰に基づく罪の類似性の観点を探索するものである。第二の例は，ジョージが他者と交流する頻度に基づく類似性判断におけるパターンを検証しようというものである。以下では，他の文脈での例が類似性データに基づいて論じられる。たとえば，部族の親族構造，匂いの特徴，会社組織の中でだれがだれに話しかけるかといった特徴，商品や政治家の質についての判断，などである。

類似データにおける体系的パターンを理解するのには，どのような統計手法を用いればよいのだろうか。多次元尺度構成法（MDS）は類似性判断の背後に潜む構造を見きわめるためにつくられた手法である。言い換えれば，MDSはもっともらしく定義された特徴を使うのではなくて，類似性判断におけるパターンからどれが最も重要な特徴なのかを決めるための，統計的な手法なのである。MDSは一対比較データ（カテゴリーにおける2つの項目間の近接性）を分析対象としているため，ビジネス，心理学，政治科学，医療，コミュニケーション，広告，批判的思考など，多くの分野に適用可能な分析方法である。

地図を構成していくこと（すでに構成された地図をただ読むのではない）は計量的MDSがつくろうとするものの一般的で便利なアナロジーである。計量的MDS

は間隔あるいは比率尺度水準で測定された次元の尺度を分析するものである。つまり，数字の3と4の違いは数字の4と5の間の違いと同じと考える。この仮定は，違うおもちゃで遊ぶ時間の総量とか，2つの街の間の飛行マイルといった，間隔・比率尺度からつくられている次元のときは正しいだろう。

合衆国のいくつかの主要都市の配置図をつくるとき（アトランタ，ボストン，シカゴ，デンバー，ヒューストン，マイアミ，ニューヨーク，ニューオリンズ，ロサンゼルス，サンフランシスコ，シアトル），これらの都市間の飛行マイルを測定することがあるかもしれない。MDSでは，この飛行マイルから計算して距離を出すことができる。この距離は2つの対象（都市）を直線距離で測定したときの空間を意味する。それから，計算された距離に基づいて，都市と都市の位置関係が空間的に再現される。この計算された距離は実際の距離ではない。なぜなら，飛行マイルは測定誤差を含んでいるからだ。

構成された地図は，方向と距離の両方を提供する。たとえば，ロサンゼルスとサンフランシスコは互いに近いが，ボストンやマイアミからは遠い関係にある。MDSによって得られた座標軸は，空間的な意味はもっていない。MDSの答えは視覚的なプロットにおける方向性に意味を見いださせてくれるが，正確な位置を示しているわけではないのだ。研究者は，この方向性の意味を見つけて解釈しなければならない。すなわち，MDSの解は地図の中央上に北を，中央下に南をおいたような地図ではない。南を上に，北を下にしているかもしれないし，北東を上に，南西を下にしているのかもしれない。だから，研究者はMDSの意味のある方向を決めたりラベルをつけたりしなければならない。例えるなら，かつての地理学者が，視覚的な地図のどの方向が重要であるかを決めるようなものである。ある次元を東から西とラベリングし，もう1つの方向に北から南と名づけたように。地図の解釈次元は，たとえばアトランタのように，特定の都市を見つけるのに使われる。MDSが構成した空間的なプロットからラベルや解釈を見いだした方向性のことを，次元とよぶ。

だれかがあなたにこれらの都市間すべての組み合わせについて，飛行マイルデータをくれたとしよう。あなたは飛行マイルのペアデータに基づいて都市を配置し（完全にピタリとハマるまでジグゾーパズルのピースを配置するのと似ている），そして合衆国の都市を視覚的に再構成したとしよう。都市を再配置する作業は，もしあなたがすでに合衆国の地理関係を知っており，データに誤差がなかったら，簡単な作業だろう。

ところがここでは，答えを知らないジグゾーパズルのように，完全な地図に各項目（つまり，都市）を適切に配置し，項目間のパターンを決定づける最も重要な特徴を探さなければならないのだ。さらに，項目間の関係を表現するのに必要な地図は一次元の地図（直線）なのか，二次元の地図（平面），三次元の地図（空間）なのか，それ以上の次元をもった地図なのかどうかについてさえも，知らないままで。

　MDSは視覚的表象が明らかにされていない場合に有用なツールである。MDSは数学的な変換をして，項目間の知覚された関係性を視覚的な距離にする。つまり，空間的プロットにおける距離（2つの項目間の空間）は，項目間の知覚された関係性のアナロジーである。カテゴリーにおいて各項目の場所を空間的に再構成したものは「布置」とよばれ，MDSで最も重要なものとなる。都市間データをMDSで分析することによって，合衆国の地理を学ぶこともできる。MDSによって生み出された合衆国の視覚的な地図は，近似的な画像だろう。なぜなら非類似度データは測定誤差を含んでいるからだ。

　「布置」は，知覚された項目間の関係性のパターンの視覚的図である。研究者は布置に示された項目の関係性パターンを説明する次元を見いだそうとする。しかし，研究者は直感もさることながら，布置の解釈を助けるための統計的な結果やツールも使わなければならない。布置の解釈は相対的な次元性を特定することでもある。こうして見いだされた次元は，連続的で，項目パターンの方向的な特徴も併せもっている（たとえば，東から西，受動的から能動的，偶発的から意図的，というように）。発見された次元は，ある項目を布置の中に位置づけることも可能だ。さらに重要なのは，その次元が新しい標本における項目間の関連性を予測するのに利用できるということだ。例として，アメリカの都市に関する2つの次元を考えてみるとよい。それらの2つの次元は，東西と南北の2つである。もし新たなサンプルであるメンフィスが，南東に位置するとなれば，ボストンよりもアトランタのほうが近いと予測できるであろう。

　また，計量MDSには，因子分析などといったその他の統計的手法と比較するといくつかの特徴がある。計量MDSも因子分析も，両者はともに少なくとも間隔尺度であり，また，データに隠された次元を明らかにする。両者とも項目に数字を与えるが，その数字とは実世界と関連したものである。

1 多次元尺度法の種類

　MDSで最初に開発されたのは計量MDSというものだが，データ測定に厳しい仮定がおかれるため，めったに使われることはない。実際の論文で最もよく使われるのは，非計量MDSというものである。計量MDSと比べると，非計量MDSはデータがどのように測定されたかについて，より緩やかな仮定しかもっていない。データの数値は順序尺度水準であるという仮定だけだからだ。測定の順序尺度は，類似性の順番だけ想定している。たとえばレースにおける三頭の馬の最終順位のようなものだ。勝者は最も速く，2位は次に速く，3位でゴールしたのは最も遅いのだ。1位と2位の間の時間差が1秒であっても，2位と3位の差は2分であるかもしれない。非計量的尺度は一般に，項目間の関係性が尺度評定で測定されたとみなされる場合，つまりイコールだとされることがほぼない場合に用いられる。一般に，知覚された関係性のデータが評定尺度や順序で得られているときには，間隔や比率尺度とみなすのは正しくないといえる。

　MDSの手続きについてのもう1つの基本的な区別は，重みづけがあるかないかというものである。重みづけのないMDSは，カテゴリーの項目間の比較をするのに使う特性についてすべての被験者が同じ重要性をもっているというものである。この仮定のもとに行われるMDSは古典的な手法ともいわれる。一方，重みづけのあるMDSでは，個人はカテゴリーによってその特徴も重要性も異なる，と仮定される。このように考えることから，重みづけMDSは個人差MDSともよばれる。

　個人差MDSを解釈する詳細なディスカッションは本章では扱っていないが，個人差を適切に測定することを理解しておくのは重要である（三元MDS[1]については，Rabinowitz, 1986; Schiffman, Reynolds, & Young, 1981 を参照のこと）。重みづけのある方法は，重みづけがない方法よりもより複雑な問いに答えることができる。個人差尺度（重みづけのあるMDS）は，個人，文脈，出来事間の違いを明らかにできる。たとえば政治科学者であれば，犯罪行為を区別する上で保守的地域は犯罪の数を，リベラルな地域は犯罪者の置かれた環境やドラッグの使用歴を重視する，という違いに焦点をあてることができる。マーケティングの調査であれば，車の価

---

[1] データは一般に相（mode）と元（way）という違いがあり，対象間関係が個人ごとに異なる場合は三元データ（three-way data）になる。個人差を考えなければ，二元データ（two-way）である。相と元については岡田・今泉（著）『パソコン多次元尺度構成法』（共立出版）に詳しい。

値を決定づける最も重要な特徴について，男女間の差を明らかにすることができる。コミュニケーションの研究者は，賃上げ交渉に際して，この9か月間組織の中でだれがだれと趣味や政治的な態度を共有した，ということよりも，この3か月組織内のだれにだれが話しかけたか，ということのほうが個人の利益と権力を決定するという仮説を検証するかもしれない。臨床心理学者であれば，被虐待児とそうでない子どもとでは社会的関係の知覚に違いがあるかどうかを調べることができる。法律学者であれば，裁判官や市民が窃盗犯への量刑を決める際に重んじる特徴を明らかにできる。政策立案者であれば「赤字を減らす最良の方法は，どの社会的状況にある納税者でも同じなのか」という問いに対して答えることができる。社会政治学者であれば，法律機関（警察，裁判所，国税庁，上訴裁判所など）からどのように扱われるかの期待は，どの人も同じなのかどうかが検証できる。重みづけ，あるいは個人差MDSは，与えられたカテゴリーの関係性を評定者がどのように定義するか，あるいは，異なる状況，事例を通して，あるカテゴリーを同じように評定者が定義しているか，という両方の個人差を許容するのである。

2 本章の目的と概略

　本章の目的は，出版された論文に記された非計量的二元MDSの結果を，読者がどのように解釈するかを学ぶ手助けをすることである。非計量二元MDSは，データが順序尺度水準で測定されていて，すべての評定者は類似性の判断において同じ項目で特徴を判断していると仮定している。本章では，MDSにあまりなじみのない読者やMDSの解釈に精通したいと考えている読者を想定している。MDSの実行方法や，MDSを実際にやるときの手続き的違いを説明するつもりはない。その点について詳しく書いている本もある（Kruskal & Wish, 1978; Rabinowitz, 1986; Schiffman et al., 1981）。

　本章の次の2つの節は，MDSのデータ収集法について述べ，MDSによって得られる結果の性質について解説している。このあとで，結果の最良布置を選択する統計的ツールや，選択されたMDS布置を解釈する直感的かつ統計的手法を手短に示す。MDSの仮定に反していないかどうかをどうやって検出するかについては，MDSの計算におけるさまざまな段階で実践例とともに示される。最後に推薦図書と用語集を示す。

3 非計量 MDS に必要なデータ

　データ収集法と MDS の結果をどう解釈するかを論じるために，本章の冒頭で話した一般人が犯罪をどう知覚しているかについての例を使おう。あなたが犯罪委員会のコンサルタントだとして，人の犯罪に対する知覚特性の背後に横たわる決定因を探しているとしよう。あなたは次の問いに答えたいと思っている。すなわち，要求される罰の類似性あるいは差異に基づく犯罪の比較をするときに，人は犯罪者の犯罪歴，年齢，奪った財産やお金の総額，身体的な害を加えたかどうか，身体的な危害を加えるぞと脅したかどうかを類似性の判断に用いるか，という問いである。この問いに答えるにはいくつかの形式がありえる。たとえば，(a) どれか1つの特徴にだけ反応させる（身体的危害をともなう脅しだけ，とか），(b) 2つの特徴を使う（身体的危害をともなう脅しと，犯罪者の犯罪歴），(c) 3つか4つの特徴を使う，といったものである。犯罪間の関係性を知覚するうえで最も重要な部分的特徴を示すためには，MDS を使わなければならない。

　MDS を使うためにはどれだけの人数が必要だろうか。MDS の最大の利点は，回答者が少なくてすむということだ。回答者の数は少なくて1名，多ければあなたの余力がある限り，ということになる。母集団にまで一般化することを求めるときは，母集団から無作為に抽出されたサンプルが望ましく，そうであるほど母集団に結果を一般化できる可能性が高くなる。1名以上の回答者からデータを集めると，二元 MDS では犯罪の各組み合わせの知覚された類似性について，回答者間で平均して用いる。

　研究を始めるにあたって，5名にインタビューすることにしたとしよう。MDS を使うために，どういうデータを集めればいいだろうか。必要なのは，2組の犯罪の類似性もしくは非類似性を表したデータだ。考えられる犯罪の組み合わせにおいて，MDS は各ペアがどの程度似ているか，似ていないかを反映している数字を求めることになる。この数字は，項目（たとえば，犯罪）ペア間の関係性がどう受け止められたかを表しており，近接性とよばれている。項目間の関係性は項目間の違いがどう受け止められたかを測定することで得られ，大きな数字は非類似度が大きいことを意味している。項目間の関係性はまた，項目間の類似性として測定されるともいえる。その場合大きな数字は類似性が大きいことを意味する。類似性の測定は非類似性の測定の裏返しと考えられるが，類似性の測定による分析は非類似性の

測定による分析とは，たまに異なる結果になることがある（この問題についての細かい議論は，Schiffman et al., 1981 を参照）。

近接性データを得る方法は，いくつかある。侵入盗，非武装強盗，武装した強盗のエピソードをそれぞれ9つ，あなたが選んだとしよう。そしてそれらのエピソードそれぞれに，4つの特徴をもたせる。(a) 犯罪者の前科，(b) 年齢，(c) 盗まれた商品の数や金額，(d) 身体的侵害の程度，である。本章の表5.1に，これら4つの特徴を考慮した27の仮説的物語を詳述している。この犯罪ストーリー群の近接性データを集める直接的な方法の1つは，各ペアの類似性を評価するよう回答者に求めるというものだ。たとえば，回答者は，2つの犯罪を犯罪者がどのぐらいの罰を受けるべきかという判断に基づいて比較するよう教示される。比較判断の教示は，どの程度類似しているか，という形で示されることもある。たとえば，回答者は異なる罰を求められるべきかどうか，を比較するよう言われる。類似性判断の広がり（分散）を最大化するために，教示はどのように類似性を判断するかにふれないこともある。

回答者は2つの犯罪の類似性を，「まったく同じである」から「まったく異なる」の5段階で評価する。このように，両端が対立するようなものを「両極尺度」とよぶ。この27の犯罪では，回答者は比較可能なすべての組み合わせに回答するため，351回評価しなければならない。この方法では，明らかに回答者に負担が大きくなってしまう。

もう1つの方法であれば，さらに簡単である。たとえば，回答者に各犯罪に対して求める罰を，さまざまな判決（たとえば，執行猶予，保護観察付きの執行猶予，拘置付きの執行猶予，数年の投獄）から選んでもらう。あるいは，犯罪の類似性で並び替えてもらうこともできる（似ていると判断された犯罪は同じ群に配置され，異なると判断された犯罪はわかれて配置される）。これら2つの方法でデータを集めるなら，集まったデータを近接性に変換する必要がある。最もよく使われる変換方法は，相関係数を算出することである。相関係数は2つの項目の関連の強さを表しているので，知覚された類似性の測度として便利なのである。たとえば，各犯罪の組み合わせに対する判決文の間の相関係数を計算することができる。こうして計算された相関係数は，犯罪ストーリーの間の類似性を表している。相関係数のように，関係性の測度として算出されたものは近接性プロフィールとよばれる（Kruskal & Wish, 1987 を参照。各データ収集法に関連する技術的な話題を扱っている）。

4 非計量 MDS から得られる結果の特徴

　本節ではまず，実際の距離ではなく知覚された関係性という観点から得られるデータによる MDS の結果について詳述する。それから，主観的な手法で布置をどうやって解釈するか，布置の解釈に際して統計的な手法を理解するために読者が何を準備しておくべきかを伝える。節の後半では，統計的な方法で布置を解釈することを論じる。

　主観的な方法を使って非計量 MDS から得られた布置をどうやって解釈するか，を学ぶ前に，実際の距離ではなくて項目間の知覚された関係性からのデータであったとき，MDS が何を明らかにするかという例を見ておこう。犯罪に対する世間の認識の例を思い出してほしい。MDS は犯罪を視覚的に表すため，似ていると判断された2つの犯罪は互いに近くに，異なると判断された犯罪は遠くに配置される。たとえば，50 ドル盗んだ犯罪と 100 ドル盗んだ犯罪の違いはわずかであると判断されるかもしれない。しかし，この2つの盗みは，盗まれた額にかかわらず，武装した強盗とはまったく異なると判断される。MDS はこの2つの犯罪を空間的には近くに置き，あらゆる武装強盗から遠く離すことによって，こうした知覚を視覚的に示す。MDS は，地図をつくって，2つの犯罪ペアが「遠く離れている」ことで知覚された違いを意味し，「近くにある」ことで知覚されたつながりを表現する。

　布置では，各犯罪は点で表される。図の座標軸は，点の方向を示し，座標とよばれる間隔空間を測定する。座標は負，ゼロ，正の値をとり，各点（つまり犯罪ストーリー）を位置づけるのに使われる。

　図 5.1 は，MDS を視覚的に表したものである。図には，2つの点（犯罪）だけが描かれている。これは MDS が算出した布置におけるある点が，座標を使って表現されることを示したものである。横軸は，正の数は右側に位置し，負の数は左側に位置する。縦軸は，正の数は上半分にプロットし，負の数は下半分にプロットする。ゼロも軸上の点を示す。たとえば，窃盗に関する座標が (1, 3) の場合，横軸の右に1，縦軸の上に3移動するのである。座標がなぜこんなに重要なのか不思議がる人もいるだろう。これを理解しておくべき理由が2つある。まず，各項目に当てられた座標は，図 5.1 に示されている。各項目はそれ自身の座標をもっている。各次元は項目が配置されるのを助ける座標を提供している。つまり，二次元解には2つの座標があり，三次元解には3つの座標が，四次元解では4つの座標がある。次に，

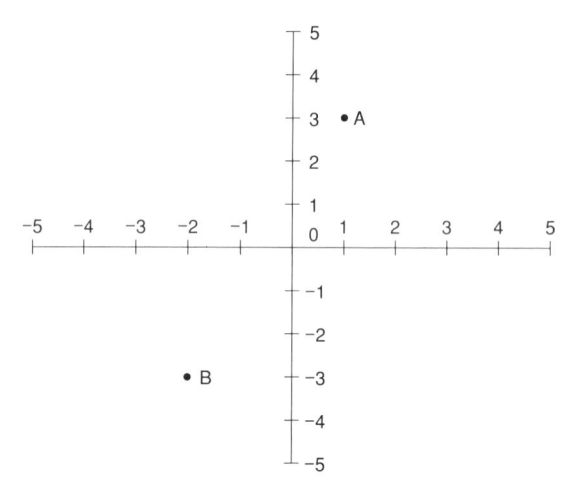

⤴ 図5.1　カテゴリーの特定の例の位置を定めるのに用いられる数をどのように調整するのかを示したプロット

こちらのほうがより重要であるが，座標は図を統計的手法で解釈するために必要なのだ。統計的手法における座標の役割については，のちほど詳細に述べよう。

　MDSの算出する布置について，基本的な構造と目的がわかったら，主観的な手法による布置の解釈について学ぶときが来たということだ。主観的な手法とは，項目に対して知っていることに基づいて，隠れたパターンを見つけ出すことである。主観的方法を用いる際，二要因のMDSにおける座標軸には特別な意味がない，ということを覚えておく必要がある。つまり，座標軸は引かれた線ということ以上の意味はないため，図のあらゆる方向性を検証しなければならない。

　主観的測定方法を学ぶ最も容易な方法は，自分で実際にやってみることだ。消費者の選好に関する調査で，どのようにMDSが用いられているのかを例にしてみよう。消費者は15の果物について，どれぐらいその果物が好きかという点から類似性の評定をするよう頼まれる。研究者は次のように問う。果物の好き嫌いを決定するのはどういう特性か？　あなたは主観的なアプローチを使ってこの答えを見つけることができる。MDSが図5.2にあるような仮想データの二次元布置を得たとしよう。できるだけじっくりと見て，果物のパターンから何かの意味を見つけてみよう。このパターンの背後に潜む意味を発見しようとすることが重要なのである。

　解釈が困難な場合，このようなヒントがある。ココナッツとパイナップルにはどういった共通点があるのか（この2つは図の左に位置している），そして桃とイチ

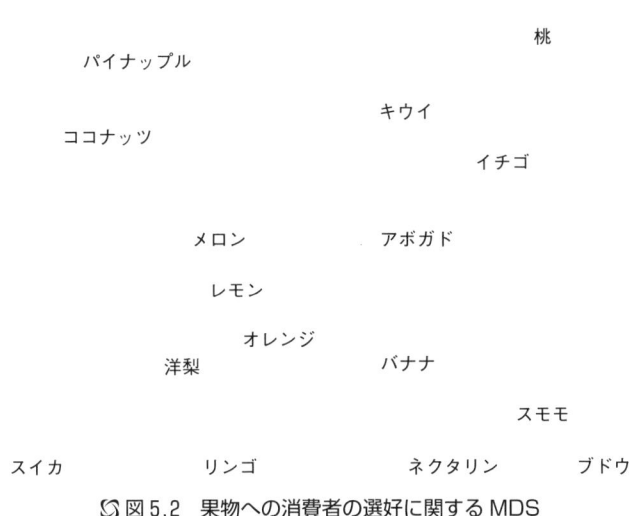

```
                                        桃
            パイナップル
                                  キウイ
        ココナッツ
                                     イチゴ


                      メロン      アボガド
                      レモン
                        オレンジ
                   洋梨           バナナ
                                        スモモ
          スイカ       リンゴ       ネクタリン      ブドウ
```

図 5.2　果物への消費者の選好に関する MDS

ゴにはどういった違いがあるのか（この2つは図の右に位置している）を，自分自身に問いかけてみるとよい。この手続きを他の果物にもくり返すのである。

　果物の類似性において，MDSでは少なくとも2通りの解釈が可能である。まず，図の上半分に配置されている果物と下半分に配置されている果物がどのように異なるのかを考えてみよう。上半分にある果物は表面がざらざらしており，下半分にある果物はすべすべしている。つまり，縦軸における1つの解釈は，表面がざらざらしているかすべすべしているか，だ。次に，左側が右側とどう違うか考えてみよう。パイナップルとココナッツはどこが共通しているのだろう？　どちらも固い皮をもっているようである。ブドウとスモモは何が共通している？　どちらも柔らかい皮をもっている。左側の果物は固い皮をもっているのに対し，右側の果物は柔らかい皮をもっていることに気づいただろうか。つまり，水平軸は固い皮から柔らかい皮，である。これであなたは今や，主観的アプローチにおいてMDSの解を解釈するエキスパートになったのだ。MDSの図から代替案もしくはさらなる解釈を見通すようになるであろうから，こういった主観的アプローチとは論文を読むのに非常に役立つ。主観的アプローチを用いることで，読者は自分が研究したいことについて考えるようになるだろう。

　しかし，主観的方法を図を解釈するための唯一のアプローチとして用いるには，いくつかの問題点がある。まず，しばしば調査者はすべての次元を見ることを忘れてしまう。おそらく果物の類似性に関する仮説の解には，未発見の次元があること

だろう。だが調査者は，それに気づかない。なぜならば，図の上半分と下半分，右側と左側を注意深く調べたと思っているからだ。図の対角線を調査しなかったことが第一の誤りの原因である。2つめの問題は，3つ以上の次元を解釈することの困難さだ。3つめの問題は，存在しないものにパターンを見いだすという人間の傾向を抑制する困難さである（Kruskal & Wish, 1978）。

4.1 最良の図を選ぶための統計ツール

　MDSはいくつかの布置をつくり出すが，空間に項目を位置づけるときの次元数によって，その布置が変化する。一次元解では，データは直線上に乗る。二次元解では，項目の位置を定めるには2つの線（平面）がいる。三次元解では，布置は立体（三次元，縦，横，高さ）にイメージされる。三次元以上の布置も導出され，解釈できるが，この布置の形状を視覚化するのはむずかしい。MDSは自動的に最適な次元解を選んでくれるわけではないのだ。研究者は，どの解が類似性データに最も適合するかを選ばなければならない。

　いくつかの次元数から布置を選ぶ1つの方法は，それぞれの布置がどれほどうまくデータに適合しているかを検証することである。どの程度うまく布置がデータに適合しているかを決定する統計的な概念として，ストレスとよばれるものが使われる。ストレスの値は0から1の範囲をとる。小さなストレス値（0～0.15）はよい適合とされ，0があり得る最適な適合（他の問題がないとした場合に。この他の問題については後で述べる）である。大きなストレス値は，適合が悪いことを意味し，1はあり得る最も悪い適合である。ストレスは適合の悪さの指標とよばれることもある。大きな値はあてはまりが悪いことを意味するからである。

　ストレスを適合の悪さの指標として使うことに関連する，いくつかの仮定や考慮すべきことがある。ストレス値の解釈における重要なことの1つとして，計量的な尺度構成は非計量的な尺度構成よりも，ほほいつも悪いストレス値になるということがあげられる。ストレスについての解釈は，可能な限り小さなストレス値に到達した，すなわち，MDSがデータに最も適合した解を見つけたということを仮定している。ストレスを適合度の指標として解釈することは，項目と次元数の比率がストレスに与える影響はほとんどない，ということも想定している。次元数の4倍以上項目がある場合は，項目と次元の数はストレス値を解釈するときの問題にならない。犯罪の例では，この点を示すことができただろう。27の犯罪問題（項目）につ

いて，ストレス値は7次元以下であれば解釈可能な布置を出す（7次元×4＝28の犯罪項目）。実質的に，項目や次元の数から影響は受けなかったのである。

項目の数が次元の数に近づいたとき，適合の悪さとしてのストレス値の解釈は適切さを欠いていく。たとえば，7つのランダムなデータを4次元に落とすときは50％以上の割合で，ストレス値がゼロ（可能な限り最も適切）になる現象がみられる（Kruskal & Wish, 1978）。布置がデータにどの程度うまく適合しているかの指標としてストレスを考えると，項目数が次元数に近づくにつれてどんどん偏ったものになる。

MDSの仮定が満たされている場合は，ストレスは妥当な次元数を選ぶのに役立つ。次元とは，ある点（たとえば，ある犯罪ストーリー）を布置に位置づけるのに必要な次元（座標軸）の数である。与えられた近接性データに基づく異なる次元数の布置の間で，選択する目安としてストレスを使うのは，すべての項目間関係の真のパターンを，理想的な次元数で表現しうるときである。多い次元のストレス値が十分に低いかどうかを決定するために，いくつかの次元数のストレス値をプロットすることがある。図5.3は異なる次元解のストレスプロットを示したものである。このプロットは因子分析におけるスクリープロットに似ている。

適切な次元性を選択する直感的な方法は，エルボー（点をつなぐ線の曲がるところ）を見つけることである。図5.3に示されているように，第三次元はわずかなエルボーがあり，そこでのストレス値は0.05である。二次元解のストレス値は0.12であり，三次元解は0.05である。曲がるところがあって，ストレス値が0.07の改善があったので，この仮説的なデータには三次元解が適切である。この例は，エル

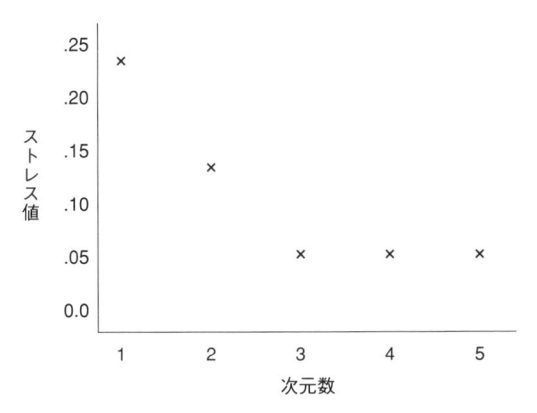

◎図5.3　次元解ごとのストレス値のプロット

ボーを見つけるのが簡単なものであったが，実際のデータではそれがむずかしいこともある。なぜなら，測定誤差がエルボーの形を消してしまうからだ。

　Kruskal & Wish（1978）は「真の」次元数の指標としてストレスを用いる際のいくつかの目安について詳述している。(a) ストレスが0.10を超える場合はエルボーを用いるべきではない。(b) 一次元解での非常に大きなストレス値は正確性が制限されるためであり，二次元でのエルボーは情報量が少なくなる。これをふまえて，慎重に解釈をしなければならない。(c) 一次元解においてストレス値が0.15より小さい場合は，真に一次元である。

　すべての次元が解釈可能かどうかは，最良なMDSの図を選ぶ際に重要となってくる点の1つだ。次元数の少ない図は，次元数が多い場合よりも解釈がむずかしくなる（Kruskal & Wish, 1978）。たとえば，片方の次元の解釈がはっきりしない二次元の図と，すべての次元の解釈がはっきりしている三次元の図のどちらかを選ぶ場合，もしどちらもストレス値が同じであっても，三次元を選ぶべきである。もちろん，ある研究者にとってわかりにくいことでも，他の研究者が異なる視点で見たらわかりやすいということもある（Kruskal & Wish, 1978）。したがって，論文を読むときは，他のまだ見つかっていない解釈可能性がないかどうかを評価することが重要になる。

　次元数を決定するには，解釈可能性と適合度に加え，利用しやすさ，構造の安定性，別のデータの収集方法との外的妥当性を考慮する必要がある（Kruskal & Wish, 1978）。問題の理論的な側面から重要でおもしろいということで，三次元解よりもデータに適合していない二次元解が選ばれることも時々ある。この選択は，二次元解が三次元解に比べてデータの最も重要な側面を描写するのにふさわしいという，簡便性に基づいている。

　多くのデータセットがあるとき，次元の安定性と一般化可能性が，適切な次元を選択するときに使われる基準になる。これは，MDSがそれぞれのサンプルに個別に適用され，結果を比較することでなされる。異なるMDSの解が似ていれば，元のMDS研究は第二のMDSによって結果が再現された（検証された）といえる。もし二次元解が異なるサンプルや異なるデータ収集法から再現され，三次元解があるデータ収集法の1つだけからしか見いだされないとすると，研究者は二次元解を頑健な結果（つまり再現できて一般化できるもの）として選択するだろう。

5 選択されたMDS布置を解釈するために使われる統計的な手法

　この節では，研究者がデータに最も適した解を選んだとき，MDSから得られた解を解釈するのに一般的に使われている統計技法について簡単に解説する。この節の最後には，仮説的なデータを使ってどうやって統計的な結果を解釈するかを述べる。

　前述したような主観的な解釈の方法には限界があり，調査者は統計的手法に頼らざるを得ない。最も一般的な統計的手法は，線形回帰である（第2章を参照）。この手法により，調査者は図における刺激の位置という体系的関係を把握できるだろうと考えられている追加変数を集める。たとえば，犯罪に対する世論を調査する場合，被験者にいくつかの次元で各犯罪を評価するよう依頼する。その評価は，MDSの解から得られた犯罪どうしの知覚された関係性に関する視覚的マップを解釈するのに用いられる。評価を求められる例をあげると，(a) 犯罪がどれだけ計画されていたのか，(b) 所有物に対して行われた侵害の大きさ，(c) 犯罪者の薬物中毒の程度，(d) 身体への侵害が行われる可能性，(e) 犯罪者が社会に貢献できる一員になれる可能性，(f) 被験者が犯罪の犠牲者になることをどれだけ心配しているか，(g) 身体的侵害の深刻度，などだ。各次元に対し，被験者は7件法で自分の意見を表す。たとえば，身体的侵害の可能性であれば，その可能性がまったくなければ1，非常に可能性があれば7とする。各スケールの回答は被験者間で平均される。

　この平均は，MDSから得られた犯罪の視覚的地図を解釈するときに，回帰方程式における従属変数として扱うことができる。選ばれたMDS解における座標は，予測変量として扱われる。座標は布置における犯罪ストーリーの位置であり，犯罪間の知覚された関係性のパターンを把握するものであったことを思い出してほしい。回帰分析の目的は，できるだけ従属変数を説明するような，座標の重みづけ線形結合を得ることである。犯罪間の差に対する一般人の観点のMDS解から得られた座標を独立変数とし，身体的被害の恐怖を従属変数とした回帰分析を行ったとき，予測式がうまくあてはまったとしよう。回帰方程式から得られたこの知見は，身体的被害について知覚された恐怖が，犯罪間関係の一般的な知覚の背後に潜む重要な特徴である，ということを示している。

　座標の重みづけ結合によって最もうまく説明された従属変数を決めるには，回帰

分析から得られた適合度の統計的指標を使えばよい。こうした適合度指標として、論文にみられるのは次の2つ、すなわち重相関係数 R と R^2（決定係数ともよばれる）である。重相関係数 R は座標の線形結合と従属変数の間の結びつきの強さを表している。範囲は 0 から 1 で、より高い数字はより適合していることを示す。R^2 は重相関係数から算出される。範囲は 0 から 1 で、より高い数字はより適合していることを示す。R^2 は座標の線形結合によって説明される従属変数の分散の大きさを示している。重相関係数 R や R^2 のどちらも適合度の指標であり、最もうまく説明する座標の変数を決めることができる。

　重相関係数 R や R^2 によるアプローチに加えて、線形回帰を評価する統計的概念は「回帰の重み」である。回帰の重みは標準化された回帰係数のことで、その二乗和は 1（第 8 章で二乗和の意味が論じられている）である。また MDS 解の軸に関係する次元の方向と角度を示す。次元の角度と方向を示すことから、MDS の論文では方向余弦ともよばれる。回帰の重みは、MDS の図のどこに次元が位置するのかを決定するための必要な情報を示す。研究者は、回帰の重みから情報を探り出し、布置図において次元を描くことによって適切な解釈を強調させることができる（これは図 5.7 に示す）。

　MDS の布置を解釈するためにどのように線形回帰を使うかについてのこの考え方は、2 つの最も重要な統計的概念である、重相関係数と回帰の重みを使うことで、研究者が次元の解釈をしやすくすることを強調している。ストレス値と同じように、重相関係数も、MDS の次元が考えうるいくつかの解釈にどの程度うまく適合しているかを示している。回帰の重みは、見いだされた解釈が、もっともらしい解釈がされる MDS の座標軸に十分近いものであるかどうかを示している。Kruskal & Wish（1978）は線形回帰から得られるこの 2 つの統計指標を使って、MDS で示される項目間の関係パターンを解釈する方法について、ある程度の目安を示している。Kruskal & Wish（1978）は次のように述べている。

　　評定尺度（あるいは他の変数）が次元を十分に解釈できるものであるためには、2 つの条件が必要である。(1) 尺度の重相関係数が高くなければならない（これはその尺度が布置の座標に十分適合していることを意味する）、(2) 尺度は次元に対して高い回帰係数をもっていなければならない（これは次元と尺度によってつくられる方向の間の角度が小さいことを意味する）。次元を解釈するのに望ましい重相関係数は 0.9 であるが、多くの場合、0.7 から 0.8 あれば十分である。(pp. 37, 39)

6 MDSの仮定が破られていないか検証する

　MDSの中心的な概念は，点と点との距離は近接データに対応しているというものだ。MDSが近接データ（知覚された項目間関係のような）を距離データに変換することを思い出してほしい。散布図によって，近接データとMDSが計算した距離データの関係を視覚的に表現することができる。散布図（図5.4）が示すのは，距離を水平軸に，近接性を垂直軸においたもの（距離が垂直軸で近接性が水平軸になっているのもあるかもしれない）である。散布図はとても便利なツールで，MDS布置の問題を検出するのに有用である。

　MDSの仮定は，距離と近接データの間の関係がスムーズであるということだ。スムーズというのは，距離と近接性の間に連続性があるということでもある。図5.4はふつうの散布図で，非類似度によって測定された距離と近接データの間の関係がスムーズである。非類似度として測定されているので，大きな距離は大きな違いを表しており，小さな距離は非類似性がより小さいことを意味する（項目がとても似ている）。データ点間がともに近いこと，大きな乖離がないことに注意してほしい。これらの特徴は距離と近接性データの関係がスムーズであることの定義である。

　距離と近接データの間のスムーズな関係という仮定，この仮定が破られる問題はよくあることで，縮減の問題と呼ばれている。縮減は，布置の点がいくつかの小さなクラスターの中に位置づけられてしまうようなものだ。たとえば，侵入盗のすべ

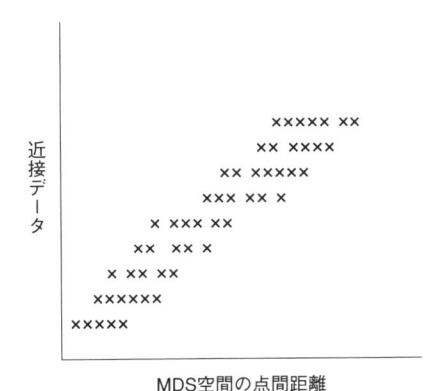

```
                                    xxxxx xx
                                  xx xxxx
 近                              xx xxxxx
 接                            xxx xx x
 デ                          x xxxx xx
 ー                        xx  xx x
 タ                      x xx xx
                       xxxxxx
                      xxxxx
                    MDS空間の点間距離
```

💭 図5.4　距離と近接性データ間の一般的
　散布図

てが互いにとても近く，布置の右上の小さな円の中に納まり（とても似ていると知覚される），非武装強盗のすべてが布置の下の左下の小さな円の中に納まり，武装強盗がすべて左上の小さな円の中に納まる，といった状態である。縮減解は，比較判断形式を使ったときの重要な特徴の存在を見えなくしてしまうので，問題になる。つまり，MDSにおける「発見された」次元は類似性データの中の隠された構造の一部分でしかないのである。犯罪の比較判断における縮減解の例を思い出してみよう。それぞれの犯罪クラスター（侵入盗，武装泥棒，非武装泥棒）で個別にMDSをしたら，クラスターの中の次元が明らかになるだろう。たとえば，被害総額とか，犯罪者の犯罪歴といったものであり，それらはすべての犯罪を一括でMDSにしたときの解では隠されていたものである（Kruskal & Wish, 1978 を参照）。

　要するに，縮減解はゼロに近いストレス値を示す。ふつうの状態では，ストレス値がゼロであるというのはMDS布置が近接性データにきわめて適合したことを意味する。縮減が起こっているときは，ストレス値は誤解をうみ，よい適合の指標とはなっていない。なぜなら，類似性に潜む重要な次元が隠されてしまっているからだ。縮減が生じると，研究者はクラスタリングに注意し，実質的な結論を出すのを避けるべきである。縮減解は項目どうしが自然にクラスタリングされるときや，非計量的尺度が使われるときに生じやすい。

　では縮減解があるかどうかをどうやって知ったらよいのだろうか？　縮減解から得られた布置を図5.5に，また縮減解の散布図を図5.6に示した。布置図は3つの小さなクラスターがあることを示しており，散布図は3つの大きなステップがあることを示している。縮減解のある典型的な散布図は，いくつかの大きなステップからなる，階段状の図を示す。この階段状の図が起きるのは，すべての距離がいくつかの同じ値からなるから生じる。それに比べて，ふつうの解の散布図は点と点の間に大きな空白が生じることがない（つまりスムーズな関係である）。

　最適な類似データの視覚的表現が出る前にMDSが終わった場合，別の仮説が破られることがある。犯罪間の知覚された関係性を最適に再現する，というタスクをMDSはどうやって達成しているのか？　どうやってMDSが布置を得ているかについての技術的で詳細な記述は本章の範囲を超えている。最も一般的な方法について簡単にいうなら，最急降下法というのが分析的手続きの特徴である。最急降下法というのは反復手法だ。コンピュータは項目パターンを推測したところから計算を始め，計算をくり返してよりよい推定値に近づけていき，最も良さそうな推定値に近づくまで，推定値を修正し続ける。

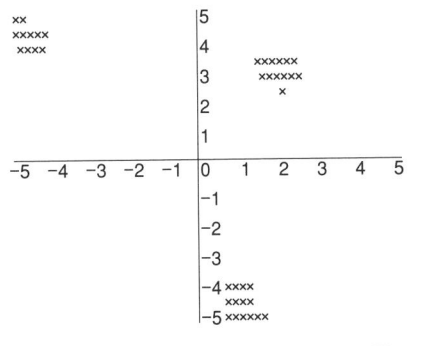

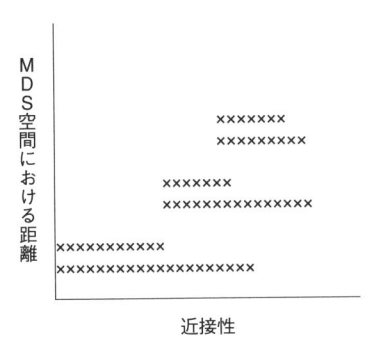

◎ 図 5.5　縮減を起こした解を示した図　　◎ 図 5.6　縮減を起こした解の散布図

　MDS の図を解釈する際に，項目の理想的な布置があり，MDS はその理想的なパターンを見つけている，ということが仮定されている．近接データの最適解は，グローバル・ミニマム解とよばれる．MDS が最適解より前に計算を終えたら，この準最適な解のことはローカル・ミニマム解とよばれる．ローカル・ミニマム解（最適解の手前）が生じるのは，反復手続きの性質上そうなるもので，それはふつうグローバル・ミニマム解からかけ離れたものになるわけではない．研究者は不適切なローカル・ミニマム解になっていないか，見いだすことに頭を悩ませることになる．悪いローカル・ミニマム解は，実際の世界に存在する理想的な解からはかけ離れた答えの 1 つだからである．

　不適切なローカル・ミニマム解を示す指標は何だろうか？　ローカルミニマム解の可能性をチェックする 1 つの方法は，違う次元数の布置におけるストレス値を比較することである．ストレス値の仮の例を考えてみよう．一次元解のストレス値が 0.4 だとする．二次元解のストレス値が 0.23 だとする．三次元解は 0.29 である．このストレス値は疑わしい．まず，ストレス値がすべて高めである．次に，三次元解のストレス値が二次元解のストレス値よりも高くなっている．一番小さなストレス値がすでに到達されているとき，次元数が増えてもストレス値は減るか前のレベルと同程度であるはずであり，高次のストレス値は，次の最も低い次元のそれと同じぐらい近づいているものである．なぜなら，ストレス値は 1 つの次元から次の次元に変わったぐらいではそれほど大きく変わらないものだからだ．

　より高い次元の解におけるストレス値（三次元）が，より低い次元解（二次元）のストレス値よりも大きくなったときには，ローカル・ミニマム解が潜んでいる可能性がある．さらに，ローカル・ミニマム解になっている可能性を検証するために

は，いくつかの MDS を違う初期布置（最初の布置がどうなっているか，違う推測を立てる）を使うことで達成できる．もしローカル・ミニマム解が元の分析で生じていれば，違う初期布置を使うことで，疑わしいストレス値を見せることなく，布置を得ることができるだろう．別の面から分析することで，調査者は重要な実験結果の基本における項目間の関係を合理的判断ではなく，理論的直観によって推定する．

7 MDS の結果の解釈例

　この節では，非計量二元 MDS の仮の結果を使って，MDS の布置を適切に解釈する方法を述べようと思う．仮想データは本章を通してふれられてきた，窃盗と泥棒の一般人の認知の例から得られたものである．もういちど，あなたが犯罪協会のコンサルタントで，犯罪判決文の法律制定の補助をするのだということを想定してほしい．類似データはすでに集められていて，二元非計量 MDS のやり方で分析されている．MDS を行ううえで注目すべきなのは，犯罪のどのような特徴（犯罪者の量刑，年齢，盗まれた品数や金額，身体的侵害，脅し）が，特定の犯罪行為への罰を決定する際の世論に対し，どれだけ重要なのか，ということである．

　回答者 5 名は，27 の犯罪ストーリーの知覚される類似性を評定した（133 ページに，このデータに関する詳細が記されている）．表 5.1 に，27 の犯罪ストーリーを，簡単に載せている．これらのストーリーは五次元で異なる．(a) 犯罪の種類（侵入盗，非武装強盗，武装強盗）(b) 前科（なし，3 回，6 回）(c) 被害総額 (d) 身体的損害の量（なし，軽傷（医療的治療が不必要），重症（入院が必要））(e) 犯罪者の年齢（10 代，若年成人，35 歳以上）である．犯罪ストーリーのラベルに慣れるため，異なる特徴を記す記号を使うので，いったんその説明をしておこう．たとえば表 5.1 において，侵入盗は BU，非武装強盗は UR，武装強盗は AR とラベルされている．前科がない場合はなし，3 回前科がある場合は 3，6 回ある場合は 6 とラベルする．盗んだ量が少ない場合は S，中程度なら M，多いなら L とラベルする．これを熟知すると，解釈するのが楽になるだろう．たとえば UR0M であれば，犯罪は非武装強盗，前科はなし，盗まれた金額は中程度，ということになる．

　この仮説データでは，一次元解のストレス値は 0.200，二次元解では 0.07，三次元解では 0.055，四次元解では 0.045 となる．一次元から二次元になるとストレス

値が大きく減少する（0.200 − 0.055 = 0.13）が，二次元から三次元になる際の減少数は，比較的小さい（0.07 − 0.055 = 0.015）。二次元解から三次元解へのストレス値の減少がわずかなのは，二次元解において急激な変化が生じているから，つまり二次元解がデータに最も適合していることを示している。MDS の仮定がもし破られていないようなら，二次元解の 0.07 のストレスレベルは MDS の布置が近接性データにとてもよく適合したことを意味しているといえる。

💭 表5.1　仮の犯罪ストーリーについて

ストーリー水準	盗みのタイプ	前　科	被害額	身体的損害	年　齢
BU0S	侵入盗	なし	50 ドル	なし	10 代
BU0L	侵入盗	なし	5,000 ドル	なし	若年成人
BU0M	侵入盗	なし	500 ドル	なし	35 歳以上
BU3M	侵入盗	3	100 ドル	なし	10 代
BU3L	侵入盗	3	10,000 ドル	なし	35 歳以上
BU3S	侵入盗	3	10 ドル	なし	若年成人
BU6L	侵入盗	6	3,000 ドル	なし	10 代
BU6S	侵入盗	6	50 ドル	なし	35 歳以上
BU6M	侵入盗	6	750 ドル	なし	若年成人
UR0L	非武装強盗	なし	3,000 ドル	なし	35 歳以上
UR0S	非武装強盗	なし	50 ドル	重症	若年成人
UR0M	非武装強盗	なし	750 ドル	軽傷	10 代
UR3L	非武装強盗	3	5,000 ドル	重症	10 代
UR3M	非武装強盗	3	500 ドル	なし	若年成人
UR3S	非武装強盗	3	10 ドル	軽傷	35 歳以上
UR6L	非武装強盗	6	10,000 ドル	軽傷	若年成人
UR6S	非武装強盗	6	30 ドル	なし	10 代
UR6M	非武装強盗	6	400 ドル	重症	35 歳以上
AR0L	武装強盗	なし	5,000 ドル	重症	10 代
AR0S	武装強盗	なし	10 ドル	なし	35 歳以上
AR0M	武装強盗	なし	500 ドル	軽傷	若年成人
AR3L	武装強盗	3	3,000 ドル	軽傷	10 代
AR3S	武装強盗	3	40 ドル	重症	35 歳以上
AR3M	武装強盗	3	400 ドル	なし	若年成人
AR6M	武装強盗	6	450 ドル	重症	若年成人
AR6L	武装強盗	6	4,000 ドル	なし	10 代
AR6S	武装強盗	6	20 ドル	軽傷	35 歳以上

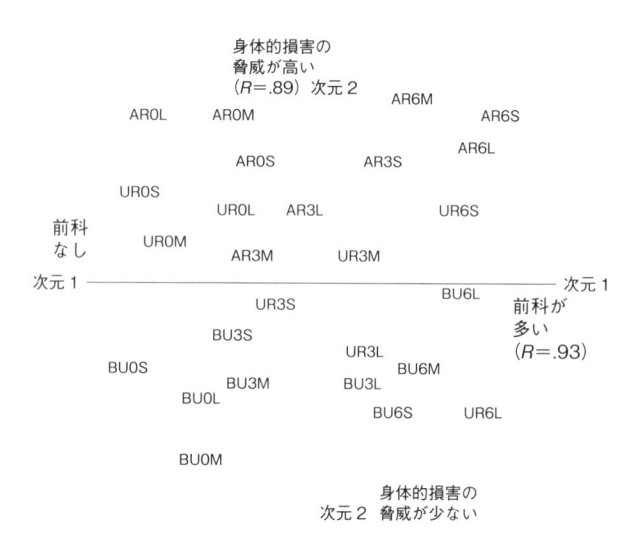

```
            身体的損害の
            脅威が高い
            (R=.89) 次元2
                          AR6M
    AR0L   AR0M                    AR6S
                  AR0S
                         AR3S    AR6L
           UR0S
                  UR0L   AR3L    UR6S
前科
なし    UR0M
              AR3M   UR3M
次元1 ─────────────────────────── 次元1
              UR3S         BU6L    前科が
                                   多い
         BU3S                      (R=.93)
   BU0S         UR3L
        BU0L  BU3M   BU3L BU6M
                 BU6S   UR6L
         BU0M
                  身体的損害の
            次元2  脅威が少ない
```

図5.7 二次元解のプロット
レベルは表5.1を参照。

　ローカルミニマムや縮減解のどちらの解も，このデータではみられていない。次元の増加に伴うストレスの減少と比較的低いストレスの値は，悪いローカル・ミニマム解が出てきていないことを示している。図5.7に示したように，犯罪はうまく散らばっており，縮減解もなかったことがうかがえる。

　布置を解釈するうえで，覚えておくべき重要な点は，ストレス関数の量が次元の重要さを意味するわけではないということだ。犯罪セットにおける次元の数の変わりやすさが，ストレスの減少の量に影響するのである。なぜならストレスを計算する式は，より大きな距離により重い重みを与えているからである。たとえば，犯罪ストーリーは情状酌量ができる状況にはあまり関与していない。もし次元においてあまり変化がなければ，有意なストレス値の減少は生じず，MDSの布置にも表れない。このように，MDS研究で妥当性を解釈するための1つの脅威は，関連する次元が評価された項目において非常にわずかな変化しか生じないということである (Schiffman et al., 1981)。

　二次元布置が最適であるとして選択されたなら，次のステップは図5.7に示された布置において犯罪のパターンを説明する次元を特定することである。MDS布置の次元的解釈は，次元に沿った程度に従って，人が判断しているということである。たとえば，被害総額によって犯罪間の区別がされているなら，被害総額が近い犯罪

(50ドル盗まれたのか，75ドル盗まれたのか）は，より遠い犯罪（50ドル盗まれたのか5,000ドル盗まれたのか）よりも似た犯罪として知覚されていることになる。論文でMDS布置をどのように解釈するかを説明するために，解釈の次元的アプローチがされている。

図5.7には表5.1におけるアルファベットラベルを使って犯罪ストーリーをプロットした布置が示されている。この布置の意味を見つけるために線形回帰が行われた。従属変数はデータ収集の節（p.133〜）で記述された両極尺度であり，犯罪ストーリーにおける操作である（前科，被害総額，身体的損害，年齢，武器の有無）。たとえば，身体の損害による知覚された恐怖についての両極尺度評定に対してなされた線形回帰は，以下である。

$$知覚された脅威 = a + b_1 次元1 + b_2 次元2 \qquad (5.1)$$

従属変数は各犯罪ストーリーの知覚された脅威評定の平均値で，独立変数は2つのMDSによって得られた軸の座標である。記号aは回帰方程式の定数であり，bは方向余弦（標準回帰係数），次元1はMDS解の第一次元における座標，次元2はMDS解の第二次元における座標である。

表5.2はそれぞれの測定変数の回帰係数と重相関係数Rである。従属変数は一番左の列である。MDSで得られた次元の従属変数に対する重みがそれぞれ行に示されている。水平方向のMDS軸がもつ回帰係数が，Dim_1列であり，垂直方向の

表5.2 犯罪ストーリー間の関連性の次元における両極尺度の重回帰

高い座標を持つ変数	回帰の重さ		
	Dim_1	Dim_2	R
A. 損害額	.473	.881	.307
B. 身体的損害の深刻さ	.450	.893	.362
C. 薬物依存者	.760	.650	.510
D. 35歳以上の犯罪者	.690	.724	.210
E. 非生産的市民のまま	.993	.118	.921
F. 前科の多さ	.992	.130	.930
G. 身体的損害の脅威の高さ	−.253	−.967	.890
H. 酌むべき事情のなさ	−.434	−.901	.639
I. 計画性	.807	.591	.760
J. 犯罪の種類	−.302	−.952	.950

注：Dim＝次元

MDS 軸がもつ回帰係数が Dim_2 列である。

二次元解を解釈するために，最初の段階では重相関係数 R を検証する。高い重相関係数 R（0.80 から 1.00）は，従属変数が布置における犯罪間関係のパターンにうまく適合したことを意味している。座標が犯罪の位置を示していること，そして犯罪間の関係パターンを決めていることを思い出そう。つまり，高い重相関係数 R は従属変数が布置の犯罪パターンに適合しているということである。

2 つの次元が MDS の水平軸解釈（図 5.7 における次元 1 ）に適していることがわかる。前科の数に対する重相関係数 R が 0.93（表 5.2 の F 行第 3 列）である。犯罪者が生産的な市民になり得るかどうかの知覚に対する重相関係数 R は 0.92（表 5.2, E 行第 3 列）である。いずれも高い重相関係数 R で，これらの次元は犯罪間関係のパターンに重要な影響を与えているといえる。しかし，この 2 つの特徴（以前の犯罪歴と生産的な市民になりそうかどうか）が異なる犯罪に対する一般的な知覚方法について，有意義な説明をする特徴であるという結論を出す前に，他の基準も見ておくべきである。その基準とは，大きな回帰係数である。

この 2 つの次元における回帰係数はとても大きく，そして互いに近い（0.992 と 0.993；F 行，E 行それぞれの第 1 列目である）。前科の回帰係数が 0.992 であるというのは，MDS で得られた最初の次元とこの知覚された次元がとても近いことを意味する。0.992 という回帰係数が示すのは，前科の次元と 7.1 度の角度（回帰係数が 0.992 は $cos\, 7.1$ に相当する）で，MDS で得られた（水平の）第一次元で交わることを意味する。すでに述べたように，小さな角度であることは，二次元 MDS 布置における第一次元の解釈が妥当であることを意味する。前科と生産性はどちらも高い重相関係数 R を示し，MDS の横軸に対する角度が小さいため，横軸には妥当な解釈が 2 つ存在する。回帰の重みが 0.90 以上だと角度が小さくなるが，0.70 から 0.89 の間でも十分であることを思い出してほしい。

2 つ目の次元もまた，2 つの解釈がある。知覚された身体的攻撃と犯罪のタイプは，どちらも高い重相関係数 R を示し（0.89 と 0.95），回帰係数が非常に近い（-0.967 と -0.952）。回帰係数が示すのは軸の方向性で，この重みが MDS の軸とのコサインである。-0.967 という回帰係数は 14.2 度で MDS 第二軸と交わっている。-0.952 は 14.7 度で交わっている。どちらの角度も十分に小さく，次元のもっともらしい解釈を提供してくれる。

各次元に対する 2 つの妥当な解釈がある場合でも，問題とはならない。付加的解釈は，非常に有益なのだ。たとえば，知覚された侵害の脅威は，主観的に広い知覚

であるが，一方で犯罪のタイプは客観的に評価される。この例は，二次元解は2つの基本的解釈よりも多くをもっていることを強調している。付加的な解釈は情報を追加するのであって，競合する説明であるとみなす必要はない。つまり，2つの軸における4つの解釈は，人が適切な罰を選択するときに犯罪の違いをどのように区別しているかについて，より完全な理解をさせてくれるものである。

　この仮説的な例では，ある犯罪的行為に対する罰について人の判断において最も重要なものは何かという問題に対処した。二次元MDS解は近接データに最もうまく適合している。回帰分析の結果に基づけば，最初の次元は2つの解釈ができる。犯罪者が生産的な市民になれるかどうかと，前科の数についての認識である。第二次元も2つの解釈ができる。物理的危害の恐怖と犯罪の種類（侵入盗か，武装強盗か，非武装強盗か）である。

　何がここからわかって，こうした知見をどう使ったらいいのだろうか？　これらの解釈それぞれを使って政策を立てるために意味するものは何で，どうやってある犯罪者を罰する判断をすればいいのだろうか？　2つの犯罪の類似性判断は，彼らが同様の罰を受けるべきか，違う罰を受けるべきかに関係していたことを思い出そう。見いだされた次元はそれぞれ，差別に等しく影響していたり，不均衡な罰であったりするのだろうか？　その答えはノー！だ。生産的な市民となる可能性のような主観的知覚は，前科のような客観的特徴よりも，人種，性別，性的志向といったバイアスにおける識別性や異なる取り扱いに影響を与えやすい。一定のガイドラインを作成するという目的に沿うならば，犯罪の客観的特徴のほうが主観的知覚よりも犯罪間の識別に適切である。一方，主観的次元は妥当な量刑に関する判断において人々がどのように犯罪を比較するのかについての理論モデルを一般化することができる。広い理論的なモデルは，犯罪者が生産的な市民になりそうかどうかということについての知覚に関連する犯罪ストーリーの，他の関係する特徴を特定できるかもしれない。たとえば，前科三犯の泥棒が，薬物セラピーをしっかり受けて，少なくともこの6か月はよい労働者であったというときに，薬物セラピーを避けて働いたことのない人とは，はっきり違っていると見なされる，というように。このように，主観的次元は学問志向的な調査に適用され，前科のような客観的特徴はガイドラインの作成や立法に適用される。

8 結 論

　本章では，MDS の有用性を，学術的な側面から応用的側面まで広く扱った。それから，MDS 手続きの2つの大きな区別（二元，三元 MDS と，計量・非計量 MDS）をした。二元の非計量 MDS がどのように項目間関係の構造を発見するのかを概念的に説明した。技術的な言葉を使うことなく，統計的概念と問題，論文に書かれている MDS の結果をどうやって解釈するかについて言及した。

〈謝辞〉
　Grimm, L. G., Upshaw, H. S., Yarnold, P. R., そして本章をよりよいものにする多くの有益な意見をくれた2名の匿名のレビュアーに感謝する。著者の旧所属はジョージア州大学の准教授，現所属はロヨラ大学の刑事裁判の准教授である。

推薦図書

　本章は二元 MDS を理解するのには十分な情報を提供したが，自分自身の研究で実際に統計的ツールとして MDS を使うには不十分であろう。さらに MDS について知りたい読者は，以下の文献を参照してほしい。Guttman (1968) は MDS の解釈の別の方法について詳述している。Kruskal & Wish (1978) は非計量二元 MDS と個人差尺度（三元）MDS の両方について記載がある。Schiffman et al. (1981) はいくつかの三相 MDS 手法について統計的な概念を論じており，それぞれの方法で分析するコンピュータプログラムについての情報も提供している。Rabionowitz (1986) は非計量二元 MDS と，個人差尺度 MDS について少し情報提供している。Shepard (1972) はデータ収集法と MDS についての導入をしているし，Torgerson (1958) は尺度化一般について概念的な解説をしている。

用語集

R^2　従属変数と基準変数がどれぐらい強くあるいは弱く関係しているかを示す別の測度。R^2 は従属変数の分散が基準変数にどれほど依存しているかのパーセンテージを示す。

回帰係数〈Regression Weights〉　布置に見いだされた次元の方向や角度によって変数が示される数値。

距離〈Distance〉　2つの項目の間の空間で，直線で測定されるもの。MDS は近接行列を計算する。

近接性〈Proximity〉　2つの項目間の類似性あるいは違いを示す数字。MDS は近接データを

分析する。

近接性プロフィール〈Profile Proximity Measure〉　近接性に変換されたデータ。類似性ではないものとして収集されたデータの変換としては，相関係数にするものがある。

グローバル・ミニマム解〈Global Minimum Solution〉　どのような距離データにとっても最良の MDS 布置。

最急降下法〈Steepest Descent〉　解を得るための MDS プログラムで使われる分析手続き。反復計算法である。

座標〈Coordinate Numbers〉　MDS によって算出された数字で，各項目の布置を位置づけることができるもの。これらの数字は MDS 布置のパターンを解釈するときの統計的な手法において基準変数となる。

座標軸〈Coordinate Axis〉　MDS によって算出された次元。点のパターンの体系的な方向性を示す。

散布図〈Scatter Diagram〉　MDS の計算された距離と元の近接データ間の関係をプロットしたもの。

次元〈Dimensions〉　布置における点のパターンの方向性。調査者は布置から解釈や体系的方向性を見いださねばならない。

次元性〈Dimensionality〉　MDS 布置においてある点が位置づけられるのに必要な座標軸の数。

重相関〈Multiple R Correlation〉　基準変数（たとえば MDS 座標）がどれぐらい弱く，あるいは強く従属変数と相関しているかの測度。

縮減〈Degeneracy〉　MDS の解を求める中で生じうる問題で，数個の小さなクラスターの中に項目の座標が位置づけられてしまうこと。

ストレス〈Stress〉　布置がデータにどれほど適合しているかを示す測度。ストレスの範囲は 0 から 1 で，0 が最善の適合を示し，1 が最悪の適合を意味する。

布置〈Configuration〉　近接データを使って MDS によって算出された項目どうしの位置関係を空間的に示したもの。

ローカル・ミニマム解〈Local Minimum Solution〉　最適とは言えない MDS 布置。

第6章

クロス集計されたデータの分析

Willard Rodgers

　本書の他の章は，量的なデータを分析するのにふさわしい手法について論じている。どれぐらい大きいのか，どれぐらい多いのか，どれぐらい頻繁に生じるのか，どれぐらい長いのか，といったデータである。しかし，量的な用語で記述することができない現象に興味があることもある。どの種の，どんな状況で，といったようなことである。このときは，質的な情報を効果的かつ有意義に分析することができるデータ分析法が必要とされる。

　次の2種類の情報についての例を比較してみよう。まず，合衆国における収入の分布を検証したいとする。そうするために，われわれはすべての世帯主を代表するサンプルの1年間の全収入をデータとし，全世帯主の平均年収を推定するかもしれない。あるいはまた，収入が少なくある水準以下の人，裕福なある水準以上の人に区分して収入のそれぞれのおもな収入源を検証し，それを労働収入，投資収入，個人年金，国債などに分類するかもしれない。

　ドルでの収入の定量的データを用いて，世帯主が男性である場合と女性である場合のような，異なる種類の世帯間で平均収入の比較，あるいは所得と世帯主の年齢との関係について検討したい場合もあるかもしれない。さらに，1992年と1980年の所得の分布を比較する，米国と他国の所得の分布を比較する，といった目的もあり得るだろう。本書で示されているさまざまな手続きによって，これらの定量的変数を含む問題に対応することができる。たとえば，重回帰分析によって2人の子どもがいる母子家庭の年収を予測することができる。また，分散分析によって，母子

家庭と父子家庭の収入の間に有意差があるかどうかを明らかにすることができる。どちらの例でも，従属変数は量的変数，すなわち収入額である。

本章では，二番目のタイプのデータに焦点を当てる。つまり，量的というより質的といわれるデータであり，数とか総量といった言葉で量化される次元に一致しないものである。たとえば，世帯のおもな収入源のデータが与えられたとき，われわれはこの世帯の特性と他の特性，たとえば大人の男性がいる世帯なのか，その年齢や教育歴はどうかといったものとの関係を検証したいと考えるだろう。世帯主の他の特性というのは，質的なものかもしれない。たとえば，人種，ジェンダー，結婚しているかどうか，などである。

質的データを分析するための最も一般的な手続きは，関心のある特性のそれぞれに対して，個人を単純にクロス分類する方法で構成されている。表6.1は二変数のクロス分類（あるいは分割表という）の例である。この表では，1992年の調査で得られた高校3年生についての情報がクロス分類されている。このデータについては，このあとでもう少し詳しくふれる。今はただ，この表に注目してもらって，3年生がもつ2つの特徴に目を向けてほしい。つまり，どこに住んでいるかと，不道徳なドラッグを人生で使ったことがあるかどうかという点だ。居住地域は質的な変数である。なぜなら，居住地域に関連する，測定可能な量がないからだ。他の変数，ドラッグの使用は，量的にできなくもない。たとえば，高校生時代どれぐらいの期間使っていたかとか，買い求めた量とか，こうしたドラッグの市場価格とかであるが，こうしたドラッグの多様性について，それぞれの高校生を特徴づける量が1つの次元にない。その代わりに，この表では，高校生はたんにマリファナ，ピル（アンフェタミン，幻覚剤，バルビツールなど），ヘロインを今まで使ったことがあるかどうかで分類されている。われわれはこの表から，たとえば，ドラッグを使っていない北東部の高校生は1,750名だが，人生においてマリファナを少なくとも1回使っ

⑤ 表6.1 米国の各地域の高校3年生における違法薬物使用のクロス分類表

米国の地域	n				
	薬物使用経験がない	マリファナのみ	少量のピル	一定量のピル	ヘロイン
北東部	1,750	498	313	304	23
中央北部	2,544	641	461	547	53
南部	2,851	665	468	503	49
西部	1,511	496	294	367	33

注：反応は過去および現在の使用に基づいている。

たことがある（他のドラッグは使っていない）と回答したのが498名いることがわかる。同様にこの2つの特徴についてあと18の組み合わせがある。

クロス分類表で定義される変数の各カテゴリーは，網羅的かつ排他的でなければならない。つまり，すべての人が各変数に対して1つの，そして1つだけのカテゴリーに含まれなければならない。相互に排他的であるというのは，カテゴリーを区別するはっきりとした基準ができていなければならないことを意味する。今回の例では，居住区域は場所とデータが収集された日付によって定義されており，ある地域から別の地域へ移動した高校生にも1つの地域をはっきりと割り当てるというルールになっている。同様に，不道徳なドラッグを使ったというリスト最後の高校生も，ルールによって，マリファナやピルを使ったかどうかにかかわらず，ヘロインを使ったら第五のカテゴリーに入るようになっている。

クロス分類表について，こんな注意をしておくといいかもしれない。ある変数が表の行になったら，行の数（文字Iで示す）は行変数によって区分されるカテゴリーの数と同じになる。われわれの例では，行変数は住居地域で，$I=4$である。2つ目の変数が，表の列を定義し，列の数（文字Jで示す）が列変数で区分したカテゴリー数と同じになる。われわれの例では，列変数は薬物の使用で，$J=5$である。表のセルは行と列の変数の組み合わせによって定義されるから，セルの数は単純に$I \times J$になる。例では，セルの数は$4 \times 5 = 20$である。これらのセルで，南部に住んでいる（住居地域変数の第3行）人で一定量のピルを使った人（薬物利用の第4カテゴリー）という組み合わせであれば，503名の高校生がそのセルの中に入る。各変数のカテゴリーは相互に排他的である必要があるから，この503名の高校生はこのセルにだけ配置されていることになる。そして，各変数は網羅的でなければならないから，すべての高校生は表の20セルの内どこかに配置されることになる。

一度に2つ以上の変数でクロス分類することもできる。たとえば，まず男子高校生だけを見て，上のような表をつくり，そこで居住地域とドラッグを使うかどうかで男子を分類する。そして下半分には女子を同じような特性で分類する，というように。他にも，同じセットを1980年に高校生から取られたデータと1992年に取られたデータを比較するためにくり返すこともできる。二変数についてのクロス分類表のように，二変数以上のクロス分類表も変数の各カテゴリーは網羅的で相互に排他的であり，各観測値はどこかのセルに，そして1つのセルだけにあてはまる。

クロス分類を二変数以上に拡張するためには，まず各変数のカテゴリーの数を数える必要がある。具体例として，4つの変数にしたがって高校生をクロス分類する

場合を仮定しよう。先ほどの例と同じ二変数（居住区域および違法薬物の使用）に加えて，ジェンダーと年の変数でも分類するのである。最初の変数のカテゴリー数は文字Iで表現しよう（つまり，$I=4$であれば居住地域に関するカテゴリー数は4であるということ）。第二変数のカテゴリー数はJ（つまり$J=5$が，ドラッグの使用についてのカテゴリー数），第三変数についてのカテゴリー数はK（$K=2$がジェンダーのカテゴリー数），第四変数はLで表す（$L=17$が1976年から1992年までのカテゴリー数）。このように，変数はいくつでもクロス分類に使うことができる。セルの数はこれらの変数のカテゴリー数の積になるから，$I \times J \times K \times L \times \cdots$である。たとえば，われわれの例では，$4 \times 5 \times 2 \times 17 = 680$である。

このように，2つ以上の変数をクロス分類した分割表は，事前にそのセルの数が決められている。実験や観察の研究によって明らかになった度数や観測数が，これらのセルに入れられる。多くの場合，この度数というのはセルをまたいで同じ数字になることはない。あるセルの観測度数は多く，他のセルは比較的少数，あるいは存在しない場合もある。これらの度数から何がわかるだろうか？　また，クロス分類によってどのような種類の疑問に回答することができるだろうか？

研究における最も基本的な問いは，2つの変数の間になんらかの関係があるかどうかということである。すなわち，個人のある特徴（たとえば，居住区域）が他の特徴（たとえば，違法薬物の使用）についてなんらかの情報を提供するであろうか？　もし二変数の間に関連があった場合，その関連の性質や強さはどのようなものだろうか？

三変数以上のクロス分類においては，さらに複雑な（そして興味深い）問題に取り組むことができる。たとえば，もし居住区域と違法薬物の使用に関連があるとき，それは男子において女子よりも強いであろうか？　あるいは，そのような関連は，該当生徒の居住区域の種類（たとえば，大都市，街，農村）を統制すると消失するであろうか？

クロス分類表の分析（あるいは分割表分析ともよばれる）はとても柔軟であるため，ある程度有効なテクニックである。このアプローチにおいては，定量的な測定を行う必要はない。また，カテゴリーに順序を割り当てる（たとえば，少量の違法薬物を使用したことのある生徒は，そのような薬物を大量に使用してきた生徒と，マリファナの使用経験のみがある生徒との中間に位置する，など）必要もない。必要なのは，それぞれの変数について，相互に排他的なカテゴリーに個人を分類することだけである。一方で，もしカテゴリーに順序を割り当てることができるのであ

れば，そのような情報を分析に用いることもできる．たとえば，高校生を学年平均に沿って5つか6つのカテゴリーに分類するかもしれないし，目的によってはたんに順序化されていないカテゴリーに入れることもできる．また，こうしたいくつかのカテゴリーの背後に潜む量的な次元を使うこともできる．

分割表の分析においては，ある特定の変数を，他のいくつかの変数によって説明しようとする従属変数として扱う必要はない．なぜなら，この分析手続きはたんに変数の組み合わせに対する個人のクロス分類によって行われ，すべての変数は等価に扱われるからである．一方で，なぜ個人がある変数の特定のカテゴリーに所属するのか（たとえば，高校生における薬物使用のさまざまなレベルにはどのような要因が関係しているか）を明らかにしたい場合には，クロス分類表の分析は柔軟にこのような問いに対応することができる．

導入部分が長くなったが，これで分割表のより詳細な検査，この手法を使って位置づけることができる問題の範囲について，準備ができた．しかしそうする前に，例で使おうとしているデータについて見ておこう．

1 未来をモニタリングする
―― モニタリング・フューチャー研究 ――

毎年，何千もの高校3年生がアメリカの若者における薬物使用の頻度の調査研究に参加している．本章では，この調査で得られた多くの質問の一部を扱うため，研究の概要について知っておいたほうがよいだろう．

この研究は「未来をモニタリングする（モニタリング・フューチャー）研究」とよばれる．なぜなら，高校の高学年クラスについて連続的に多くの社会的指標を測定しており，彼らがその後，20代からそれ以上の年代へと成長していく中で，成人人口のどのような位置を占めるかを予測することができるからである．モニタリング・フューチャーにおいてこの質問に答えた最初のグループは，高校を1975年に卒業した年代である．なので，このクラスのほとんどの人が今や（1994年の段階で）37歳になっている．

この研究は国立薬物乱用研究所の助成を得ており，主たる目的は合法・非合法ドラッグ両方の使用についての傾向，レベルの情報を提供することである．しかし，この研究では教育・職業計画，性役割，家族の価値と期待，宗教・政治的態度，重

要な社会問題への視点，非行と虐待などの多くの態度や行動も測定している。この研究はミシガン大学の研究チーム（Lloyd Johnston, Jerald Bachman, Patrick O'Malley ら率いる）が実施している。データはだれでも利用可能であり，多くの文献がこれらのデータの分析に基づいて書かれている。この研究のデザインやコンテンツに関する情報はどこでも利用可能である（たとえば，Bachman, Johnston, & O'Malley, 1989）。

マリファナやコカイン，LSD といった調査の対象となった薬物のほとんどは違法である。他のアルコールやニコチンなどは，10代の若者が合法的に購入することはできず，親や教師から叱りつけられる類のものである。そう考えると，これらの質問に対する回答を信用してよいものだろうか？　多くの高校3年生が違法薬物の使用を認めることに躊躇する可能性は高いのではないだろうか？　これはモニタリング・フューチャー研究をデザインする上で熟慮すべき点であり，答えが開示される懸念がないことが回答者に確約された。調査票は授業中に実施された。調査対象者は冊子の質問を読み，回答を書き込んだ。したがって，本人以外にはだれも回答を見ることはできなかった。質問紙にはいくつかの種類があったため，調査対象者の回答を特定することはできない。

各学校におけるこの研究の管理者は，生徒の回答の機密保持に細心の注意を払い，とくに，学校あるいは家庭のだれにもそれらの回答が見られることがないようにした。管理者はまた生徒に対して，もしいずれかの質問が生徒自身や両親に好ましくないものであれば，質問に答えなくてよいことも伝えた。

回答者個々人の答えを検証するのは不可能だが，サンプル全体から得られた答えの分布は，他の情報源からの情報と比較され，この比較が再確認されていく。さらに，他の非直接的な手法で反応の全体的な正確さを評価し，データがよい品質を保つような再保証を提供する。まったく率直に質問に答えたわけではないという高校生がいることは疑えないが，すべての指標から，データは一般的に言って，ある程度正確なアメリカの若者像を提供している。

2　オッズとは何か？

高校3年生が毎年回答した質問のいくつかは，彼らのジェンダー，人種，居住地域，都会度（市，町など）などの基本的な情報を得るために用いられた。これらの

単純なカテゴリー化はサブグループ間の違いを検討するために必要であった。たとえば，南部に住む若者は西部に住む若者と比べてより多くのアルコールやコカインを摂取するだろうか？

　これらの基本的な情報のうちの1つは，調査対象者のジェンダーを問うものであった。1992年の調査では，14,371名中6,767名が男子，7,604名が女子であった。すなわち，男性はこの年の調査対象者の半数以下であった。より正確に言えば，調査対象者の半数以下である47.1%が男子であった。高校の生徒が，紙片に自身のジェンダーを問う質問があってそれに回答を書き込むことを想像してみよう。そしてわれわれが14,371名の回答者から回収したこれらすべての紙片が大きなバッグに入れられて，そこから一枚だけランダムに取り出したとしよう。その紙片が「男性」にマークしてある確率が47.1%で，これは$p = 0.471$と表される。このことを別の用語で表現すると，オッズとなる。つまりオッズとは，あるカテゴリーに入るケースに対する他のカテゴリーに入るケースの数の比率である。14,371枚の紙切れの中で，「女性」とマークされた紙片に対して「男性」とマークされた紙片を選び出すオッズはどれぐらいだろう？　男性のマークが6,767で，女性のマークが7,604であるから，このオッズは6,767対7,604，つまり0.890が，ある紙に「男性」とマークされているオッズである。逆に，「女性」とマークされているオッズは7,604対6,767なので1.124である。

　簡単なルールを述べておこう。あることが生じる機会と生じない機会が等しければ，オッズはちょうど1である（これは確率0.5に一致する）。もし生じる機会が生じない機会よりも小さいなら，オッズは1よりも小さくなる（これは確率0.5よりも小さい）。もしある出来事が生じる可能性がまったくなかったら，オッズも確率もどちらも最低の0である。もし生じない確率より生じる確率のほうが高ければ，オッズは1よりも大きくなる（これは確率が0.5よりも大きい）。もしある出来事が確実に生じるなら，確率は上限の1で，オッズは無限大になる。つまり，オッズの上限はない。さて，もしサンプルにおける男性の数が女性の数と同じであれば，男性に対するオッズは正確に1になる。もしわれわれのサンプルのように，男性のサンプル数が女性のそれよりも少なかったら，男性に対するオッズは1より小さくなる。そしてもしサンプル中の男性の数が女性の数よりも大きかったら，男性に対するオッズは1よりも大きくなる。

　1992年のデータでは，モニタリング・フューチャーのサンプルにおける男性のオッズ（0.890）は1より小さく，それほど大きくない。オッズは，先ほど調査対象

表6.2 1992年の「モニタリング・フューチャー」研究のジェンダー分布

ジェンダー	n
女　性	7,604
男　性	6,767
男性のオッズ	0.890

者の47.1％が男子であった，あるいはランダムに取り出された調査票が男性のものである確率は0.471であったと述べたのと同じように，男子と女子の分布を記述する方法を提供する。表記方法はさまざまであるが，これらの指標はすべて同じ内容を表している。

それではなぜ，オッズという概念の導入が必要なのかという疑問が生じるかもしれない。本章の狙いが，たとえばジェンダーのようなたった1つの特徴についてサンプルの構成を記述することであれば，それは時間や資源のむだであると思われるであろう。しかし，本章の狙いは単純な1つの特徴についての一時的なサンプルの記述にはとどまらない。2つや3つ，あるいはそれ以上の特徴の関連について考慮する際には，オッズという概念が非常に有効であることに気づかされるであろう。

後の議論のために，表6.2に1992年のサンプルにおける男女の分布の要約を示した。男子のオッズはサンプルにおける男子の人数（6,767）と女子の人数（7,604）の単純な比，すなわち6767/7604 = 0.890を表している。

2.1　特定のタイプの人々におけるオッズとは？

アメリカの若者の間で最も有名なドラッグといえばマリファナだ。モニタリング・フューチャーの調査では，高校生にいくつかの質問をして，かつて，そして現在マリファナを使ったことがあるか，それを手に入れるのはどれぐらい簡単だったか，それを使う人をどう思うか，と聞いている。質問の1つは次のようなものだ。「あなたが人生において，マリファナ（葉っぱでもポットでも）やハッシッシ（ハッシ，ハッシオイル）に手を出す機会（あるとすれば）はどれぐらい多くあると思いますか？」。1992年には14,371名の高校生が回答していて，そのうち9,722名がけっしてマリファナやハッシッシに手を出さないと回答した。1,398名は一度や二度（吸入するかどうかについては言及していない）。759名が3～5回だった。469名

◎表6.3　調査対象者のマリファナ使用

マリファナ使用	n
使用経験なし	9,722
使用経験あり	4,649
使用経験ありのオッズ	0.478

が6〜9回，580名が10〜19回，456名が20〜39回，960名が40回以上使うと回答した。さらに，それから，4,649名がかつてマリファナをやっていたといい，それに対して9,722名がまったくやっていないと回答している。もしここで14,371名の高校生の中から1名をランダムに選び出したら，使用経験のある4,649人の使用経験のない9,722人に対するオッズは0.478だから，それがマリファナを使っていたと回答する高校生のオッズになる。表6.3はこの情報を要約したものだ。

さて，この次のステップで，例えば女子学生のような，ある特定の種類の学生を選択するとしよう。既に見たように，7,604人の女子学生が1992年に回答している。この女子学生のなかで，5,391人が決してマリファナをしていないといい，残っている2,213人が少なくとも一回はしたことがあると回答している（表6.4参照）。つまり，もし我々がこのサンプルからランダムに女子学生を選択したら，そのオッズは2,213の5,391に対する比率で0.410になり，これは彼女がマリファナを使ったと報告する率なのである。これらは条件付きオッズとよばれる。なぜなら，男性ではなく女性である学生を選ぶという条件があるからだ。女性に対する条件付きオッズは，無条件オッズの0.478，つまりすべての学生の，ジェンダー関係なしの，1992年に回答したすべての回答者によるオッズとは異なる。女性の条件付きオッ

◎表6.4　ジェンダーごとのマリファナ使用

マリファナ使用	n
女子生徒	
使用経験なし	5,391
使用経験あり	2,213
使用経験ありの条件付きオッズ	0.410
男子生徒	
使用経験なし	4,331
使用経験あり	2,436
使用経験ありの条件付きオッズ	0.562

ズは0.410で，無条件オッズよりも小さい。これは，もし我々がマリファナを使っている学生を推定しようとしたとき，もしその学生が女性であるとわかればその正解率は下がることを意味する。

もちろん，同様に男子生徒についてのオッズを計算することもできる。1992年の調査に回答した6,767名の男子生徒のうち，4,331名がマリファナの使用経験はないことを報告しており，したがって男子生徒における条件付きオッズは，2,436対4,331，すなわち0.562である。マリファナ使用経験のオッズは，生徒が男子であった場合のほうが，女子であった場合よりも高い。

マリファナ使用に関する新たな知見がもたらされた。つまり，この質問に対する回答は，調査対象者の他の特徴，すなわちジェンダーと関連していた，というのがそれだ。生徒のジェンダーが明らかになれば，われわれはその生徒のマリファナ使用のオッズについて見立てを変えるだろう。女子生徒であればオッズは低くなり，男子生徒であればオッズは高くなる。表6.5に結果を要約した。

また，生徒がマリファナを使ったかどうかが明らかである場合に，ジェンダーについてのオッズを切り替えることもできる。先述したように，ランダムに選択した生徒が男性である場合のオッズは6,767対7,604，すなわち0.890であった。生徒がマリファナを使用したことがないとわかってるときには，その生徒が男性である条件付きオッズは4,331対5,391，すなわち0.803となる。反対に，生徒がマリファナの使用を報告したという条件下での，その生徒が男性である条件付きオッズは2,436対2,213，すなわち1.101となる。表6.6に結果を要約した。

⑤ 表6.5 マリファナ使用を報告した生徒における，ジェンダーごとの条件付きオッズ

マリファナ使用	女子生徒	男子生徒
使用経験なし	5,391	4,331
使用経験あり	2,213	2,436
使用経験ありの条件付きオッズ	0.410	0.562

⑤ 表6.6 男子生徒における，マリファナ使用に基づいた条件付きオッズ

マリファナ使用	女子生徒	男子生徒	男子生徒の条件付きオッズ
使用経験なし	5,391	4,331	0.803
使用経験あり	2,213	2,436	1.101

さて，他の変数ペアによる回答者のクロス分類をしてみよう．本章の導入部分を思い出してほしい．われわれは 1992 年のモニタリング・フューチャーの回答者をクロス分類した．それはドラッグの使用報告と，彼らが住んでいる国の地域によるものであった．さて今度は，マリファナを経験したことがあるオッズが地域に関係しているかどうかを問いたいわけである．各地域に住んでいる回答者の数は次の通りである．北西部が 2,888 名，北中央部が 4,246 名，南部が 4,536 名，残りの 2,701 名は西部である．さて今から，南部に住んでいる人とその他の地域に住んでいる人を比べたい．南部以外の 3 つの地域に住んでいる人の数を合計することで，ランダムに選んだ高校生が南部に住んでいるオッズは 4,536 対 9,835 で 0.461 であることがわかる．

南に住んでいない 9,835 名の生徒のうち，3,307 名がマリファナの使用を報告しており，したがって南部以外に住む生徒の中でのマリファナ使用者の条件付きオッズは，3,307 対 6,528，すなわち 0.507 である．南部に住んでいる 4,536 名の生徒のうち，1,342 名がマリファナの使用を報告しており，したがって南部に住む生徒の中でのマリファナ使用者の条件付きオッズは，1,342 対 3,194，すなわち 0.420 である．表 6.7 に結果を要約した．

この関連について，別の視点から見ることもできる．ある生徒がマリファナを使用したことがないとわかっているとき，その生徒が南部に住んでいるという条件付

表 6.7 マリファナ使用を報告した生徒における，地域ごとの条件付きオッズ

マリファナ使用	n 南部以外	n 南部
使用経験なし	6,528	3,194
使用経験あり	3,307	1,342
使用経験ありの条件付きオッズ	0.507	0.420

表 6.8 南部に住む生徒における，マリファナ使用に基づく条件付きオッズ

マリファナ使用	n 南部以外	n 南部	南部の条件付きオッズ
使用経験なし	6,528	3,194	0.489
使用経験あり	3,307	1,342	0.406

きオッズは3,194対6,528,すなわち0.489である。一方,ある生徒がマリファナ使用の報告をしたとわかっている場合には,その生徒が南部に住んでいるという条件付きオッズは1,342対3,307,すなわち0.406である。表6.8に結果を要約した。

2.2 違うタイプの人のオッズはどのように違ってくるのか

　さてわれわれは,マリファナを使ったことがある高校生は,その高校生が男性なのか女性なのかでオッズが違ってくることを確認した。これは2つの変数間の関係の性質を示しているということに留意すべきである。マリファナの使用はジェンダーと関連している。また,マリファナ使用のオッズは生徒が南部に住んでいるか,その他の区域に住んでいるかに応じても異なっていることが示された。したがって,マリファナの使用は居住区域とも関連している。この節では,二変数の関係の強度の説明に踏み込んでみよう。

　二変数間の関係についての情報を1つの数字で表すというのは,得てして便利なものである。たとえばジェンダーとマリファナの使用についての関係性,その強さについて何か言及したいことがある,あるいは,比較可能な命題がほしいこともある。マリファナと居住地域の関係は,マリファナとジェンダーの関係より強いのか？　弱いのか？　といったようなことだ。こうしたことを表す数字はオッズ比とよばれる。それはたんに2つの条件付きオッズの比率で表される。

　マリファナ使用についてのオッズを思い出してみると,生徒が女性であり,マリファナ使用経験があるという条件付きオッズは0.410,男子生徒でマリファナ使用経験があるという条件付きオッズは0.562であった。男子生徒の条件付きオッズを女子生徒の条件付きオッズで割ることで,オッズ比を得ることができる。0.562÷0.410の値は1.370である。したがって,高校3年生におけるマリファナ使用経験についてのオッズは,男子生徒のほうが女子生徒の1.37倍高い。表6.5を拡大して結果を要約したものを表6.9に示した。

　これらの関係について,生徒が男性であるという条件付きオッズが,マリファナの使用経験に応じて異なっているかどうかという別の側面からも着目したことを思い出してほしい。マリファナ使用経験者の間では,男性であるという条件付きオッズは1.101であったのに対して,使用経験がない場合は,条件付きオッズは0.803であった。表6.9に示された2つの条件付きオッズの比を使う代わりに,こちらの2つの条件付きオッズの比を使って,ジェンダーとマリファナ使用の関係を要約す

⑤表6.9　ジェンダーごとのマリファナ使用のオッズ比

マリファナ使用	女子生徒	男子生徒
使用経験なし	5,391	4,331
使用経験あり	2,213	2,436
使用経験ありの条件付きオッズ	0.410	0.562
オッズ比	1.370	

るとしたらどうだろう？　オッズ比の値を計算すると，違いがないことがわかる。つまり，1.101/0.803 は 1.370 で，0.562 を 0.410 で割ったのと正確に同じ数字（ただし，丸め誤差[1]はあるとして），になる。どの方法で2つの変数間関係を見たかにかかわらず，オッズ比は同じ値になる。男性という条件のもとでのマリファナ使用者のオッズは，使っていない人の 1.370 倍であるし，マリファナを使う人の男性は女性の 1.370 倍なのである。もしあなたが二通りのオッズ比の計算手順について考えたら，なぜ答えが同じになるかは見てわかるだろう。

$$\frac{2{,}436/4{,}331}{2{,}213/5{,}391} = \frac{2{,}436/2{,}213}{4{,}331/5{,}391} = 1.370$$

二変数の関係についての要約を表 6.10 に示した。

オッズ比は二変数間の関係性を教えてくれる。この数字が1を超えているので，薬物使用者のオッズは女性より男性において高い（そして男性のオッズは，使ってない人より使用者のほうが高い）ことがわかる。数字がちょうど1であれば何の関係もないことがわかる。すなわち，そのときはマリファナ使用経験者の条件付きオ

⑤表6.10　ジェンダーとマリファナ使用の関係

マリファナ使用	女子生徒	男子生徒	男子生徒の条件付きオッズ
使用経験なし	5,391	4,331	0.803
使用経験あり	2,213	2,436	1.101
使用経験ありの条件付きオッズ	0.410	0.562	
オッズ比		1.370	

◇1　丸め誤差とは，四捨五入などして桁数を揃えた数字を合計しても，正確な数字にならないことをさす。

ッズはジェンダーに依存していないと判断される。この値が 1 より小さければ，使用者の男性のオッズは女性よりも低い（そして男性のオッズは，使ってない人より使用者のほうが低い）ことがわかる。

オッズ比は二変数間の関係の強さもまた教えてくれる。オッズ比が 1 から離れるにしたがって，条件付きオッズの差は大きく，二変数間の関係は強くなる。オッズ比の下限は 0 であるが，上限はない。この非対称性によって，オッズ比は関係性の強さの尺度として使いにくいものになっており，別の尺度がしばしば用いられる。オッズ比の対数である。

高校数学は忘れてしまった，という読者のために説明しておくと，ある数値の常用対数とは，10 を何乗すればその数と等しくなるかという数のことである。たとえば 100 は 10^2（10 の二乗）であるため，2 は 100 の対数である。10（あるいは他のどんな数でも）を 0 乗した数は 1 に等しいと定義されているため，1 の対数は 0 である。1 よりも大きな数の対数は 0 より大きくなり，1 よりも小さな数（しかし 0 よりは大きな数）の対数は 0 よりも小さくなる。したがって，1 よりも大きなオッズ比の対数は正の値に，1 よりも小さなオッズ比の対数は負の値になる。

オッズ比そのものではなくオッズ比の対数を扱うことの利点は，分割表における変数のあるカテゴリーの順番が逆転したとき明らかになる。そのとき，オッズ比の対数は符号が変わる（正から負になる，あるいはその逆）が，絶対値は変わらないのである。先ほどの例にもどって考えてみよう。1992 年の高校生調査におけるクロス分類表の分割表に関するオッズ比で，ジェンダーとマリファナの使用経験とが 1.370 であった。つまり，マリファナを使ったことがある人のオッズは，女性よりも男性のほうが 1.37 倍多かったということだ。1.370 の対数は 0.137 である。もしジェンダーの観点を変えてみると，オッズ比は 0.730 になる。マリファナの使用経験のある女性は男性の 0.730 倍である。この逆転したオッズ比，0.730 は，古いオッズ比の逆数（1/1.370 = 0.730）であるが，見てすぐわかるものではない。ところが，オッズ比の逆転したものの対数をとると，−0.137 である。元のオッズ比の対数と絶対値は同じで，符号が違うだけだ。

オッズ比の対数を使う第二の利点は，異なる関係性の強さを比較しやすくなることだ。オッズ比の対数の絶対値がより大きいことは，関係がより強いことを意味する。このことを説明するために，マリファナの使用歴と居住地域の関係の例にもどってみよう。この二変数についていくつかの条件付きオッズがあることを，表 6.11 にオッズ比とともに示した。マリファナ使用経験者であるという条件付きオッズ

表6.11 マリファナ使用と居住区域の関係

マリファナ使用	n 南部以外	n 南部	南部の条件付きオッズ
使用経験なし	6,528	3,194	0.489
使用経験あり	3,307	1,342	0.406
使用経験ありの条件付きオッズ	0.507	0.420	
オッズ比		0.829	
オッズ比の対数		−0.081	

南部に住む生徒においてそれ以外の区域に住む生徒の 0.829 倍となり，南部に住んでいるという条件付きオッズはマリファナ使用経験者において使用経験のない者の 0.829 倍となる。オッズ比の対数は −0.081 である。

オッズ比が 1 より小さいことから，この関係性がわかる。すなわち，南部に住んでいる薬物使用者は，南部以外に住んでいる人よりも少ない。しかし，この関係についてのオッズ比を，ジェンダーと薬物使用経験との関係についてのオッズとどうやって比べたらいいだろう？ ジェンダーとの関係におけるオッズ比の値は 1.370 で，地域との関係の値は 0.829，どちらが 1 に近いだろう？ この比較をするためには，オッズ比の逆数をとる（たとえば，われわれはすでにジェンダーとマリファナ使用者の関係についてのオッズ比の逆数は 1/1.370 = 0.730 と計算したのだった）。しかしオッズ比の対数を用いれば，これらの関係の強さを比較するために新たな計算をする必要はない。ジェンダーとマリファナ使用の関係のオッズ比の対数は 0.137 であり，居住区域とマリファナ使用の関係のオッズ比の対数は −0.081 である。オッズ比の対数の絶対値は前者のほうが大きく，ジェンダーの変数が居住区域の変数よりも強くマリファナ使用と関係しているということがわかる。

3 その差は現実のものか？

1992 年のモニタリング・フューチャー研究の参加者からランダムに生徒を選択するとき，その生徒が男性であるというオッズは 6,767 対 7,604，すなわち 0.890 である。しかし，1992 年の高校 3 年生全体からランダムに生徒を選択したとすると，その生徒が男性であるというオッズはこれと同じになるだろうか？ すなわち，モ

ニタリング・フューチャー研究のサンプルにおいて男性のほうが女性よりもやや少なかったという事実は，すべての高校3年生の人口分布についてなんらかの情報をもたらすであろうか？ 端的に言って，答えはイエスである。モニタリング・フューチャー研究の結果は，すべてではないにせよ，より大きな人口についての情報を提供してくれる。

モニタリング・フューチャー研究で選ばれる高校生とは，すべての高校生に選択される確率が等しくなるように，すべての高校生を代表するものとして選択される（完全に，ではない。調査デザインはもう少し複雑である。たとえば，選択されなかった高校もいくつかあり，また研究が実施された日に登校していなかった生徒も回答できていない。しかし，研究デザインや回答率を解説する章ではないので，実際に生じるものと考えるには十分な程度である，とだけ言っておこう）。そうなっているので，サンプルが代表するすべての高校3年生の母集団について，サンプルが何かを語ってくれるのである。ただし，サンプルは母集団の一部でしかないため，あらゆることがわかるわけではない。

平らなコインを10回投げたとき，そのうち5回は表が出ることが期待されるが，表が3～4回しか出なかった，あるいは6～7回出た場合でも驚きはしないだろう。コインを100回投げたとき，そのうち50回は表が出ることが期待されるが，ちょうど50回になることは稀である。多くの場合，表が出るのは40～60回になるだろうし，もし100回のコイントスにおいて30回やそれ以下しか表が出なかった場合には，コインがゆがんでいることを疑うだろう。統計家たちはこの疑いを確認することができる。平らなコインを100回投げたとき，30回以下しか表が出ない確率はとても小さい。実に25,000分の1，つまり0.00004である。この確率は，ふつう p 値と統計学者によばれており，多くの統計的コンピュータプログラムによって算出される。100回のコイントスに対して30回しか表が出ないという結果が生じる可能性は，コインが平らである場合には（p 値が非常に低いことから）非常に低く，コインがゆがんでいると考えるのが自然である。

高校生の話とコインの話は，もちろん別々の2つの話ではあるが，すべての高校生の大きな母集団からサンプルを取り出して，男子高校生がどれぐらいいるかを数えることと，コインの表がどれぐらい出るかを数えることの間には，同じような原理があるのである。もしあなたが14,371名の高校生を，ちょうど男女半々の母集団から取り出した場合に，完全に男女の数が同じである（つまり，7,185名ずつ）ことを期待するだろう。結果として，サンプルの中に6,767名以上の男子がいる確

率は，かなり少ない。あなたがコインをトスしたときに表が出る回数が少なすぎたときに，あなたが到達する結論である「コインにかたよりがある」というのと同じように，われわれのサンプルデータからは，モニタリング・フューチャーの母集団の男子は半分以下であると結論づける（本章の目的として，われわれはこの結論はここで止めて，母集団の男性が半分以下であるのはなぜか，を説明するのはやめておく。しかし，推測しないわけにはいかない。もしかすると，男性は女性よりも高校3年生になる前に退学する率が高いのかもしれないし，学校を休みがちなので，調査の日に欠席したのかもしれない）。

　一般的に，ある観測のサンプルにおけるあるオッズを得たとき，それがそのサンプルが描こうとする母集団においてある割合を示すかどうかを検証することができる。この問いにどうやって答えるかを正確に言うのは，本章の中ではできないが，重要なことは統計的な検証（検定・テスト）によって答えることができるということを理解することだ。

　説明の都合上，1988年のアメリカにおける高校3年生のマリファナ使用についてのオッズは均等（1対1）であるとする。そして，その1988年のオッズが1992年でも同様であるかどうかを検討する。この問いに答えるために，1992年のモニタリング・フューチャー研究における高校3年生のサンプルでは，4,649名が少なくとも1回のマリファナ使用を報告し，9,722名が一度も使用経験がないと報告したというデータを思い出そう。1992年のオッズは4,649対9,722，すなわち0.478である。ここで，先ほどの問いは以下のように修正される。1992年のサンプルにおけるオッズ（0.478）と1988年のオッズ（1.000）とを比べたとき，両者は1988年から1992年にかけて高校3年生が変化したと判断するのに十分なほど異なっているだろうか？　コンピュータに対してその問いを投げかけると，以下のような答えが得られるだろう。「はい，オッズはほぼ確実に変化しています。なぜなら，母集団のオッズが1.000のままであるとき，1992年のサンプルから得られたオッズが0.478と同じくらい小さい可能性は限りなく低いからです。」（コンピュータプログラムは，たとえば，p値は0.0001以下，といった出力のしかたをするだろうが）。

　さて，提起された問いには回答することができたが，この問いの奇妙な点について考えてみよう。1988年のオッズが均等，すなわち1.000であったとして，マリファナ使用経験のある生徒のオッズは1988年から1992年にかけて変化したであろうか？　この問いが奇妙に思えるところは，1988年のオッズが得られているものとして，1992年のサンプルデータから確率を推定していることである。実際，1988

年にはいかなる国勢調査も行われてはおらず，その年のオッズが本当に 1.000 であったのかどうかを確かめる方法はない。モニタリング・フューチャー研究は 1975 年から毎年行われているため，1988 年にも実施されており，そのサンプルデータを 1988 年のオッズの推定のために用いることができる。ちょうど，1992 年の高校 3 年生から得られたサンプルデータを 1992 年のオッズを推定するために用いたように。両者の年のデータを表 6.12 に示す。

　1988 年のサンプル推定値は，ランダムに選ばれた高校生がマリファナを使っていると答えるオッズが 0.921 である。これは 1992 年のオッズが 0.478 の推定値であることを考えると，少し変わっているようである。オッズ比は 0.478/0.921 で 0.519 となり，オッズ比の対数は −0.285 である。1992 年段階のすべての高校生を母集団として，オッズはこの 2 年間で本当は同じで，サンプルが異なるオッズを示しただけといえないか？　やはり，2 つの公平なコインを 100 回トスしたら，片方は 45 回が表，他方は 56 回が表，ということがまったく偶然に起こるかもしれない。それがここでも起こったと考えられないか？　この特別な問いに答えるために，われわれはすでによく知られている検定を使うことができる。すなわち，Pearson の χ^2 検定である。しかし本章での目的は，二変数以上がかかわり，各変数で 2 カテゴリー以上あるものを考えるため，一般的な手続きとしての，対数線形モデルの書き方とその評価を扱うことにしたい。

　対数線形モデルとそれに関することを完全に理解することは，本章で扱う範囲を超えているが，基本的なアイデアはそれほどむずかしくない。これに親しむことで論文や本になって出版されているこうしたモデルの分析を理解する助けにもなるだろう。対数線形モデルの興味は，クロス分類表の各セルにおける観測度数を説明することにある。モデルはさまざまな種類の効果，要因のパラメータのセットをもっ

⟲ 表 6.12　マリファナ使用と調査年の関係

マリファナ使用	n 1988 年	n 1992 年	1992 年の条件付きオッズ
使用経験なし	7,825	9,722	1.242
使用経験あり	7,206	4,649	0.645
使用経験ありの条件付きオッズ	0.921	0.478	
オッズ比		0.519	
オッズ比の対数		−0.285	

ており，それらはセルの度数に関係している。

　より正確にいうために，年度とマリファナの使用に関する分類表にもどろう。われわれは分類のあるモデルを暗に定めていたが，今度ははっきり示す。モデルは1つのパラメータをもっていて，それは1988年より1992年における高校生のオッズに対応している。そうしたパラメータは典型的には変数の最初の文字で表現されるから，ここではわれわれは年 year を示す Y を使おう。モデルはまた，マリファナを使ったことがあるかどうかというオッズに対応したパラメータももっている。この効果を使用 use の頭文字をとって U としよう。モデルの特定はパラメータを中括弧でくくることで簡潔にするので，われわれのモデルは $\{Y\}\{U\}$ と省略される。

　このモデルの詳細を知っておく必要はないが，このモデルが3つのパラメータの積の形で，表中の各セルの度数を予測するということを知っておくといいかもしれない。その3つのパラメータとは，年のオッズ（項 Y），使用のオッズ（項 U），サンプルサイズのパラメータ，である。われわれはサンプルデータにおいて，オッズが1.00と異なっているかどうかの証拠を探している。しかし，セルの度数の対数をとることで，まったく同じモデルを表現することができる。この修正されたモデルのパラメータは，元のモデルのパラメータの対数となっている。ここで，対数の性質として，2つ以上の数の積の対数は，これらの対数のたんなる和になる，というものがある。したがって，予測されたセルの度数の対数は3つのパラメータ，すなわち年の変数のオッズの対数と，マリファナ使用の変数のオッズの対数と，サンプルサイズの対数の和になる。統計家にとってもコンピュータにとっても，パラメータを乗算するよりも加算するほうが容易であるから，対数をとったモデルで推定する，このやり方が標準的である。このようなセル度数の対数モデルはパラメータ一変換した線形モデルであり，このようなモデルは対数線形モデルとよばれる。

　ここでの問いは，推定した対数線形モデル $\{Y\}$ および $\{U\}$ が，表の各セルの度数を十分に予測するかどうかということである。モデルが実際セルの度数を説明できる，という仮説を検証するためには検定統計量（われわれが手計算するか，コンピュータが計算してくれるもの）が必要である。尤度比 χ^2 統計量がそれで，G^2 と表される（すでに述べたように，これは Pearson の χ^2 統計量と比べることができるものである）。もしこのテストに関して G^2（あるいは χ^2）値と自由度（df）を知っていれば，p 値を算出することができる。今回の例では，$G^2 = 746.55$，自由度は1なので，p 値は 0.001 以下である。この低い p 値は，2つの年のオッズ比における差異が，偶然では起こりえないほど高いことを意味し，言い換えるならばマリフ

ァナの使用が 1988 年と 1992 年では実際にほぼ確実に変化している，ということである。もっと形式的に言うと，検定統計量は，モデル $\{Y\}\{U\}$ が正しいとすると観測度数があり得ないほど高いので，われわれは安心してこのモデルが正しくないと結論づけることができる。

今回のケースでは，モデルを改良して正しいものにするには 1 つの方法しかない。それはもう 1 つのパラメータを入れることである。今度のパラメータは年とマリファナの使用の間の連関についての，オッズ比に関するものである。連関効果は，二変数をアスタリスクでつないだ形で表現される，つまり $\{Y^*U\}$，あるいはたんに $\{YU\}$ とする。さらに，2 つの独立変数におけるオッズパラメータも含むから，第三の連関と合わせて，モデルは $\{Y\}\{U\}\{YU\}$ となる。一般的なやり方として，2 つの独立変数のオッズパラメータは暗黙におかれることがある。いわゆる階層的モデルは，同一の変数の高いレベルの項と低いレベルの項を自動的に内包している。今回の場合，このモデルは Y と U の間の連関を指定するため，階層的モデルは単純に $\{YU\}$ で表され，そして暗黙に Y と U の項，すなわち年とマリファナ使用のカテゴリーに沿った事例の分布も含んでいる。

オッズ比のパラメータ（および 2 つの独立変数のオッズと事例の総数のパラメータ）を含む二変数のクロス分類のモデルは飽和モデルとよばれる。飽和モデルによって予測される度数は観測度数に対して独立である必要があり，検定統計量はゼロ（$G^2 = 0$）でなければならない。推定されるパラメータ（サンプルサイズに対応する定数を含む）は表中のセル数と等しくなり，自由度は 0 になる（$df = 0$）。この場合，モデル $\{YU\}$ がそうなる。

モデル $\{Y\}\{U\}$ がマリファナの使用と年度のクロス分類表におけるサンプルの頻度を説明するのにまったく適していないため，適切な適合度を得るためには，飽和モデル $\{YU\}$ を指定する必要があるということが明らかになった。これらが意味することは，年とマリファナ使用についてのクロス分類においては，オッズ比は 1 ではなく，したがって，二変数の間には連関が生じているということである（あるいは対数においては，オッズ比の対数は 0 ではない）。

ここで，対数線形モデルおよびモデルによって予測された度数に関して留意すべき点がある。もし予測したい度数がたいへん小さなものであれば，検定統計量に関係する p 値は不正確になり，モデルについての結論がまちがったものになってしまうということだ。今回のケースでは，2 つの二値変数に関する高校生の分類であり，4 つのセルそれぞれの度数が 5 以上でなければならないというところであったが，

幸いにして実際そういうデータであった。

4 サブグループ間で関係が異なるだろうか？

　ここまで，個人を二変数のカテゴリーに沿ってクロス分類し，2つの特徴間の関係のみを考慮してきた。高校生がこれまでマリファナを使用したかどうかについて，彼らの3つの異なる特徴に対して，このやり方を3度適用した。その3つの特徴とは，まずは生徒のジェンダー，次いで彼らの居住区域，最後に彼らが高校を卒業した年である。さて，われわれは3つあるいはそれ以上の変数間の関係についての問いに対処したいと思うこともある。たとえば，異なるサブグループに所属する個人において，二変数間の関係が同じなのかどうか知りたいといった場合があげられる。すでに検討した2つの例を参考にすると，1988年と1992年の調査でみられたマリファナ使用経験者が少数であるという傾向は，南部に住む人々とそれ以外の地域に住む人々との間で共通かどうか，といった具合である。次の例では，居住区域，年，

↻表6.13　1988年および1992年における居住区域ごとのマリファナ使用傾向

マリファナ使用	n 1988年	n 1992年	1992年の条件付きオッズ
南部居住			
使用経験なし	2,443	3,194	1.307
使用経験あり	1,789	1,342	0.750
使用経験ありの条件付きオッズ	0.732	0.420	
条件付きオッズの対数	−0.135	−0.377	
条件付きオッズ比	0.574		
条件付きオッズ比の対数	−0.241		
他の地域居住			
使用経験なし	5,382	6,528	1.213
使用経験あり	5,417	3,307	0.610
使用経験ありの条件付きオッズ	1.007	0.507	
条件付きオッズの対数	0.003	−0.295	
条件付きオッズ比	0.503		
条件付きオッズ比の対数	−0.298		

マリファナの使用経験という3つの変数を用いる（表6.13を参照）。

2つの年における，南部の居住者の傾向を見てみよう（表にマリファナ使用経験の条件付きオッズの対数を示す追加の行を加えた。説明については後述）。南部に住む生徒における，マリファナ使用と年の間の関係のオッズ比は0.574であり，南部に住む生徒でマリファナ使用経験者であるというオッズは，1988年においては0.732，1992年においては0.420と減少している。したがってこれらの比は0.420対0.732なので0.574である。これは条件付きオッズ比（南部に住んでいるという条件）であり，その対数は−0.241となる。これは以前すべての高校生を対象に算出した（条件づけられていない）オッズ比の対数である−0.285に比べて，いく分小さな値になっているといえるだろう。すなわち1988年から1992年にかけてのマリファナの使用に関する減少傾向は，全部の地域をあわせた高校生に対して計算されている傾向と南部におけるそれとは少し違っている。

南部以外の地域に住む生徒においては，いくつか留意すべき点がある。南部以外に住む生徒のマリファナ使用と年の間の関係のオッズ比は0.503であり，この条件付きオッズの対数は−0.298となる。マリファナの使用経験者であるというオッズを減少させる傾向は，南部に住む高校3年生（−0.241）よりも，南部以外に住む生徒（−0.298）において少し強くなる。

図6.1を見ると何が起こっているかを理解しやすい。図6.1は南部在住の高校生と非南部在住の高校生の，1988年と1992年の条件付きオッズの対数を示している（表6.13に追加した列を図にしている）。条件付きオッズの対数を図にしたことで，

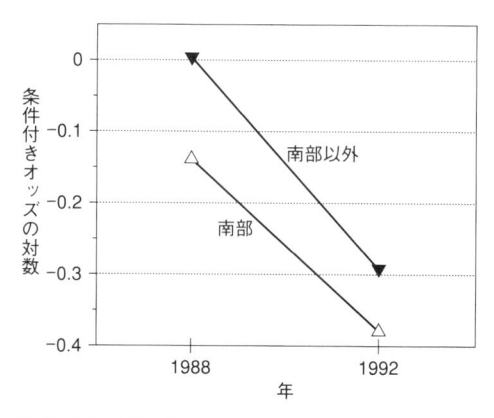

◎ 図6.1　1988年から1992年にかけての居住区域ごとのオッズの対数の変化

条件付きオッズそのものをプロットするよりもはっきりと特徴が描かれている。統計学者が，度数そのものよりもセルの度数の対数のほうを好むのも同じ理由である。

図 6.1 では，かつてマリファナを使ったことがある人の条件付きオッズの対数について，南部以外の高校生のほうが南部の高校生よりも高いことがはっきり示され，どちらの年度でもそうである（非南部在住者の線が南部在住高校生の線より高い位置にある）。そして，1992 年のオッズ比の対数が 1988 年のそれよりも，どちらの地域の高校生に対しても小さくなっていること（傾斜が下向きである）がはっきりわかる。しかし，この二本の線はまったく平行というわけではない。どちらの地区においても傾向は下降しているが，1988 年から 1992 年にかけてこの線が少し近づいているようである。この二線の収束は，オッズ比の対数の絶対値が南部（−0.241）において南部以外の地域（−0.298）よりも小さいという事実を視覚的に表している。このことから，南部に住む生徒は初期の調査（1988）においては南部以外に住む生徒と比べてマリファナ使用経験者が少ないが，その後の減少は南部以外の生徒のほうが大きいということが見て取れる。

さてしかし，われわれはこの傾向における差異がサンプリングによる分散を超えるものであるかどうかを考えたいのである。おそらく，すべての高校 3 年生の母集団において，南部とそこ以外における相対的なオッズ比は独立であり，モニタリング・フューチャー研究で観測された差異は偶然のレベルを超えるものではない。この違いの統計的な有意性を検証するための，対数線形モデルの手続きは次のような手順になる。まず，こうした違いを除外したモデルをつくる。そしてそのモデルが正しければ，今回のこの特別なサンプルにおいて生じたのと同じぐらいの大きさの傾向的差異を，サンプルデータが示す可能性はどれぐらいかを見るのである。モデルの簡略した書き方についてはすでに述べた通りである。ここではまず，3 つの変数それぞれについてのオッズのパラメータをおく。1 つは年度 $\{Y\}$，1 つはマリファナの使用 $\{U\}$，そしてもう 1 つは居住地域 $\{R\}$ である。さらに，変数ペアそれぞれの連関パラメータをおく。年度と使用の連関 $\{YU\}$，年度と地域の連関 $\{YR\}$，地域と使用の連関 $\{RU\}$ である。これらの項を同時に入れると，モデルの表記は $\{Y\}\{R\}\{U\}\{YR\}\{YU\}\{RU\}$ となる。あるいはもっと単純に，$\{YR\}\{YU\}\{RU\}$ としてもよい。モデルは全部で 7 つのパラメータをもっていることになる（サンプルサイズも含むので）。

検定統計量は，尤度比 χ^2 統計量 $G^2 = 6.01$，自由度 1 であり，対応する p 値は 0.014 である。これはモデルを採択するかどうかのカットオフ基準である 0.05 水準

より低い（統計的に有意である，といわれる）。これは，今回のモデル $\{YR\}\{YU\}$ $\{RU\}$ はデータにうまく適合せず，観察されたセルの度数はそのモデルが正しいならばありそうにない，ということを意味している。裏を返せば，2つの居住区域における傾向の差を説明するために，年，居住区域，マリファナ使用の3つの変数の交互作用のパラメータ $\{YRU\}$ を加えてモデルを改良する必要があることを示唆している。先ほどのモデルに新たなパラメータを加えると，モデルは $\{Y\}\{R\}\{U\}$ $\{YR\}\{YU\}\{RU\}\{YRU\}$，あるいはたんに $\{YRU\}$ となる。これは飽和モデルであるため，予測される度数は必然的に観測度数と等しくなり，$G^2 = 0.00$，自由度は0になる。

他のグループでの傾向を比較して，マリファナの使用に対するオッズが他と比べて減少するかどうかを検証し，1988年と1992年の間でオッズを増加させた高校生のグループを見つけることもできるかもしれない。こうした比較例を示すのは，有益なことである。表6.14に示した度数分布表は，この国の南部に住む高校生と他の地域に住む高校生とのものだが，今度は1984年と1988年のデータである。南部に住んでいる高校生は，1984年のオッズ 0.956 から 1988年に 0.732 にまで減少し，

表6.14 1984年および1988年における居住区域ごとのマリファナ使用傾向

マリファナ使用	n 1984年	1988年	1988年の条件付きオッズ
南部居住			
使用経験なし	2,536	2,443	0.963
使用経験あり	2,425	1,789	0.738
使用経験ありの条件付きオッズ	0.956	0.732	
条件付きオッズの対数	−0.019	−0.135	
オッズ比	0.766		
オッズ比の対数	−0.116		
他の地域居住			
使用経験なし	4,011	5,382	1.342
使用経験あり	5,441	5,417	0.996
使用経験ありの条件付きオッズ	1.357	1.007	
条件付きオッズの対数	0.132	0.003	
オッズ比	0.742		
オッズ比の対数	−0.130		

第 6 章　クロス集計されたデータの分析

⟲ 図 6.2　1984 年から 1992 年にかけての居住区域
ごとのオッズの対数の変化

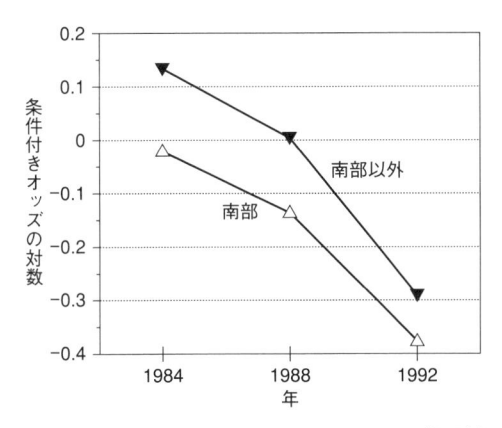

対数オッズ比は -0.116 である。同じ期間，他の地域に住んでいる高校生のオッズは 1.357 から 1.007 に減少，非南部高校生の対数オッズ比は -0.130 である。これらの数字は，南部と非南部の両方でオッズが減ることは同じで，この国のどの地域でも同じような減り方であることを意味している。地域間で 4 年の変化を通じた傾向が異なっているかどうかを検証するために，再びモデル $\{YR\}\{YU\}\{RU\}$ を検証してみよう。このモデルの尤度比 χ^2 値の $G^2 = 0.39$，自由度 1 で p 値は 0.53 であり，この場合モデルはデータの記述に適している。そこでわれわれは，データは 1984 年から 1988 年にかけて地域での傾向の違いを示していない，と結論づけることができる。図 6.2 には，図 6.1 に示された 1988 年から 1992 年にかけてのパターンに加えて 1984 年から 1988 年にかけてのパターンを示している。図が示すのは，1984 年から 1988 年にかけての 2 つの線が平行に近く，そこから 1988 年と 1992 年でいくらか接近したことである（そしてこの図を書くときに，条件付きオッズの対数をプロットした理由がわかってもらえると思う。もし条件付きオッズそのものを示していたら，1984 年と 1988 年がもっと近づいて見えただろう）。

4.1　2 つの変数間の関係を第三の変数が説明することはできるか？

マリファナを使ったことのある高校生に対するオッズは 1988 年から 1992 年にかけて減少している。モニタリング・フューチャーのサンプルデータでこの変化を見ることができ，すべての高校 3 年生という母集団における真の変化を反映している

と考えられる。それでは，何がこのような変化をもたらしたのだろうか？ これはより回答がむずかしく，しかしより重要な問いである。マリファナを手に入れるのがむずかしくなったのだろうか？ マリファナの入手と使用を禁止する法の施行が功を奏したのだろうか？ あるいは，大学受験やその他の長期的な目的のために，生徒がマリファナに手を出す余裕がなくなったのだろうか？ このような問いに回答することは，1990年代にかけての薬物使用の減少傾向を奨励する政策立案者にとって，そしておそらくはそのような傾向を阻止したい薬物の生産者にとっても有益であろう。

マリファナ使用の減少を説明する1つの可能性は，薬物使用にともなうリスク認知の増加である。この説明を妥当なものにするには，まずリスク認知の増加が示されなければならない。各年のモニタリング・フューチャー研究対象者のランダムな下位サンプルには，以下のような質問が与えられている。「ある人がマリファナを一度か二度使用したとき，その人が害を受ける（肉体的にもその他の面でも）リスクはどのくらいだと思いますか？」この質問に対して，「リスクはない」あるいは「わずかなリスクがある」と回答した参加者数と，「ややリスクがある」あるいは「非常にリスクがある」と回答した参加者数の，1989年および1988年の比較を表6.15に示した（リスク認知に関する質問は生徒に配布された調査票の5枚に1枚にしか含まれていなかったため，この表に示された人数は前の表の約5分の1になっている。1988年と1992年の間の差ではなく，1984年と1988年の間の差に注目する理由は後で説明する）。1984年において，マリファナ使用に関してわずかなリスクしか感じていない生徒のオッズは0.685であったのに対し，1988年においてはこのオッズは0.373に減少している。言い換えれば，1988年において生徒たちは4年前よりもマリファナ使用のリスクを認知するようになったということである。

表6.15 調査対象者のマリファナ使用に対するリスク認知

リスクの程度	n 1984年	n 1988年	1988年の条件付きオッズ
やや／非常にリスクがある	1,696	2,154	1.270
わずかにリスクがある／リスクはない	1,161	803	0.692
低リスクの条件付きオッズ	0.685	0.373	
オッズ比		0.545	
オッズ比の対数		−0.264	

表6.16 実際のマリファナ使用に基づくマリファナ使用のリスク認知のクロス分類

マリファナ使用	やや／非常にリスクがある	わずかにリスクがある／リスクはない	低リスクの条件付きオッズ
使用経験なし	2,295	400	0.174
使用経験あり	1,555	1,564	1.006
使用経験ありの条件付きオッズ	0.678	3.910	
オッズ比		5.771	
オッズ比の対数		0.761	

マリファナ使用にリスクを感じる人は実際にマリファナ使用報告数が少ない，ということもわかっている。1984年および1988年のサンプルをまとめたものを表6.16に示した。マリファナ使用に対して感じるリスクが少ない，あるいはまったくリスクを感じない人は，マリファナ使用報告において3.910という高いオッズを示しており，これはマリファナ使用報告のない人の約4倍の数値である。ややリスクを感じる，あるいは非常にリスクを感じると回答した人の場合は，反対に使用報告も少なく，オッズは0.678である。これらのオッズ比は5.771となり，リスクを感じない人たちにおけるオッズは，リスクを感じる人たちと比べておよそ6倍も高い。

最後に，1984年から1988年にかけての，マリファナ使用のリスク認知に基づいた2群の生徒のオッズの変化を表6.17に示す。ややリスクがある，あるいは非常にリスクがあると回答した生徒は，1984年において低いマリファナ使用報告のオッズを示しており（0.698），1988年においてはさらにやや低下している（0.662）。オッズ比の対数は−0.023である。わずかなリスクがある，あるいはリスクがないと回答した生徒においても同様のパターンがみられる。マリファナ使用報告に関するオッズは，どちらの年においてもリスクを感じる生徒よりも高い値を示している（1984年においては3.983，1988年においては3.808）。このグループにおけるオッズ比の対数は−0.019である。図6.3からは明確なパターンが読み取れる。生徒全体を見てみると，マリファナ使用報告のオッズは減少しているが，マリファナ使用のリスク認知が低いグループ，あるいは，リスク認知が高いグループといったように個別に注目すると，そのような傾向は消える。

まずは，1984年から1988年にかけてのマリファナ使用の全体的な傾向について，リスク認知の質問に回答した下位グループのデータを用いて，ただしどのように回

表6.17 1984年から1988年にかけてのリスク認知ごとのマリファナ使用の
オッズの変化

マリファナ使用	n 1984年	n 1988年	1988年の条件付きオッズ
やや／非常にリスクがある			
使用経験なし	999	1,296	1.297
使用経験あり	697	858	1.231
使用経験ありの条件付きオッズ	0.698	0.662	
条件付きオッズの対数	−0.156	−0.179	
オッズ比	0.949		
オッズ比の対数	−0.023		
わずかにリスクがある／リスクはない			
使用経験なし	233	167	0.717
使用経験あり	928	636	0.685
使用経験ありの条件付きオッズ	3.983	3.808	
条件付きオッズの対数	0.600	0.580	
オッズ比	0.956		
オッズ比の対数	−0.019		

答したかは考慮せずに検定してみよう。リスク認知の変数は除いて，年とマリファナ使用のパラメータを含むモデル $\{Y\}\{U\}$ を構成する。このモデルの自由度1における尤度比 χ^2 統計量は $G^2 = 23.61$ となり，p 値は0.01以下であったため，これらのデータは1984年から1988年にかけての全体的な傾向を示していることが示された。

リスク認知に基づいたグループ間で同様の傾向がみられるかどうかを検定するため，2段階の手続きを用いる。まず，リスクが少ない，あるいはまったくないと回答したグループと，非常にリスクがあると回答したグループの間で傾向が異なっているかどうかを検定し，次いでそれとまったく同じ手続きを用いて，別の居住区域に住むグループ間で傾向が異なるかどうかを検定する。傾向の差についてのモデルは $\{YP\}\{YU\}\{PU\}$ のように略記される（P の文字はリスク認知の変数を表している）。自由度1における尤度比 χ^2 統計量は $G^2 = 0.00$ となり，p 値は0.95となったため，1984年から1988年にかけてのグループ間における傾向の差はないことが示された。

次に，1984年から1988年にかけてのマリファナ使用の傾向が，リスク認知の変

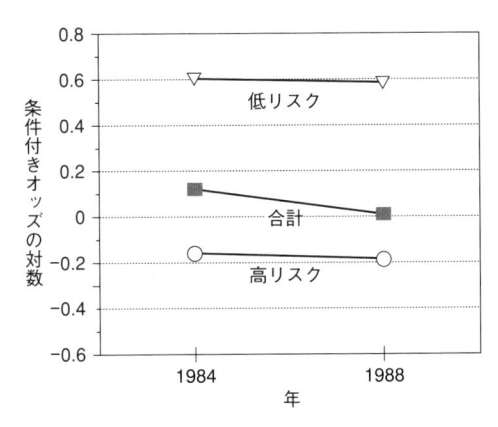

第6章 クロス集計されたデータの分析

🔖 図 6.3　1984 年から 1988 年にかけてのリスク
認知ごとのオッズ対数の変化

数を考慮しても残るかどうかを検定する。これは，前段落で構成したモデルを修正することにより行われる。年の変数とマリファナ使用の変数との連関を表す項（項 $\{YU\}$）を削除し，モデルは $\{YP\}\{PU\}$ となる。自由度 2 における尤度比 χ^2 統計量は $G^2 = 0.78$ となり，p 値は 0.68 となったため，リスク認知の変数を考慮した場合には 1984 年から 1988 年にかけての傾向はみられないことが示された。

　このパターンについての解釈は，1984 年から 1988 年にかけてみられたマリファナ使用の減少は，完全にとはいかないまでも大部分は，マリファナ使用についてのリスク認知の上昇によって説明されるということである。よりリスクを感じる生徒はマリファナを使用しない傾向にあるため，生徒の集団におけるリスク認知が高まり，マリファナ使用者が少なくなる，といった具合である。

　真偽を確認するため，少し休憩を取ろう。この発見についてどう思われただろうか？　マリファナ使用数の減少が，使用に関するリスク認知の上昇によって説明できるということを知って驚いただろうか？　あるいは，陳腐で明白なことに思われただろうか？　もし後者であれば，1988 年から 1992 年にかけてのマリファナ使用の減少が，1984 年から 1988 年にかけてよりも大きいにもかかわらず，そうした減少はリスク認知の上昇によってまったくといってよいほど説明されないことを知って驚くことになるだろう。これに関連したサンプルの度数，条件付きオッズ，およびオッズ比を表 6.18 に示した。

　表 6.12 で，1988 年と 1992 年のサンプル全体のオッズ比は 0.519 と示されていたのを思い出そう。リスク認知についての質問に回答した下位サンプルについてオッ

183

表 6.18　1988 年から 1992 年にかけてのリスク認知ごとのマリファナ使用のオッズの変化

マリファナ使用	n 1988 年	n 1992 年	1992 年の条件付きオッズ
やや／非常にリスクがある			
使用経験なし	1,296	1,373	1.059
使用経験あり	858	393	0.458
使用経験ありの条件付きオッズ	0.662	0.286	
条件付きオッズの対数	−0.179	−0.543	
オッズ比	0.432		
オッズ比の対数	−0.364		
わずかにリスクがある／リスクはない			
使用経験なし	167	170	1.018
使用経験あり	636	409	0.643
使用経験ありの条件付きオッズ	3.808	2.406	
条件付きオッズの対数	0.581	0.381	
オッズ比	0.632		
オッズ比の対数	−0.199		

ズ比を推定した場合にも，0.509 というほとんど同様の値を得ることができる。したがって，マリファナ使用報告のオッズは 4 年間でおよそ半分になっている。表 6.18 から，リスクが少ない，あるいはまったくないと考えている生徒間のオッズ比は 0.632 であることが読み取れる。これはサンプル全体でみられたほど大きな減少ではないにせよ，1984 年から 1988 年にかけての同様のサンプルと比較すると著しい減少である。また，表からは少なくとも中程度のリスクを感じた生徒の間のオッズは 0.432 であることもわかり，これはサンプル全体と同程度の減少である。言い換えると，1988 年から 1992 年にかけての減少は，リスク認知における変化を考慮に入れた後でさえも明らかに残っていて，使用報告の減少については何か他の説明要因があることが示されている。したがってなんらかの別の要因がこの減少に影響している。これは興味深いパターンであるが，ここではその問題については追求しない。マリファナの使用について 1976 年から 1986 年にかけての傾向を説明する要因について，もっと多くの考え方があるが，それらは Bachman, Johnston, O'Malley, & Humphrey（1988）の論文で展開されているし，1990 年代にかけて分析を拡張して，1990 年代が 80 年代と実質的に異なるかどうかを検証することも必要である。この

章での目的は，クロス分類の手続きによって対処可能な問いの種類を示すことであり，このサンプルから示されるのは，第三の変数に対するクロス分類によって，二変数間の関係を説明することができるということである。

ところで注意してもらいたいのだが，本章で示したデータは観測したものであって，実験的なものではない。変数間に関係がある場合，どうやってコンピュータでオッズを計算するかについてはすでに学んだ。連関していることは因果的関係にあることを意味するものではない。変数間の関係を説明するいくつかの仮説を立てることもできる。先ほどリスク認知の変数を投入したように，他の変数を分析に含めることで，どの変数間関係についても，他の説明がありえる，またはありえない，と示すことができる。他の仮説を除外することで，研究者は因果的な命題を含んだ理論的モデルをより強い事例としてつくり出すことができる。とはいえ，因果を究極的に検証するためには，独立変数を操作したり統制したりしなければならない。

次節では，より多くの変数が含まれているクロス分類表の解釈をもっとうまくするためにはどうしたらよいかについて示そう。

5　4つ以上の変数に対する分析

本章のここまでの節では，クロス分類されたデータの分析について，基本的な手順を描いてきた。これからすべきことは，データ分析のツールとしてのクロス分類の有用性を示しながら，これらの基本的な手順を拡張することである。ここでは以下の2つの拡張を示す。1つ目は，4つ以上の変数をクロス分類する方法，2つ目は，2つ以上のカテゴリーをもつ変数の分析である。

4つ以上の変数に沿ったクロス分類へと分析を拡張することは，変数のすべての可能な組み合わせを考える必要があるため想像するのは大変かもしれないが，原理は簡単である。先ほど示した，モニタリング・フューチャー研究の調査参加者を卒業年（1988 vs 1992），居住区域（南部 vs 南部以外），およびマリファナの使用報告に沿ってクロス分類した例について考えてみよう。これら3つの二値変数によって区切られた8つの各セルにおける度数の分析で，マリファナの使用報告のオッズは南部に住む生徒においてその他の地域に住む生徒よりも低いこと，そのような差は，1992年では1988年よりも小さくなることなどを示した。続く分析によって，1984年から1988年にかけてのマリファナ使用報告の減少が，生徒のマリファナ使

表6.19　1988年から1992年にかけての低リスク認知の生徒における居住区域ごとのマリファナ使用のオッズの変化

マリファナ使用	n 1988年	n 1992年	1992年の条件付きオッズ
南部居住			
使用経験なし	45	46	1.022
使用経験あり	137	100	0.730
使用経験ありの条件付きオッズ	3.044	2.174	
オッズ比		0.714	
オッズ比の対数		−0.146	
南部以外居住			
使用経験なし	122	124	1.016
使用経験あり	499	309	0.619
使用経験ありの条件付きオッズ	4.090	2.492	
オッズ比		0.609	
オッズ比の対数		−0.215	
オッズ比の比		1.172	
オッズ比の比の対数		0.069	

注：マリファナ使用に関してわずかなリスク，あるいはリスクは無いと回答した生徒のみ．

用に対するリスク認知のオッズによって説明されること，ただし1988年から1992年にかけてのマリファナ使用報告の減少は説明できないことなどが示された．ここで，以下のような質問をすることができる．1988年から1992年にかけての2つの居住区域におけるオッズの収束は，リスク認知の収束によって説明されるであろうか？　この問いに答えるため，調査参加者を以下の4つの変数のすべてに沿ってクロス分類する必要がある．年，居住区域，リスク認知，そしてマリファナ使用報告である．まず，マリファナ使用に関してリスクをほとんど，あるいはまったく感じない参加者についての度数を示す（表6.19を参照）．

　1988年，南部に住んでいてほとんどあるいはまったくリスクを感じないという高校生のオッズは，かつてマリファナを使ったことがあるという人が137に対して45なので3.044である．このオッズは1992年には100対46，すなわち2.174に低下している．オッズ比は2.174÷3.044，すなわち0.714である．同じ期間において，マリファナ使用に関してリスクをほとんどあるいはまったく感じておらず，南部以外に住んでいる生徒のオッズは4.090から2.492に低下している．オッズ比は0.609である．したがって，これらの低リスク認知群においては，南部に住む生徒

表6.20　1988年から1992年にかけての高リスク認知の生徒における居住区域ごとのマリファナ使用のオッズの変化

マリファナ使用	n 1988年	n 1992年	1992年の条件付きオッズ
南部居住			
使用経験なし	404	452	1.119
使用経験あり	237	137	0.578
使用経験ありの条件付きオッズ	0.587	0.303	
オッズ比	0.517		
オッズ比の対数	−0.287		
南部以外居住			
使用経験なし	892	921	1.033
使用経験あり	621	256	0.412
使用経験ありの条件付きオッズ	0.696	0.277	
オッズ比	0.399		
オッズ比の対数	−0.399		
オッズ比の比	1.294		
オッズ比の比の対数	0.112		

注：マリファナ使用に関してややリスクがある，あるいは大きなリスクがあると回答した生徒のみ。

においてそれ以外の地域に住む生徒よりもオッズの低下が少ない．オッズ比の比は 0.714 ÷ 0.609，すなわち 1.172 である．

次に，マリファナ使用に関して中程度あるいは大きなリスクを感じている生徒に注目しよう（表6.20）．1998年において，マリファナ使用に非常にリスクを感じており，南部に住んでおり，マリファナ使用を報告した生徒のオッズは 237 対 404，すなわち 0.587 である．このオッズは 1992 年には 137 対 452，すなわち 0.303 に低下している．オッズ比は 0.303 ÷ 0.587，すなわち 0.517 である．同じ期間で，マリファナ使用に非常にリスクを感じており，南部以外に住んでいる生徒のオッズは 0.696 から 0.277 に低下している．オッズ比は 0.399 である．したがって，これらの高リスク認知群においては，南部に住む生徒においてそれ以外の地域に住む生徒よりもオッズの低下が少ない．オッズ比の相対的な比は 0.517 ÷ 0.399，すなわち 1.294 である．

2つの居住区域におけるマリファナ使用のオッズの収束が，マリファナ使用に関するリスク認知の収束によって説明されるかという問いに回答するため，再び2通

りの対数線形モデルを指定する。今回用いるクロス分類表は4つの変数に沿ったものであるため，モデルに含まれるパラメータの数はかなりのものになる。まず，4つの変数それぞれについてのオッズのパラメータが含まれる。年の変数 $\{Y\}$，居住区域の変数 $\{R\}$，リスク認知の変数 $\{P\}$，およびマリファナ使用の変数 $\{U\}$ である。次に，たとえば年と居住区域の連関のような，変数の各ペアにおける6つの連関のパラメータが含まれる。$\{YR\}$，$\{YP\}$，$\{YU\}$，$\{RP\}$，$\{RU\}$，そして $\{PU\}$ である。それから，各変数の三重の項である，4つの交互作用のパラメータが含まれる。$\{YRP\}$，$\{YRU\}$，$\{YPU\}$，そして $\{RPU\}$ である。合計すると，このモデルは15個のパラメータ（そのうち1つはサンプルサイズに関係する）を含み，$\{Y\}\{R\}\{P\}\{U\}\{YR\}\{YP\}\{YU\}\{RP\}\{RU\}\{PU\}\{YRP\}\{YRU\}\{YPU\}\{RPU\}$ と表現される。モデルは階層的で，連関する項と個別の変数に対応した項は暗黙裡に交互作用項に含まれるのでこれらを除外することにより，モデルをコンパクトに記述することができる。すなわち，$\{YRP\}\{YRU\}\{YPU\}\{RPU\}$ と略記できる。このモデルによって予測された度数は実測値と非常に近くなる。自由度1における尤度比 χ^2 統計量が $G^2 = 0.09$ となり，p 値は0.76である。結論はやや込み入っている。このデータからは，マリファナ使用に関してほとんどあるいはまったくリスクを感じない生徒においても，非常にリスクを感じる生徒においても，1984年から1988年にかけての居住区域の違いによる傾向の差は見いだされなかった。別の表現をすると以下の通りになる。マリファナ使用に関してほとんどあるいはまったくリスクを感じない生徒において，南部に住むものとそれ以外の地域に住むもののオッズ比の比率は1.172となり，一方で非常にリスクを感じる生徒においては，この値は1.294となった。このオッズ比の比率の比をとると1.172対1.294，すなわち0.906となる。分析の結果は，オッズ比の比率の比が1.000と変わらないというものになった。また別の表現をするとすれば，四次の交互作用は統計的に有意ではなかった。

さて興味のあるところを検証する段階にきた。1988年から1992年にかけての居住区域間の収束がリスク認知によって説明されるかどうかについての検討を行うとしよう。この仮説を検証するために，われわれは第三変数の交互作用項である $\{YRU\}$ をモデルから除外し，次のモデルを得る。$\{YRP\}\{YPU\}\{RPU\}$ である。このモデルもセルの度数を予測するのにいい仕事をしてくれる。尤度比 χ^2 値 $G^2 = 3.07$，自由度2で，p 値は0.22である。

この例によって明らかになった教訓が1つある。われわれは，オッズ，条件付き

表6.21 対数線形モデルの要約

No.	モデルの説明	G^2	df	p値
1	YRPU	0.00	0	—
2	YRP YRU YPU RPU	0.09	1	.762
3	YRP YPU RPU	3.07	2	.215
	モデル3 vs. モデル2：YRU項	2.98	1	.084
4	YPU RPU YR	3.12	3	.373
	モデル4 vs. モデル3：YRP項	0.05	1	.823
5	YPU YR RP RU	3.90	4	.419
	モデル5 vs. モデル4：RPU項	0.78	1	.377
6	YR YP YU RP RU PU	10.70	5	.058
	モデル6 vs. モデル5：YPU項	6.80	1	.009
	モデル6 vs. モデル2：あらゆる3変数の交互作用項	10.61	4	.031
7	YR YP YU RP RU	814.97	6	.000
	モデル7 vs. モデル6：PU項	804.27	1	.000
8	YR YP YU RP PU	13.06	6	.042
	モデル8 vs. モデル6：RU項	2.36	1	.124
9	YR YP YU RU PU	29.77	6	.000
	モデル9 vs. モデル6：RP項	19.07	1	.000
10	YR YP RP RU PU	156.51	6	.000
	モデル10 vs. モデル6：YU項	145.81	1	.000
11	YR YU RP RU PU	19.70	6	.003
	モデル11 vs. モデル6：YP項	9.00	1	.003
12	YP YU RP RU PU	16.22	6	.013
	モデル12 vs. モデル6：YR項	5.52	1	.019

注：Y＝年，R＝居住区域，P＝リスク認知，U＝マリファナ使用

オッズ，オッズ比，2つのオッズ比の比率，2つのオッズ比の比率の比といった多くの数値に翻弄されている．もし5つ目の，あるいはそれ以上の変数を分析に導入してしまったら（クロス分類の分析においては珍しくないように），これらの解釈はおろか，すべての変数を把握することすら困難であろう．幸運にも，特定の仮説を検定するための適切な対数線形モデルを指定するよう注意することで，こうした混乱は抑えることができる．

クロス分類表の分析を要約するときの一般的なやり方は，いくつかの対数線形モデルを比較するものである．表6.21 はそうした表の一例である．そこにはわれわ

れがすでに検証した，全部で12の異なる対数線形モデルを示してある．モデル1は飽和モデルで，4つの変数それぞれの分布についてのパラメータ，変数の各ペアについてのパラメータ，3つ，あるいは4つの変数サブセットそれぞれの交互作用パラメータ，4つの変数すべての交互作用パラメータを含んだものである．モデルの記述はたんに $\{YRPU\}$ となるが，これは階層的なモデルで，4つの変数に関するより低い次数の交互作用項もすべて含んだものである．

表6.21のモデル2およびモデル3についてはすでに検討した．モデル2は四次の交互作用項を除外したもので，先ほども述べたようにデータに非常によく適合しており（自由度1における $G^2 = 0.09$，p 値は0.76），したがって四次の交互作用は統計的に有意でないことを示している．モデル3は居住区域，年，マリファナ使用の変数の交互作用を除外したもので，このモデルもまたデータをうまく表現している（自由度2における $G^2 = 3.07$，p 値は0.22）．表6.21の次の行では，モデル3を取得するためにモデル2で除外された三次の交互作用の統計的有意性の検定を行っている．検定統計量 $G^2 = 2.98$ は，たんにモデル3とモデル2の検定統計量の差であり，自由度 $df = 1$ は，たんに両者のモデルの自由度に等しい．p 値は0.084となり，三次の交互作用 $\{YRU\}$ はサンプルデータにおいて0との有意な差を示さないことを意味している．

表6.21で残っている行は，モデル3から他のパラメータを除外したことによる付加的なモデルで，これらの除外された項の統計的有意性の検定結果が示されている．モデル4，5，および6では，他の三次の交互作用項が除外されている．モデル4は居住区域，年，およびリスク認知の交互作用項 $\{YRP\}$ を除外し，依然としてデータへのよいあてはまりを見せている．モデル3と比べると，除外された交互作用は統計的に有意ではなかった．同様に，モデル5をモデル4と比較すると，地域，マリファナ使用，リスク認知 $\{RPU\}$ の項が有意ではなかったことがわかる．

モデル6はさらに興味深い．このモデルでは最後の三次の交互作用項である，年，マリファナ使用，およびリスク認知の交互作用 $\{YPU\}$ を除外している．さらに，このモデルは全体的にデータに適合している．検定統計量にともなう p 値は0.058で，1つの便利な基準である p 値が0.05以下を基準とすると，このモデルを棄却できないのである．しかし，この検定は飽和モデルであるモデル1とモデル6との全体的な比較のために行われたものであり，ここではすべての三次の交互作用項と四次の交互作用項を使用している．モデル5とモデル6を比較して，特定の交互作用 $\{YPU\}$ についてのみ統計的有意性の検定を行う場合には，得られる検定統計量は，

自由度 1 において $G^2 = 6.80$，p 値は 0.009 となり，慣例的な 0.05 あるいは 0.01 の どちらの基準においても，三次の交互作用 {YPU} が有意ではないという帰無仮説を棄却すべきである．最後に，もし最初に四次の交互作用の統計的有意性の検定から分析をはじめていたとしたら，それが有意でないことを見いだしていただろう（モデル 2）．また，続く四次の交互作用項の全体的な統計的有意性の検定（モデル 6 vs モデル 2）において，その検定の p 値は 0.031 であることを見いだし，事前に指定した p 値の基準に基づいて結論づけていただろう．もし特定した p 値が 0.01 や 0.001 であれば，モデル 6 は受け入れられると結論するだろう．データは三次の交互作用の強い証拠を示していないのだ．もし特定した p 値が 0.05 であれば，少なくとも 1 つはこうした交互作用があると結論するだろう．表 6.21 に示したモデル 2，3，4，5，6 のより細かい比較をすると，最も重要な交互作用は，年次，知覚されたリスク，マリファナの使用を含んでいることが示される．言い換えれば，モデル 6 を採択するか棄却するかという判断は，検定すべき仮説と，帰無仮説を棄却するかどうかの基準となる p 値に依存しているということである．「データを嗅ぎまわる」のではなく理にかなった分析を実践するためには，データを検討する前に，仮説と基準となる p 値を指定する必要がある．

交互作用項 {YPU} について最後に検討すべきなのは，その交互作用がサンプリングの変動を超えて意味をもっていると判断したときに，それをどう解釈するかということである．条件付き確率の結果から，1988 年と 1992 年においてマリファナ使用のオッズが低いという傾向は，マリファナ使用に関して非常にリスクを感じている生徒において，ほとんどあるいはまったくリスクを感じていない生徒よりも強いということが示唆される．

サンプルデータにある程度適合しているという理由からモデル 6 を採択することを決めたとして，表 6.21 に示された残りのモデルは，各変数ペアにおける連関の統計的有意性を検証するために使われる．もっというと，われわれは各変数ペアの間の部分連関とよばれるものを検定する，つまりクロス分類表の他の変数にともなう連関を計算に入れた後で，これら二変数間の関係がどうなっているかを検証することになる．たとえば，モデル 7 はマリファナの使用とリスク認知（{PU} の連関）を除外したものである．本章の前半で，ちょうどこの二変数のクロス分類表を使って，オッズ比が 5.77 であったのを見た．ほとんどあるいはまったくリスクを感じていない人は，中程度あるいは大きなリスクを感じる人の，約 6 倍もマリファナを使うのである．さて，地域，年代の連関を計算に入れた後でも，これらの変数の関

係があるかどうか，つまり部分連関するかどうかを見るとしよう。そうして初めて，そこにまだ強い関係が残っていると結論づけられる。部分連関を用いているモデル7において，連関を含んだままのモデル6と比べてデータへの適合度が大きく下がっている（自由度1，$G^2 = 804.27$，$p < .001$）ことから，マリファナ使用とリスク認知には依然として強い連関があることが示される。

同様に，モデル10および11から，それぞれ年とマリファナ使用の変数の部分連関，年とリスク認知の変数の部分連関に関する結論が導かれる。モデル10は年とマリファナの使用の部分連関を除外したもので，モデルの適合はその連関を含めたモデル6よりも悪い（$G^2 = 145.81$，自由度1，p値は0.001より小さい）。モデル11は年とリスク認知の部分連関を除外したものであるが，そうした連関を含むモデル6よりも，モデルの適合は悪くなっている（自由度1，$G^2 = 9.00$，$p < 0.01$）。

モデル9とモデル6の比較から，居住区域とマリファナ使用のリスク認知の変数間の部分連関が存在することが示唆され，条件付きオッズから南部に住んでいる高校生はそれ以外に住んでいる高校生よりも，マリファナ使用に関して中程度あるいは大きなリスクを感じていることが示された。

本章の前半（図6.1を参照）を思い出してみると，南部に住む生徒はそれ以外の地域に住む生徒と比べてマリファナ使用報告が少ない傾向にあった。表6.21のモデル8に基づけば，居住区域とマリファナ使用報告の間に，年とリスク認知の変数を統制した部分連関がみられないとする仮説を棄却できない。これは二変数間の単純な関係が，他の変数の連関によって説明される例である。

最後に，モデル12は居住区域と年の変数間に，おそらくはマリファナ使用の理解について直接的な影響を及ぼさない，人口統計のシフト（1988年よりも1992年のほうが多くの高校生が南部に住んでいた）を反映した連関があることを示している。

6　2つ以上のカテゴリーを含む変数のための分析の拡張

ここまで見てきた例のすべては，回答者を2つのカテゴリーに分けるものであった。すなわち男子と女子，マリファナを使ったことがある人とない人，1988年の高校生と1992年の高校生，マリファナのリスク認知が低いか高いか，等である。もちろん，実際には，変数を2つ以上のカテゴリーに分けることが多い。国を2つの

地域に分けるだけではなくて，4つ以上の地域に分けたいと思うだろう。マリファナを一度でも使ったことがあるかどうかではなく，使う頻度によっていくつかのカテゴリーに分けたいだろう。また，3年生だけではなく，複数の学年でも比較したいだろう。

例として，人生でマリファナを使ったことがあるかどうかの傾向と，この傾向がリスク認知の変化によってどの程度説明されるかに関する分析にもどろう。この傾向に関して，リスク認知におけるオッズが，1984年から1988年にかけては高い状態から減少するが，1988年から1992年にかけては事実上減少がみられない，という2つの区間に分けた検討が行われた。さて，より実践的で細かく見ていくと，時系列は1976年から始まり，1992年まで4年間隔で調査は進んでいる。2つの傾向が図6.4には示されている。三角形はかつてマリファナを使ったことがあると回答した高校生の，毎年のオッズを時系列的に示している。四角形はマリファナを使うことに中程度以上のリスクを感じている高校生のオッズの時系列的な変化である。1976年から1980年にかけてマリファナ使用者の数は増えるが，そこから減少し始め，かなりリスクを知覚している人のオッズは1976年から増え続けている。このパターンはあることを示しているようだ。ひょっとすると，1980年代におけるマリファナ使用の減少はリスク認知の増加によって説明され得るが，1976年から1980年にかけてのマリファナ使用は，同時期のリスク認知が増加しているにもかかわらず上昇しており，何か他の変数によって説明されるかもしれない。

マリファナ使用の傾向がいかにリスク認知の傾向によって説明されるかというこ

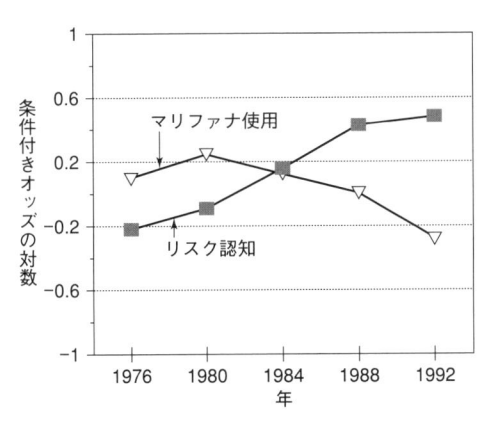

◎ 図6.4 マリファナ使用と使用に関するリスク認知の傾向

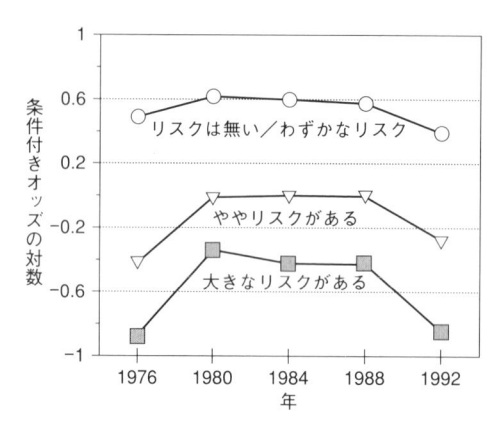

◎ 図6.5 リスク認知の水準ごとのマリファナ使用の傾向

とは，図6.5において，より直接的に表されている。これは，生徒をリスク認知に基づいて3つのグループに分け，それぞれについてマリファナ使用の傾向を示したものである。1980年代（とりわけ，1980年から1988年にかけて）にのみ注目したとき，この区間のグラフにおいては，ほとんどあるいはまったくリスクを感じない生徒，中程度のリスクを感じる生徒，非常にリスクを感じる生徒という3つのグループ間で変化に違いがみられないため，この区間におけるマリファナ使用の減少はほぼ完全にリスク認知の増加によって説明されると考えられる。一方，リスク認知の傾向は1978年から1980年にかけてのマリファナ使用の増加，あるいは1988年から1992年にかけての減少については説明がむずかしいようである。増加傾向は1976年から1980年にかけて，リスク認知の各カテゴリーに注目してそれらを比較した際に強くなり，減少傾向もまた1988年から1992年にかけて，グループ全体で見るよりもカテゴリー間に注目するほうが顕著である。

　これらの変数の複数のカテゴリーにおいて，考慮すべきオッズがいくつかある。たとえば，非常にリスクを感じている生徒と比較した際の中程度のリスクを感じている生徒についてオッズを算出することができるし，中程度のリスクを感じている生徒とほとんどあるいはまったくリスクを感じない生徒，非常にリスクを感じる生徒といくらかのリスクを感じる生徒（ほとんどあるいはまったくリスクを感じない生徒と中程度のリスクを感じる生徒との組み合わせ）などを比較したオッズも算出することができる。これらの異なるタイプのオッズから，変数どうしの連関や相互作用に関するいくつかの結論が導かれるが，あいまいさによって特定のオッズお

びオッズ比の解釈が不明瞭になる場合もある。ありがたいことに，対数線形モデルを用いることで，より多くのカテゴリーをもつ変数に対処することが容易になる。

　対数線形モデルに含まれる1つあるいは複数の変数に，2つ以上のカテゴリーが存在する場合，変数がすべて二値である場合には生じなかった問題に直面する。カテゴリー間の関係とはなんだろうか？　カテゴリーが完全に順不同な変数もある。たとえば，居住区域について考えるとき，本章のモデルで用いられた南部以外という単一のカテゴリーを，北東部，北中央部，西部に分解し，もともとの4カテゴリーについて考察したい場合がそうである。他にも，データ分析の際に考慮されるべきカテゴリーの順序が存在するかもしれない。たとえば，マリファナ使用についてのリスク認知の変数は，リスクはない，わずかなリスクがある，中程度のリスクがある，非常にリスクがあるという4つのカテゴリーのどこに自分が属するかという方法で高校生に尋ねられている。わずかなリスクを感じると回答した生徒は，リスクはないと回答した生徒と中程度のリスクがあると回答した生徒の中間に属しており，非常にリスクを感じると回答した生徒は，これらと同一次元の上端に位置する。あるときには，任意のカテゴリーペア間の相対距離を考慮することにより，カテゴリーについてさらに多くのことを述べることができる。たとえば，本章で扱った変数の1つは，データが高校3年生から収集された年であった。モニタリング・フューチャー研究の一部は，1975年から現在にいたるまで毎年春に収集されている。データの年次傾向を見るために，対数線形モデルの変数として年を扱うこともできるが，このカテゴリーは順序が明確（初年度から最後まで）なだけでなく，1年という等間隔であることも明らかである。これらの情報をクロス分類して分析する際には，カテゴリーの順序および間隔に関する情報を考える必要があり，対数線形モデルにはこれに対応する方法が実装されている。それについて本章でふれることはしないが，次節であげる推薦図書に示しておく。

推薦図書

　本章の目的は，2つあるいはそれ以上のカテゴリカル変数に沿ってクロス分類された参加者の頻度を分析する手続きについて紹介することであった。まず，こうしたクロス分類表の例を示して，分析において対処可能な問いについて概観した。しかし本章では，このような分析を実行する具体的な手続きについては述べていない。その代わりとして，本章ではオッズやオッズ比などの計算なしでは多くのタイプの問いに答えることが非現実的であるということを指摘

し，さまざまな効果の有意性を検定するために，対数線形モデルをどう使うのかを示した。対数線形モデルについてのさらに徹底した導入には連関の指定に関する表記法を使う必要がある。この表記法および対数線形モデルについての導入は，Knoke & Burke（1980）の短い本にまとめられている。さらに徹底した解説は，Fienberg（1980）および Wickens（1989）などの本で示されている。もっと高度な読者については，最も包括的かつ新しい説明が Agresti（1990）にある。同じ著者によるこれより前の著書（Agresti, 1984）は１つあるいはそれ以上順序カテゴリーをもつ変数の分析に関して具体的に述べている。

　クロス分類データについては別のアプローチもある。重みづけ最小二乗法によるアプローチが Grizzle, Starmer, & Koch（1969）によって展開されており，このアプローチについてのよい導入書が Forthofer & Lehnen（1981）である。また，Reynolds（1977）もこれら２つのアプローチを比較しながら，このことに言及している。

　対数線形モデルを推定するプログラムはほとんどの主要なデータ分析のためのソフトウェアパッケージに含まれている。たとえば SPSS（SPSS, 1988; LOGLINEAR および HILOGLINEAR コマンドがメインフレーム版である SPSS-X においても PC 版である SPSS-PC においても利用可能である。HIROGLINEAR コマンドは階層型モデルの推定を可能にするものであり，一方 LOGLINEAR コマンドは非階層型モデルに対応している），BMDP（Dixon, 1983; P4F コマンドで可能），SAS（SAS Institute, 1987; CATMOD および FREQ コマンドで可能），そして SYSTAT（Wilkinson, 1990; TABLES コマンドで可能）などである。これらのプログラムにおいては，プログラムを使用する前に手続きや出力の解釈について理解することが不可欠である。

用語集

オッズ〈Odds〉　出来事が生じなかった確率に対する生じた確率の比率。本章の文脈では，サンプルのオッズは変数のあるカテゴリーにおける出来事の数の，その変数の他のカテゴリーの数に対する比率として定義される。条件付きオッズと区別するために，周辺オッズとよばれることもある。

オッズ比〈Odds Ratio〉　２つの条件付きオッズの比率。オッズ比が１であれば，二変数間に何の連関もないことを意味する。

階層的対数線形モデル〈Hierarchical Log-Linear Model〉　２つ以上の変数について，その下位レベルのあらゆる部分を含めて，関連や交互作用を記述するためのモデル。

観測度数〈Observed Frequency〉　２つ以上の変数について，クロス集計表の特定のセルに該当したケースの数。

交互作用〈Interaction〉　少なくとも３つの変数を同時に記述する必要がある場合をさす，対数線形モデルの用語。３つの変数間に交互作用がある場合，いずれか２つの変数間の関連は，３つ目の変数のカテゴリーによって異なる。

周辺連関〈Marginal Association〉　たんに二変数をクロス集計したような場合においての，二変数の全体的な関連性。

条件付きオッズ〈Conditional Odds〉　他の事象が発生するという条件の下での，当該事象の確

率。本章においては，二変数のクロス集計におけるサンプルの条件付き確率は，特定のセル内のケース数を，同じ行または列の残りのセル内のケース数で割ったものとして定義される。

セル〈Cell〉　それぞれの変数によって特定のカテゴリーで定義されるクロス集計表のセルのこと。セルの数は，クロス集計表で使われているすべての変数のカテゴリーの数を掛けたものである（$I \times J \times K \cdots$）。

対数線形モデル〈Log-Linear Model〉　パラメータの組み合わせを項にした，クロス集計表の各セルの度数を予測するためのモデル。これらのパラメータは独立変数のカテゴリーを通じた分布（比率）に関係しており，変数のペア（オッズ比）間，3つ以上の変数間の交互作用と関係している。

部分連関〈Partial Association〉　二変数間の関係の中で，1つ以上の他の変数を条件としたもの。

飽和モデル〈Saturated Model〉　すべての変数の交互作用を，そのすべての可能な組み合わせと同じだけパラメータとした，変数のクロス集計についてのモデル。飽和モデルはクロス集計表におけるセルと同じだけ未知母数がある。飽和モデルによって予測される度数は，必然的に観測度数と同じになり，検定統計量は0（$G^2 = 0$）になり，自由度も0である（$df = 0$）。

尤度比 χ² 統計量（または G^2 統計量）〈Likelihood Ratio Chi-Square, or the G^2 Statistic〉　対数線形モデルによって予測される度数が，サンプルデータの観察で得られた度数とどの程度対応するかを評価するために一般的に使用される検定統計量。モデルが正しく指定されている場合，値は適度な自由度 χ^2 分布に従う。対数線形モデルからパラメータのサブセットを削除するための検定において，同様の検定が用いられる。

予測された度数〈Predicted Frequency〉　対数線形モデルによって予測される，クロス集計表の特定のセルにあてはまる事例数。

連関〈Association〉　オッズ比が1.0でない場合（同様に，オッズ比の対数が0.0でない場合）のような，二変数の分布が独立でない状態。

第7章

ロジスティック回帰分析

Raymond E. Wright

　パーソナリティテストで高い点数を出したクライアントは，低い点数を出したクライアントに比べて心理療法の効果があるだろうか？　子どもがいくつかの病気から生き残る確率は，大人よりも高いだろうか？　収入やクレジットカードの履歴，教育歴は，クレジットリスクの低い人と高い人を区別できるだろうか？

　線形回帰は，人が心理療法を受け，病気から助かり，ローンを返すかどうかを決定するための妥当な技法だと思うかもしれない。結局のところ，それぞれの問題は1つ以上の独立変数（予測変数）と従属変数の関係を推定する問題に行き着く。しかし，前段落での問いは，従属変数が線形回帰を仮定されていない非連続的なものであるので，一般的な回帰分析は用いることができない。非連続性というよりも，むしろカテゴリカルなデータである。つまり，従属変数は，心理療法を受ける人と受けない人，生き残るか死ぬか，信用リスクがよいか悪いか，という二値のみを取る。ロジスティック回帰分析は，とくにそのような状況で用いられるようデザインされている。

　ロジスティック回帰は，まずはやはり二値の従属変数に対して使われるのだが，この技術は3つ以上のカテゴリー（多値，多重名義な従属変数）の状況にも拡張できる。たとえば，多値ロジスティック回帰は患者予後の研究で，患者が死んだか，不十分な回復ではあるが生き残ったか，十分に回復して生き残ったか，といったことを見るのに適している。多値ロジスティック回帰については，Hosmer & Lemeshow（1989）を参照してほしい。

判別分析（Klecka, 1980）も，1つ以上の予測変数とカテゴリカルな従属変数の関係を推定するのに使われる。しかし，判別分析はロジスティック回帰よりも制限が厳しい。

本章では，ロジスティック回帰モデルを概説する。まず，ロジスティック回帰と線形回帰のおもな類似点と相違点を論じ，それからロジスティック回帰の基本的な仮定を述べる。次に，仮想データを使ってロジスティック回帰分析をどう解釈するかを示す。とくに，モデルの係数，仮説の検証，分類された結果の解釈をどうするかにふれる。それから，実際の研究データを使って，2つ以上の予測変数を含むロジスティック回帰分析をどう解釈するかを示そう。最後に，多くの潜在的予測変数をもつ研究のモデル構築手続きについて言及する。

1 ロジスティック回帰モデル

ロジスティック回帰モデルは線形回帰モデルが二値の従属変数に適用できないという大きな欠点を克服するものである（Aldrich & Nelson, 1984; Hosmer & Lemeshow, 1989）。線形回帰モデルのように，ロジスティックモデルは複数の予測変数と1つの従属変数をもち，回帰係数，予測値，残差を算出する。さらに，ロジスティックモデルにおける予測変数は，連続変数であっても非連続変数であってもいい。もし線形回帰の基本になじみがなければ，第2章を参照してほしい。

たとえば，仮想データで54名の学生が数学のコースを履修していて，進級試験にパスするかどうかを分析したいとしよう。学生がこのコースを履修する前に，彼らは数学の予備テストで1～11点だったとする。この予備テストの点数が高ければ，学生はこのコースで教えられる内容に関する予備知識が十分あることを意味し，点数が低ければ数学の学力不足である。われわれはロジスティック回帰分析を使って，この予備テストの得点と学生がパスするかどうかの関係を決めようとする。つまり，連続的な変数が予測変数であり，二値的な変数（合格／失格）が予測される変数（従属変数とか基準変数とよばれる）である。この分析では，パスした学生，つまりターゲットグループにいる学生は，数字の1でコード化された従属変数をもつ。落ちた学生は0にコード化される。

ロジスティック回帰では，予測変数と被予測変数の間に非線形な関係が想定される。図7.1が示すのが数学のテストにおけるロジスティックカーブである。ロジス

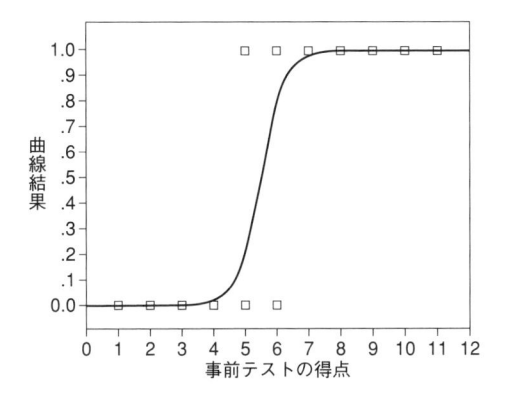

図7.1 メタデータのロジスティクス回帰曲線
白抜きの四角形は実際のデータ値を表している。曲線はモデルから予測確率を表す。各四角形は1つ以上のケースを表す。

ティックカーブはシグモイド型，つまりS字の形である。さらに，この曲線は予測変数の値が極端になっても，けっして0以下，1以上にはならない。つまり，ロジスティックモデルから得られる予測値は，確率のように解釈することができる。また，図7.1にあるように，実際のデータと予測値との垂直方向の距離（つまり残差）は，ロジスティック回帰プロットでは一般に小さい。これは，ロジスティックモデルは実際の結果にうまく適合することを意味している。しかし，予備テストで5，6点だった学生は他の学生よりもその残差が大きくなる。

線形回帰では，連続的な従属変数を予測しようとしていた。ロジスティック回帰分析では，従属変数が二値であり，観測値が2つのグループのどちらに属するかの確率を予測しようとしている。たとえば，二値の従属変数が0と1にコード化されていれば，ロジスティック回帰分析は0が割り振られたグループへの所属確率と，1に割り振られたグループへの所属確率を別々に予測する。観測値はより高い確率をもつほうに割り振られる。このように，ロジスティック回帰は統計的な分類手法として用いられることが多い。

1.1 ロジスティック回帰の仮定

線形回帰分析のように，ロジスティック回帰にもいくつかの条件が必要となる。まず，研究対象のグループメンバーの状態を確率変数であるとし，二値変数の1をとる確率を P_1，0を取る確率を $P_0 = 1 - P_1$ とする。第二に，結果は統計的に独立

でなければならない。言い換えると，1つのケースはデータセットに1回しか使えない。1つ以上の値がある個人に対して記録される，たとえば医療的処置を受ける人が，受けた前後で症状の有無を記録されるようなことがあれば，この独立の条件がくずれることになる。もし結果が独立でなければ，標準誤差，仮説検定，信頼区間が不正確になる。

　第三に，モデルは正しく定式化されなければならない（Aldrich & Nelson, 1984）。この「定式化の仮定（specificity assumption）」とは，モデルがすべての関係する変数を含んでおり，関係のない変数は含んでないこと，という仮定である（定式化の仮定は線形回帰とロジスティック回帰に関するもので，分類のパフォーマンスの指標であるモデルの特異度（specificity）とは異なる）。もし理論的に重要な予測変数がモデルから除外されていれば，あるいはもし無関係な予測変数がモデルに含まれていれば，分析は不正確な推定値を与え，モデルにおける変数の母係数も不正確である。この問題は，線形回帰分析における抑制変数（suppressor variables）や媒介変数問題に似ている。しかし，実際は，この定式化の仮定はめったにお目にかからない。

　第四に，分析に使われるカテゴリーは，相互に排他的で，全体的には包括的でなければならない。言い換えるならば，1つのケースは一度に1つ以上のカテゴリーに分類できず，すべてのケースはカテゴリーのどれか1つに分類されなければならない。たとえば，「生」と「死」というカテゴリーに関して，人はその両方に分類されることはなく，また，どちらかに分類されるため，これらは互いに独立し，包括的なカテゴリーであるといえる。これに対して「野球ファン」と「フットボールファン」というカテゴリーは，互いに独立しておらず（なぜなら，どちらのファンになることもできる），包括的でもない（別のスポーツのファンになったり，どのスポーツのファンでもない場合もある）。この後で示す多変量モデルの節で例示するような論文を書く場合，学生はうまく書くか，もしくは下手に書くかのどちらかに属し（包括的），両方に属することはできない（独立的）。

　最後に，ロジスティック回帰係数を含む仮説をテストするなら，線形回帰分析の場合よりも多くのサンプルが必要となる。これは最尤推定値の標準誤差が，大サンプルの推定値だからである。小さなサンプルでは，仮説検定は不正確となる。ほとんどの研究で，最低でも各変数に50ケース以上あることが必要であるとされている（Aldrich & Nelson, 1984）。

1.2 ロジスティック回帰モデルの利用

線形回帰と同様，説明変数が1つのロジスティックモデルからは，定数項（b_0）と，説明変数に対する回帰係数（b_1）が算出される。ターゲットグループにおけるメンバーの予測された確率を推定するために，それらの係数と説明変数の得点を利用することができる。そのステップは以下の通りだ。

まず，回帰係数の積に定数を加えて，予測変量 $\hat{g}$ を得る。

$$\hat{g} = b_0 + b_1(X) \tag{7.1}$$

それから，$\hat{g}$ を以下の式に代入する。この例では，予測変数は試験にパスする確率を与える。

$$e^{\hat{g}}/(1 + e^{\hat{g}}) \tag{7.2}$$

方程式の分子と分母の両方に，e（自然対数の底）が $\hat{g}$ 乗されていることに注目しよう。

数学コースのデータの例では，ロジスティックモデルは b_0 の値として -14.79 を，b_1 の値として 2.69 となる。つまり，予備テストの点数が5点だったら，$\hat{g}$ は $-14.79 + 2.69(5)$，つまり -1.34 で，予測される通過確率は

$$e^{(-1.34)}/(1 + e^{-1.34}) = 0.21 \tag{7.3}$$

である。点数が7の学生に対しては，$\hat{g} = -14.79 + 2.69(7)$，つまり 4.04 であり，通過する確率の予測値は

$$e^{4.04}/(1 + e^{4.04}) = 0.98 \tag{7.4}$$

である。

こうした予測された確率は，図7.1に示したロジスティック回帰曲線上の点である。他の予備テストの点数に対する曲線上の値を計算するには，上と同じ手順をふみ，予測変数の値を変えていけばよい。

各ケースにおいて予測集団成員を推測するため，ロジスティックモデルの予測確率を用いることが可能だ。一般的に，予測確率が 0.50 のケースはターゲットグループに分類され，予測確率が 0.50 より小さいケースは対照グループに分類される。このように，前述の計算で求められる予測確率を用いることで，数学の得点が5点

のケースでは合格できず，7点のケースではパスできる，ということがわかる。さらに，50%のカットオフ値を推定することも可能である。つまり，予測された確率が0.5以上になる最小の予測変数の値のことである。単純に，定数項の符号を逆にし，予測係数で結果を割り算すればよい（この方法は，予測変数が1つしかないときだけに使えるカットオフ値計算法であるが）。たとえば，この数学の例では，50%のカットオフ値は（14.79/2.69）より5.50である。つまり，このモデルは事前テストの点数が5.5以上である学生は合格し，それ未満であれば失格すると判断する。

線形回帰のように，残差は，従属変数から予測値を引いた値である。たとえば，予備テストが5点でパスしたケースは，その残差が$1 - 0.21 = 0.79$である。予備テストの点数が同じだが失格したケースについては，$0 - 0.21 = -0.21$である。二値の従属変数に対するロジスティック回帰では，どのレベルの予測変数に対しても2つの残差しか計算されない。これは単一の予測に2つの残差が出るという意味ではない。この例では，もしある学生が予備テスト5点で合格した場合，そこには1つの残差しかない。もし同じ点数で不合格であれば，別の値の残差が1つあるだけである。

1.3　独立変数の係数（b_1）の解釈

線形回帰では，モデルの係数は直接的な解釈が可能である。予測変数の係数は，独立変数における一単位の上昇が従属変数においてどれぐらいの変化を引き起こすかを推定したものである。定数項は，予測変数の値が0であったときの従属変数の値の推定値である。

ロジスティック回帰係数を解釈するには，オッズの概念を理解しておかねばならない。二値変数にとって，ターゲットグループのメンバーであることのオッズとは，ターゲットグループのメンバーである確率を，他のグループメンバーである確率で割った値に等しく，それらは前の章で論じたところである。たとえば，ターゲットグループのメンバーになる確率が0.50であれば，オッズは1(= 0.5/0.5)である。もし確率が0.8であればオッズは4(= 0.80/0.20)である。そしてもし，確率が0.25であれば，オッズは0.33(= 0.25/0.75)である。オッズが1であるときは，両方の確率が等しく，1を超えたらターゲット事象が他の事象よりも生じやすく，1より小さければ生じにくいことになっていることに気づいただろう。オッズの概念は，確率の概念とは異なっている。確率は0から1の値を取り，オッズは0から無

限大までの値を取る．オッズは，観測値が他のグループに比べてターゲットグループのメンバーになっている確率がどれぐらい大きいかを表している．

ロジスティック回帰分析におけるもう1つの重要な概念は，オッズ比（OR）である．オッズ比は予測変数における一単位の上昇が，ターゲットグループのメンバーになるオッズをどれぐらい変えるかの推定値である．オッズ比は，予測変数の回帰係数を，e の指数にして計算される．数学コースの例では，$b_1 = 2.69$ であった．ここからオッズ比は $e^{2.69}$ つまり 14.73 である．つまり，予備テストの点数が5点だった学生は，それが4点だった学生に比べて，合格するオッズが 14.73 倍になることを意味する．オッズ比は別の点数における一単位の増加に対しても同じである．つまり，予備テストの点数が5だった学生より6である学生のほうが，14.73 倍合格するオッズが高い．予測変数が違う大きさの増加をするときのオッズ比を計算するには，e の係数を累乗する前に，回帰係数の大きさを掛けてから計算するとよい．たとえば，予備テストの2単位分の増加については，オッズ比は $e^{(2 \times 2.69)} = e^{(5.38)} = 217.02$ である．

予測変数（b_1）の素点の係数は，オッズ比の自然対数における変化を表しており，オッズ比の解釈をむずかしくしている．しかし，素点での回帰係数というのは便利な関数なのだ．正の係数は予測値が増加したときに予測されたオッズが増加することを意味する．負の係数は，予測変数が増加したときにオッズが減少することを意味する．そして，係数が0だったら，予測されたオッズは予測変数がどんな値であっても同じであることを意味する．つまり，オッズ比は1である．

なぜオッズ比ではなくロジスティック回帰係数を確率として解釈してはいけないのだろう？　つまり，なぜわれわれはある予測変数が増加したときにどれぐらい確率が増加するのか，という考え方をしないのか？　その理由は，確率の変化が予測変数の値（の高さ）に依存しており，ある予測変数の増加によってどれぐらい確率が増加するかを推定するには，ロジスティック回帰係数だけでなく予測変数の値（の高さ）も考慮しなければならないからである．たとえば，図 7.1 では，予備テストの得点が中程度のほうが，高得点や低得点の場合よりも傾きが急となる．これは，予測される確率の変化は，中程度の範囲にあるときが他の値よりも大きいことを意味している．予備テストの点数が5点から6点に上がるとき，予測される確率は0.20 から 0.80 まで上がる．予備テストの点数が0から1に上がるときは，予測される確率の変化は無視できるほど小さい．それに比べて，オッズの変化推定値は，予測変数の値が何であっても同じである．

1.4 ロジスティック回帰曲線

　数学データから得られたロジスティック回帰曲線は，数ある曲線のうちの1つである。ロジスティック回帰曲線は一般にS字型だが，予測変数の係数と定数項の組み合わせしだいでは，さまざまな曲線になり得る。

　予測変数の係数は，曲線の方向性と鋭さを表している。たとえば，図7.2に示すのは，2つのサンプルから得られたロジスティック回帰曲線である。定数項（0）は同じ値だが，予測変数の係数は異なっている。予測変数の係数が大きいほう（3）は，係数が1のものに比べて，ちょうど50％のところでの傾きが急であるのがわかるだろう。予測変数に対してより大きな係数であることは，予測変数とターゲットグループのメンバーに対するオッズの関係がより大きいことを意味している。オッズ比が小さくなると，係数も小さくなる。

　各予測変数が正であれば，曲線は左から右にかけて上昇する。予測変数係数が負の曲線もまたS字型で，左から右にかけて下降する。この場合は比較的高い予測変数値に対して，予測確率が最小となることを示している。係数が0の場合は，図7.3で示しているように曲線はS字ではなくなり，水平になる。これは予測確率がどの予測変数の値とも同じになるからだ。

　定数項は，X軸に沿ったロジスティック曲線の位置を定める。独立変数係数が同じで定数項が異なる曲線は同じ形だが，定数項が上昇すると，曲線はX軸の左へと

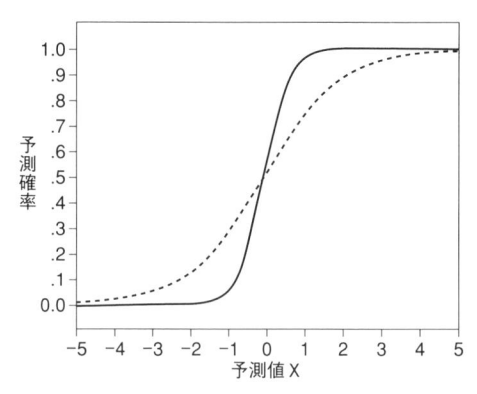

🔄 **図7.2　各予測係数のロジスティック回帰曲線**
　　点線は予測係数（b）が1である場合のX値の予測確率を表し，実線は予測係数が3である場合の予測確率を示す。どちらも定数項は0。

第7章 ロジスティック回帰分析

⤵ 図7.3 予測係数（b）が0の場合のロジスティック回帰曲線

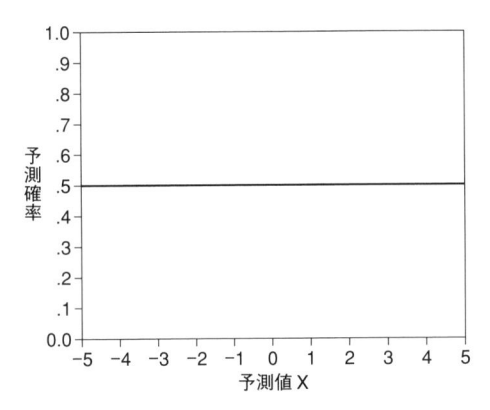

予測確率はすべてのX値に対して，0.50。この曲線では定数項は0。

移動していく。つまり，モデルにおいて定数項が大きいということは，同じ確率を予測するのにより小さな予測値が必要になるということだ。

1.5 係数の推定

　線形回帰分析において，モデルの係数は従属変数についての実際の値と予測値との間の差の平方和が最も小さくなるように求められた。すなわち，係数は最小二乗基準で求められるのである。ロジスティック回帰の場合，最尤基準（maximum likelihood: ml）が一般的に用いられるパラメータ推定法である。係数は，サンプルにおけるケースの実際のメンバーシップが得られる確率（尤度）を最大にするようにして求められる。つまり，ロジスティック回帰の係数は，最尤推定量として知られるものである。

　実際のサンプルの尤度を報告する代わりに，研究者は一般にサンプルの尤度から計算される2つの測度を報告する。その2つとは，対数尤度（LL）と逸脱度（$-2LL$）である。対数尤度は一般に負の値である。逸脱度は，対数尤度をマイナス2倍したものと等しく，一般的に正の値になる。対数尤度と逸脱度が0であるのは，サンプル尤度が1のときである。尤度を最大にした係数というのは，LLを最大化し，逸脱度を最小化するものでもある（McCullagh & Nelder, 1989）。

1.6 仮説検定

　数学のデータ例で，予備テストの係数が0でないことは，予備テストの点数とコースに合格するオッズとの間に関係があることを意味している。しかし，その関連が他の学生集団に一般化できるものかどうかについてはわからない。現在のサンプルが抽出された数学の学生母集団において，回帰係数が0でないかどうかを決めるには，仮説検定をしなければならない。線形回帰と同様に，ロジスティック回帰における仮説検定は背理法を用いている。まず，予測係数が母集団において0であると仮定する（この仮定を帰無仮説という）。仮説検定によって，データの帰無仮説を棄却でき，そして予測係数が0ではないという対立仮説を採択できる十分な証拠があるのかどうかを明らかにする。

　母集団における予測変数の回帰係数が0でないことを検証する1つの方法は，尤度比統計量（G）を使うことである。回帰分析におけるF統計量のように，大きな尤度比統計量は，母集団における回帰係数が0とは異なっていることを意味する。この「大きな」という基準は，確率（p）と尤度比統計量との関係の強さである。もし観測された尤度比統計量が，係数が0である母集団から無作為に抽出されたサンプルにおいて5%よりも小さい確率で生じるなら，帰無仮説は棄却される（仮説検定における仮説の棄却水準である0.05はαとしてよく知られている）。

　1つの予測変数しかもたないモデルでは，尤度比統計量は自由度1のχ^2分布から得られる。数学のサンプルデータにおける尤度比統計量は，56.17で$p < 0.00005$であり，母集団における回帰係数は0とは異なっているといえる。さらに，サンプルの回帰係数が正なので，予備テストで高い点数をとった学生は，より低い点数をとった学生よりも，数学コースをパスする可能性が高いといえる。

　母集団における係数が0でないかどうかを決定するもう1つの有名なテストが，z検定である。zを計算するためには，予測係数をその標準誤差（SE）で割り，サンプルからサンプルへの係数の妥当性を予測する測度を算出する。たとえば，予備テストのz点数は2.69/0.91なので2.96である。z値が2.96より大きくなる可能性は0.0003よりも小さく[1]，母集団において係数が0であるという仮説は棄却される（一般的に，0.05以下になるz値は，絶対値で1.96以上である）。つまり，尤度

---

[1] こうした確率は理論的に求められるものであり，統計ソフトウェアや表計算ソフトウェアで算出できる。あるいは，統計学のテキストの付録によくみられるような，標準正規分布の数表を用いて求めることができる。

比検定のときと同様，z 検定の結果も予備テストの点数と合格するオッズの間に正の関係があることを示している。G と z との違いは，広い意味で数字の問題である。というのも，どちらも大きなサンプルを想定しており，よく報告されるように，ふつうは同じデータセットを使ったときは一致した結果を出す（Hauck & Donner, 1977）。

1.7 係数とオッズ比の区間推定

　事前テスト得点に対する回帰係数は，母集団における係数の点推定である。95％信頼区間は，サンプルデータを使って母集団における係数のありそうな範囲を推定するものである。この区間の下限の近似値は，係数からその標準誤差の2倍を引くことで算出できる。上限の近似値は，係数にその標準誤差の2倍を足すことで算出できる（より正確に上限，下限を推定するなら，標準誤差を1.96倍するといい）。たとえば，事前テストにおいて，下限値は $2.69 - 2(0.91) = 0.87$ であり，上限値は $2.69 + 2(0.91) = 4.51$ である。つまり，母係数は 0.87 から 4.51 の間にあると推定される。この 95％信頼区間は，線形回帰における解釈と同じである。もし母集団から無限回の無作為抽出をすれば，母集団における平均値の 95％がその中にある，ということが 95％信頼区間の意味である。さらに，95％信頼区間が 0 を含んでいたら，その係数は 5％水準で有意ではない。

　また，回帰係数の上限・下限の区間を e の乗数にすることでオッズ比に対する 95％信頼区間を計算することもできる。今回の例で言うならば，オッズ比の下限は $e^{0.87} = 2.39$ であり，上限は $e^{4.51} = 90.92$ である。この信頼区間はゆがんでいることに注意しよう。サンプルのオッズ比 14.73 は上限よりも下限に近い。オッズ比の信頼区間がゆがむのは一般的なことである。なぜなら，オッズ比は 0 以下になることはなく，上限はないからだ。また，その区間はとても広い。同じ母集団からのサンプルであっても，信頼区間は一般にサンプルサイズが大きくなるにつれて狭くなっていく。最後に，今回の例では，予備テストの点数が一単位上昇するときターゲットグループのメンバーになるオッズの増加は，母集団において 2.39 から 90.92 の間になることが，95％の確からしさでいえる。他の信頼区間は，予備テストにおける得点を二単位増加するとして計算する，三単位増加するとして計算する，ということをする。信頼区間はここで仮説検証のために使うことができる。これもちょうど回帰分析のときと同じことである。しかし，もし 95％信頼区間が 1 を含んでい

たら，このオッズ比は5％水準で有意ではないことを意味する。これは一単位上がることが，ターゲットグループにおけるメンバーのオッズを増加させる信頼性がないことを意味しているともいえる。

1.8　分類分析

　分類表は，実際のグループメンバーと予測されるメンバーの間の適合を要約したものである。数学のデータの分類表は表7.1のように示される。対角のセル（不合格―不合格と合格―合格）にあるケースの数がその他（非対角の）セルのケースと比べるととても大きい。このパターンは観測された結果とモデルの予測とが適合していることを示している。モデルに正確に分類されたケースの全体的なパーセンテージ（Percentage Accuracy of Classification: PAC）はつまり，分類に成功した割合であり，このPACは今回95.29％である。正確に分類できたケース（50）を分類された全体のクラス数（54）で割ることで得られる。

　分類の正確さを表す方法として，よく用いられるものが4つある。疾病群（ターゲットグループ）と健康群（対照グループ）の分類を例に考えてみよう。サンプルの80％が病気だと仮定する。もしモデルがターゲットグループの半数を正確に分類できるなら，その感度は50％である。感度はターゲットグループに正しく分類されたパーセンテージであり，真の陽性を正しく分類できたものとして知られる。正の予測値はモデルがターゲットグループに属する個人を正しく予測する割合である。特異度は対照グループに正しく分類されたパーセンテージであり，真の陰性を正しく特定したものとして知られる。負の予測値は対照グループに属する人をモデルが正しく対照グループに分類した割合である。実際，正と負の予測値は，そのモデルを用いて実際に決定するときに非常に役立つ。なぜなら，これらはモデルが実際の判断にどれほど役立つかを示す指標だからである。あるいは，これらの指標はモデルの予測が本当に正しい回数の割合を示すともいえる。

表7.1　数学データの分類表

実際のグループ	予測グループ	
	不合格	合格
不合格	24	2
合　格	2	26

一般的に，分類の結果は，因果とともに解釈される必要がある。その理由の1つは，正しいロジスティック回帰モデルが常にどちらの群に対してもよい分類をするとは限らないからである（Hosmer & Lemeshow, 1989）。よって，正と負の予測値の平均，すなわちクラス間の予測値の平均は，両方のグループの予測を行いたいと考えている調査者には，非常に魅力的なのだ。また，分類の正確さが最も効果を発揮するのは，各集団におけるケースの割合がほぼ同じ場合である。たとえば，もしケースの80%がターゲットグループにある場合，ロジスティック回帰なしでも分類の正確さが80%となる（たんにすべてのケースをターゲットグループに分類し，20%を対照グループに分類するだけだ）。さらに，分類の正確さは常に独自のサンプルの場合よりも新しいサンプルのほうが低くなる。分類の正確さを目的とした研究ならば，理想的にはモデルを1つのグループにフィットさせ，サンプル間の分類の正確さを一般化させるため，そのモデルをその他のグループに適用させる必要がある（検証サンプル，もしくは交差検定とよばれる）。

1.9 結果の見せ方

　ロジスティック回帰を用いた研究の結果は，おおむね線形回帰と似た形式で表記される。一般的に，適合度の高さを示す単位として，対数尤度（LL），逸脱度（$-2LL$），もしくは尤度比（LR）が示される。次に，検定統計量（zもしくは尤度比），確率，信頼区間とともに，モデル係数を示す（ときおり，モデル係数よりも解釈するのが容易なオッズ比（e^b）も報告される）。最後に，分類表と単位の要約を示す（たとえば，PAC，感度）。しかし，結果の示し方は研究によって少しずつ違うものである。たとえば，ある研究では上に書いた統計量のいくつかだけが報告されるということもある。

1.10 多変量モデル

　この分析から，数学に精通した学生はそうでない学生よりもテストに通りやすいことがわかった。しかし，われわれは他に関係している変数について考えていない。たとえば，数学コースに合格する確率は，勉強をするほど高くなるであろう。今までの分析では勉強に費やした時間と事前テストの成績との相互関係を考慮していなかったし，学生が合格したかどうかについて，学生がみごと合格したとしても不合

格だった学生よりも数学についての知識が多かったことしかわからない。予備テストの点数が高かった学生は，とても熱心に勉強する学生だからこそ生じた結果だったのかもしれない。

しかし，54名中50名（PAC = 92.59%）が，たった1つの予測変数に分類されるというのは，非常に印象的である。とはいえ，1つ以上の変数を追加してこの分類のパフォーマンスを改良することができるかもしれない——誤分類だったケースのいくつか，あるいは残り全部を正確に分類しても，残り7.4%しか改良の余地がないが。どの変数を予測変数に選ぶかについての意思決定にあたっては，多変量回帰分析のテクニックを使えばいいと思う人がいるかもしれない。予測変数の選択にとってベストなアプローチは，予測変数と基準変数の間にすでに確立された知識に基づいたものであるべきである。さらに，ある予測変数が従属変数に関係していると主張している理論があれば，それに沿う形で調査者は独立変数を選ぶことが多い。

線形回帰のときのように，多変量モデルで予測変数のセット（全体として）とターゲットグループにおけるオッズとの間の関係を，各変数とオッズとの関係と同じく定めるように定式化することができる。モデルにおける他の予測変数を統計的に調整しながらである。ロジスティック回帰モデルは，連続的変数やカテゴリカルな変数，どちらでも両方でも予測変数にすることができる。

予測変数が複数あるロジスティック回帰分析を行う例として，子どもの作文能力に関する研究（Wright, 1992）のデータを用いよう。この研究では，小学生63名に説明文を書かせている。その文章のでき映えをもとに，生徒を文章作成得意群と不得意群とに分けた。作文能力の予測変数として，生徒の学年（4，5，7年生），性別，段落レビュー課題の成績（短い文章にあるまちがいを発見する能力テスト）を考える。レビュー課題の尺度は0点から24点までである（24点が最高得点）。

これから，学年と性別の変数を統制したうえで，文中の誤りを見抜く能力が作文能力と関連するのかを明らかにする。誤りを見抜く能力と作文能力の関連は偽物である可能性もあるため，分析には生徒の学年と性別も入れ込む（誤りを見抜き，作文能力も高い生徒は，おそらく最上学年であるか，性別が同じである）。この分析は，誤り発見能力と作文技術の間の関係を発見し，その関係は年齢と性別によっては説明されないということをいう手助けにもなる（しかし，研究目的が別のものであれば，学年と性別が最も興味深い点になることもある。たとえば，もしわれわれが子どもの作文能力と誤り発見能力が年齢を通じて改善されるとか，男女間で異なるかどうかを明らかにしたいといった場合がそうだ）。

第7章 ロジスティック回帰分析

　2つのカテゴリカルな予測変数（性別と学年）を分析に含めるには，これらの変数をまずダミーコードに変えた変数に変換する必要がある。なぜなら，性別は二値の予測変数で，われわれは1つのカテゴリー（女性）をベースラインつまり準拠カテゴリーとして扱い，他のカテゴリー（男性）を比較グループとする必要があるからだ。簡単にするために，準拠グループは数字の0にコード化され，比較グループは1にコード化するとしよう。学年段階をダミーコードにするためには，これは3つの水準があるので，2つの新しい変数を定義しよう。それらはそれぞれ，4年生と比較するものである（ダミー変数の数は元の変数のカテゴリー数マイナス1で定められる）。4年生が，われわれの準拠カテゴリーなので，他の新しい変数に対して数字は0にしておこう。他の変数のうちの1つ（Level 1）は，5年生（1とコード化される）と4年生の比較である。もう1つの変数（Level 2）は，7年生（コード1）と4年生の比較である。このコーディング方法は，学年間の対比を表している。1つ，あるいは両方の水準が有意な予測変数であることが明らかになれば，作文能力は生徒の学年に関係していることが明らかである（多くの統計ソフトウェアプログラムがカテゴリカル変数を自動的にダミーコードに変えてくれる）。

　ここで，結果から得られる尤度を推定するためのGやzに関する以前の議論について思い出してみよう。多変量の場合，モデル全体を検定するにはgを用いる。gは線形回帰におけるFのようなものだ。しかし，zもGも多変量モデルにおける個々の係数を評価するのに使うことはかまわない。z検定を使うときは，モデル係数はその標準誤差と比較されたことを思い出そう。つまり個々の係数については，Gは重回帰分析における偏F値[2]と同じである。

　これからレビュー課題の尺度得点の係数を求めていくが，予測変数の係数が0と異なるかどうかを調査するためには尤度比検定Gを用いる。全体的な尤度比の自由度が4で，これはモデルにおける予測変数の数である。最初の研究においては，尤度比統計量（27.01）の確率は0.00005よりも小さく，これは母集団において少なくとも1つの係数は0ではないこと（全体的な検定は，どの係数が0ではなかったのかを教えてはくれない）を意味している。

　4変数モデルの係数とz得点は，表7.2の通りである。レビュー課題の尺度得点に対するz得点は正の値をとり，5％よりも小さい。ゆえに，生徒の学年や性別を考慮するならば，得点が高い生徒は作文能力が高い傾向にある。つまり，誤りの発

　◇2　偏回帰係数の有意性検定に用いるF統計量のこと。

⑤ 表7.2　筆記データの結果

変　数	b	SE	z	p	e^b	信頼区間（オッズ）
性別	0.46	0.65	−0.71	.479	0.63	0.17 − 2.32
Level 1	0.88	0.83	1.06	.289	2.42	0.46 −12.68
Level 2	0.16	0.78	0.21	.837	1.17	0.25 − 5.58
レビュー課題	0.80	0.23	3.48	.001	2.22	1.40 − 3.53
定数	−16.71					

　見能力と作文能力の間には正の関係があり，それは4年生，5年生，7年生でもかわらず，また生徒が男性か女性かにも関係ないことがわかる。レビュー課題の係数でeを累乗することで，モデルにおける他の予測変数を統計的に調整したときの作文能力のオッズ比が求められる。つまり，性別と学年段階を統制したときのモデル推定値は，レビュー課題の尺度得点が一単位上昇するごとに2.22ずつ合格するオッズが上昇する。

　表7.2のz検定に基づくと，性別と学年段階の母系数が0であるという仮説を棄却するには不十分な証拠しかないことがわかる。つまり，これらの結果は他のサンプル，つまり母集団に一般化できない。とはいえ，これらの係数を使って，今回のサンプルに限っての性別と学年の傾向を見る何かのヒントを検証してみることはできるかもしれない。たとえば，どちらの学年段階の係数も正であり，これは統計的に他の予測変数を統制したときに，5年生と7年生は4年生よりも文章がうまいことを意味する（われわれのダミーコーディング技術は，5年生と7年生を比較するようにはできていない。しかし，この比較は異なるコーディング技術を使うことで可能になる）。性別の係数が負であるので，モデルに他の予測変数を入れたときに，女性（準拠カテゴリー，ダミーコードでは0）は男性（コードは1）よりも作文能力が高いことを示す。もしコーディング方法が改訂されれば，つまり男性が0で女性が1になれば，この性別の係数は正の数になる。

　予測変数が1つだったときのモデルのように，多変量モデルでも予測される確率を二段階で計算することができる。まず，各予測変数にその係数を掛けた$\hat{g}$を算出し，その積と定数項を計算する。表7.2から，$\hat{g}$は

$$-16.71 + 0.80(レビュー課題) + 0.46(性別) + 0.88(\text{Level 1}) + 0.16(\text{Level 2}) \tag{7.5}$$

である。

　（この $\hat{g}$ の算出方法は多変量モデルの基本的な方法で，他の変数や係数を足し算すること以外は，一変数モデルと同じである。）

　予測確率を推定する前に，$\hat{g}$ を同じ式に挿入する。

$$e^{\hat{g}}/(1 + e^{\hat{g}}) \tag{7.6}$$

たとえば，尺度得点 24 だった 7 年生男子の予測確率を推定してみよう。男性は 1 とコード化され，7 年生は Level 2 で 1 とコード化されていたのだった。だから，この生徒の $\hat{g}$ は

$$-16.71 + 0.80(24) - 0.46(1) + 0.16(1) = 2.19 \tag{7.7}$$

である。だから，予測される確率は

$$e^{2.19}/(1 + e^{2.19}) \text{ つまり } 0.90 \tag{7.8}$$

である。

　予測確率は 0.50 よりも大きいため，この生徒は作文能力が高い群に分類される。

　このモデルの分類表は表 7.3 に示した。本サンプルの PAC は 77.78% [$(22 + 27)/(22 + 6 + 8 + 27)$] である。文章作成能力上位者の事前確率は 52% [$(6 + 27)/(22 + 6 + 8 + 27)$] であり，下位者は 48% [$(22 + 8)/(22 + 6 + 8 + 7)$] となり，両者はほぼ同じである。感度は 81.82% [$(27)/(6 + 27)$] であり，特異度は 73.33% [$(22)/(22 + 8)$]。正の予測値は 77.1% [$(27)/(27 + 8)$]，負の予測値は 78.6% [$(22)/(22 + 6)$] となる。

表 7.3　筆記データの分類表

実際のグループ	予測グループ	
	低群	高群
低　群	22	8
高　群	6	27

2 研究例

予測値とターゲットグループに入るメンバーの確率の間の関係を定める研究で、ロジスティック回帰が使われている2つの例を示そう。

2.1 重度の頭部外傷

重度の頭部外傷を負った人の予後は、どんなものだろうか。Stablein, Miller, Choi, & Becker (1980) は、重度の頭部外傷を負った115名の患者が亡くなる確率を推定するために、ロジスティック回帰を用いた（今回は、植物状態の患者も死に分類された）。予測変数は3つの二値変数で、脳が受けたダメージについての測度からなる。瞳孔の大きさ、光に対する瞳孔の反応、そして眼球頭反射である。各予測値は、ふつうの反応（コードは0）が準拠カテゴリーで、異常な反応（コードは1）が比較カテゴリーであった。Stableinらは、異常な反応を示した患者が、ふつうの反応を示した患者よりも亡くなる可能性が高いかどうかを検定した。

3つの変数を使った、全体的な尤度比統計量（G）は38.70、自由度は3である。この統計量についての確率は0.00005よりも小さく、少なくとも1つの母系数は0ではないことが示された。係数と統計量に関する情報は表7.4に示した。光に対する瞳孔の反応の係数は、モデル中の他の変数の影響を考慮に入れると、0ではない。つまり、他の予測変数を統制すると、光に対する瞳孔の反応が異常だった患者は、ふつうの反応をした患者よりも、頭部外傷後に亡くなる確率が高い。光に対する瞳孔反応のオッズ比について、患者の数や眼球頭反射を統計的に調整したうえで推定したところ、ふつうの反応をした患者よりも異常な反応をした患者のほうが、死のオッズが8.81倍であった。モデルの他の係数はいずれも、0と異なるものはなかった。

表7.4 深刻な頭部損傷データの結果

変　数	b	SE	z	p	e^b	信頼区間 (odds)
眼球回頭性反応	0.08	0.62	0.13	.897	1.08	0.31 - 3.74
瞳孔径	0.86	0.70	1.23	.219	2.37	0.58 - 9.58
光への瞳孔反応	2.18	0.65	3.35	.001	8.81	2.41 -32.46
定数	−1.50					

オッズ比の信頼区間も，表7.4に載せている。オッズ比の95%信頼区間を推定するためには，まずロジスティック回帰係数の95%信頼区間を推定することを思い出してほしい。瞳孔の対光反応を例にあげると，信頼区間の下限は $2.18 - 2(0.65)$ で，0.88，そして上限は $2.18 + 2(0.65)$ で，3.48 となる。95%信頼区間の上限と下限を算出するために，この数字を e の累乗に乗せる。その結果，2.41 と 32.46 を得ることができる。このことから，95%信頼区間から，オッズが 2.41 から 32.46 にある瞳孔の対光反応が異常な患者は，ふつうの患者よりも多いと推測できる。

予測変数の組み合わせによる死の予測確率を計算してみよう。すべての変数についてふつうの反応をした患者は，

$$\hat{g} = -1.50 + 0.08(0) + 0.86(0) + 2.18(0) = -1.50 \tag{7.9}$$

である。つまり，この患者の死の予測確率は，

$$e^{-1.50}/(1 + e^{-1.50}) = 0.18 \tag{7.10}$$

となる。

予測確率が 0.50 よりも小さく，ターゲットグループが死なので，われわれはこの患者を生き残るほうに分類する（このサンプルでは，実際この反応の組み合わせを見せる患者の生き残る割合は $13/68 = 0.19$ であった）。各予測変数に異常な反応をした患者の場合は，

$$\hat{g} = -1.50 + 0.08(1) + 0.86(1) + 2.18(1) = 1.62 \tag{7.11}$$

である。このときの死ぬ確率は，

$$e^{1.62}/(1 + e^{1.62}) = 0.83 \tag{7.12}$$

となる。

つまり，この患者は死ぬと予測される（実際にこの反応の組み合わせを見せる患者の死ぬ確率は，$17/18 = 0.94$ である）。

この例では，われわれは全体的なモデルから確率を得たが，すべての予測変数が統計的に有意であったわけではない。しかし，これは一般的な実践例で，全体的なモデルを評価したとき，有意な G が得られたので，正当化してよいといえる。しかし，研究者によっては，すべての個々の係数が有意であるときだけ予測値を得るのに使うべきだと考える人もいる。

⟲ 表 7.5 深刻な頭部損傷データの分類表

実際のグループ	予測グループ	
	生存者	死亡者
生存者	64	8
死亡者	15	28

Stablein et al. (1980) の研究による分類表を表7.5に示した。全体的に，モデル分類の正確さは80％ [(64 + 28)/(64 + 28 + 15 + 8)] である。しかし，事前の分布では死亡者が37％ [(15 + 28)/(15 + 28 + 64 + 8)] で，63％が生存者 [(64 + 8)/(64 + 8 + 15 + 28)] と，不均一である。感度は65.12％ [(28)/(28 + 15)] と特異性に比べて低い。特異性は88.89％ [(64)/(64 + 8)] である。正の予測値は，死について計算すると77.78％ [(28)/(28 + 8)] で，負の予測値は，生存者について計算すると81.01％ [(64)/(64 + 15)] である。

Stablein et al. (1980) の結果は，重度の頭部外傷後，眼孔の対光反応が異常であれば，死亡する可能性が高いことを示した。しかし，Stableinらは患者を事故後3か月間追跡調査しただけである。もし患者を長期にわたって調査したならば，モデル係数や予測確率は違ったものになる可能性がある。さらに，眼孔に関するデータは，病院の許可を得て一時間で測定したものだ。Stableinらは，さらに正確なデータとするためには，長期的に患者を追跡しなければならないと記述している。

2.2 催眠と禁煙

喫煙者は，さまざまな方法で禁煙を試みようとする。最近増えているのは，自己催眠療法だ。教えられた方法で自身を催眠状態にし，喫煙に関する見方を変化させるというものである。Spiegel, Frischholz, Fleiss, & Spiegel (1993) の研究では，223名の患者が禁煙プログラムの一環として，自己催眠療法を受けている。患者の23％以上が，2年程度で禁煙できた。研究者らは，自己催眠の後に最も禁煙しやすい個々人の性格を明らかにするため，ロジスティック回帰を用いている。

Spiegel et al. (1993) は，3つの予測変数をモデルに入れた。そのうち2つは，誘導点数と自己評定式催眠可能性で，いずれも連続変数である。これらの変数が高い点数であると，患者は高度に催眠にかかりやすいことを意味する（誘導点数は0から10の間に入り，自己評定のほうは1から11の間である）。第三の測度は社会

的サポートで，二値変数である。1にコード化されるのは配偶者か両親といっしょに住んでいる人で，0にコード化される人は一人暮らしである。著者らは催眠にかかりやすい患者は自己催眠療法の後で禁煙しやすい，と考えた。また，社会的サポートは患者の禁煙に対するモチベーションを維持するので，配偶者や親といっしょに住んでいる人は，一人暮らしの人よりも禁煙しやすいだろうという仮説を立てた。

Spiegel et al.（1993）から得られた，モデル係数と関係する統計量を表7.6に示した（G統計量と分類表は報告されてない）。z得点の検定とその確率から，各変数において母係数はおそらく0ではない。つまり，モデルの他の予測変数を統制したとき，各予測変数は少なくとも2年間禁煙するオッズと正の関係にある。誘導点数のオッズ比については，社会的サポートと自己評定の催眠可能性を合わせて考えたときに，誘導点数が一単位増加するごとに2年禁煙するオッズが4.05上がると推定された。同様に他の変数も調整すると，配偶者や親と住んでいる人は暮らしの人に比べて，禁煙するオッズが4.22倍高いと推定され，自己評定の催眠可能性が一単位増加するごとに，禁煙するオッズが1.29増えることが示された。

すべてのモデル係数を使って，$\hat{g}$を計算すると，

$$-6.96 + 1.40(導入) + 1.44(サポート) + 0.26(自己評定) \tag{7.13}$$

となる。すべての予測変数に対して，最も低い得点をつけた患者（つまり，誘導点数が0で，1人で住んでいて，自己評定点数が1であった人）は，

$$\hat{g} = -6.96 + 1.40(0) + 1.44(0) + 0.26(1) = -6.70 \tag{7.14}$$

である。ここから，この患者が禁煙に成功する確率の予測値は，

$$e^{-6.70}/(1 + e^{-6.70}) \tag{7.15}$$

で，これは事実上0である（0.001）。

表7.6　仮説データの結果 (Spiegel et al., 1993, p.1094)

変数	b	SE	z	p	e^b	信頼区間（odds）
導入	1.40	0.33	4.24	.0001	4.05	2.14 - 7.69
サポート	1.44	0.46	3.13	.003	4.22	1.71 -10.36
自己評定	0.26	0.08	3.25	.003	1.29	1.10 - 1.52
定数	−6.96					

誘導点数が5で，パートナーといっしょに住んでいて，自己評定式催眠可能性点数が2である患者は，

$$\hat{g} = -6.96 + 1.40(5) + 1.44(1) + 0.26(2) = 2.00 \tag{7.16}$$

である。つまり，このときの2年間の禁煙確率は

$$e^{2.00}/(1 + e^{2.00}) = 0.88 \tag{7.17}$$

である。

Spiegel et al. (1993) は，患者の特徴が介入の効果に影響すると結論づけている。つまり，催眠にかかりやすく，社会的サポートネットワークがある人は，自己催眠のあとで最も禁煙しやすい，というのだ。しかし，Stablein et al. (1980) のように，もし時間が経つにつれ結果が変化する研究の場合，ロジスティックモデルでは駄目だ。実際，Speigel らは催眠療法の1週間後の喫煙状況を従属変数としたとき，催眠可能性測度とモチベーションの測度は禁煙を予測するが，社会的サポートはそうではなかったことが示された（あなたが予想した通り，成功率は52%で，治療の1週間後も高かった）。

Spiegel et al. (1993) の研究にある，2年間の成功率 (23%) は低いものだが，1年我慢する率 (11%) の2倍よりも大きいことが，禁煙者の研究で発見された。さらに，Spiegel らは禁煙の判断を厳しくしている。1本でも吸った患者を禁煙失敗に分類しているのだ。もし判断が緩やかであれば（1日のタバコの本数が減る，など），全体の禁煙成功率はより高かっただろう。さらに，患者は一度しか催眠療法を受けていない。しかし禁煙のための別の技術と合わせたフォローアップは何度か行われており，それが成功率に影響しているのだろう。

▎3 反復多変量ロジスティック回帰

応用研究では，調査協力者の数に基づいて，ロジスティック単回帰に多くの変数を用いることが可能だ（少なくとも変数の50倍のデータが必要であることを思い出してほしい）。反復ロジスティック回帰は，変数のよい組み合わせを見つけるための一般的な方法だ。つまり，統計的に有意で，うまく正・負の予測値を示す独立変数のみをモデルに含めるのである。たとえば，200ケースのデータがあるとする

と，たった4つの変数（200/50）しか含められない。このように，調査者は4つの変数のよい組み合わせを見つけるために，反復ロジスティック回帰を用いなければならない。

反復モデルで最もポピュラーな方法は，増加法，減少法，ステップワイズロジスティック回帰だ。それらは，重回帰で用いられるモデル構築方法と似ている。

変数増加法では，変数がモデルに投入されるたびに検証が行われる。最初に加えられる変数は，統計的に有意な独立変数の中で最も尤度比が小さいものである。別の変数がモデルに加えられるのは，加えようとしている変数の尤度比が有意である場合だ。すべての変数が投入される，もしくは尤度比がすべての変数に有意でなくなったとき，モデルの構築は終了する。

変数減少法では，有意であるなしにかかわらず，モデルにまずすべての変数を入れる。モデルから変数を取り除くたびに，検証が行われる。まず取り除かれる変数は，尤度比の確率が最も確率的に大きい，つまりアルファよりも大きい場合である。その手続きは，モデルに統計的に有意な変数のみが残るまで続けられる。

ステップワイズは，増加法と減少法を組み合わせた方法である。各変数は，モデルに投入されるたびに検証される。独立変数がモデルに投入される場合はいつも，モデルの別の変数を取り除くかどうかも検証される。手続きは，変数がこれ以上投入および除去される必要がなくなると終了となる。

この反復的手続きには，多くの統計的仮説の検証（係数の検定など）が含まれており，さらに，タイプ1エラー（多変量分散分析の第8章を参照のこと）が生じる可能性が劇的に高くなる。そうした研究では，交差妥当化が強く推奨される。

4 まとめ

ロジスティック回帰は，1つ以上の独立変数と特定群のメンバーの尤度との間の関係を推定するための，統計的手続きである。この手続きはまた，各予測変数に関連する確率も算出できる。判別分析（Klecka, 1980）もグループに属するかどうかの予測をするのに使われるが，それはロジスティック回帰分析に比べてデータに厳しい制限が課せられる。たとえば，予測変数はグループ変数の各カテゴリーに対して多変量正規分布をしていなければならないとか，各カテゴリーは他の予測変数と同じ分散共分散をしていなければならない，といったものである。これが示すのは，

具体的にいうと,判別分析はカテゴリカルな予測変数には向いてないということだ。そのようなときでも,ロジスティック回帰と判別分析はターゲットグループに入るメンバーの事前確率がほとんど0か1であるときは,同じような結果を出す(Press & Wilson, 1978)。

　ロジスティック回帰は線形回帰と同様,多くの強みがある。どちらも,独立変数値の増加に対し,従属変数得点が増加するか減少するかを明らかにする。さらに,どちらの手法もモデル係数に対して仮説検定をしたり信頼区間を算出したりすることができる。また,何度もモデルの組み合わせを変えることによって,独立変数の値が最大となるための最適な組み合わせを見つけることもできる。しかし,ロジスティック回帰がカテゴリカルな独立変数に特に適した方法であるとされる理由は,線形回帰が負の数や1以上の予測値を出すからであるのに対し,ロジスティック回帰分析はいつも,メンバーがターゲットグループに入る確率として解釈できる予測値を出す点である。

　残念ながら,ロジスティック回帰には線形回帰同様,多くの仮定が必要となる。つまり,観測変数の独立性と,完璧に定式化されたモデル――実際に適用するときは時にむずかしい条件になる――であることである。さらに,仮説検定が正確であるためには,ロジスティック回帰分析は大きなサンプルサイズを必要とする。ロジスティック回帰分析を使った研究から結果を引き出す前に,これらの仮定を満たしているかどうか,考えなければならない。

推薦図書

　本章では,ロジスティック回帰の全体像のみを呈示した。幸い,ロジスティック回帰についての知識を広げてくれる多くの書物が出始めたところである。導入的なものとしては,どのようにロジスティック回帰分析がさまざまな分野で使われているかについて書いたものとして,Fleiss, Williams, & Dubro(1986)のステップワイズロジスティック回帰を精神医学領域で使った例がある。Shott(1991)はロジスティック回帰分析を獣医薬学の文脈で,判別分析とロジスティック回帰を対比させて論じている。Walsh(1987)はロジスティック回帰分析を社会学データに適用している。ロジスティック回帰と線形回帰の対比では,Dwyer(1983)やNeter & Wasserman(1974)がある。これらは線形回帰の基本的な理解をしていることだけが求められる,初心者向けである。

　ロジスティック回帰の包括的な扱いとしては,Aldrich & Nelson(1984)やHosmer & Lemeshow(1989)がよい。これらの本は,多値ロジスティック回帰への導入も含まれている。

ロジスティック回帰の数学的側面としては，行列代数の知識が必要になるが，McCullagh & Nelder (1989) が一般線形モデルの文脈でロジスティック回帰を論じている。Press & Wilson (1978) は，ロジスティック回帰と判別分析の比較を，Agresti (1990) はカテゴリカルデータの一般的な扱い方を示している。

用語集

逸脱度（−2LL）〈Deviance (−2LL)〉 サンプル尤度の自然対数を −2 倍したもの。ふつう正の数になり，尤度の増加にともなって小さな逸脱度になる（尤度が 1 のとき逸脱度は 0）。

オッズ〈Odds〉 目標とするグループのメンバーになる確率を，他のグループに割り当てられる確率で割ったもの。オッズはいつも 0 以上であり，1 のとき両方のグループが同程度の確率である。

オッズ比 (e^b あるいは ψ)〈Odds Ratio (e^b, or ψ)〉 モデルの係数の冪とともに上昇する e の大きさ。目標グループにおけるメンバーシップのオッズ推定値が一単位上昇すると，モデルにおける他の予測値が統制されたまま予測量が上昇する。

感度〈sensitivity〉 モデルによって目標グループに正しく分類されるケースの比率で，「本当に正しく真の分類がされたこと」として知られる。分類の正確さの測度。

クラス間の予測値の平均〈Mean Predictive Value Across Classes〉 正と負の値をとる予測値の平均。モデルが両方のグループをうまく予測するモデルをつくろうとする研究者にとっては，しばしば最も重要な測度となる。

最尤推定量 (mle, b)〈Maximum Likelihood Parameter Estimate (mle, b)〉 最尤法によって選ばれたモデル係数。この係数は他のどの係数よりも高い尤度をもつ。

最尤法〈Maximum Likelihood Method〉 ロジスティック回帰係数を選ぶときに使われる一般的な基準。手元のサンプルにおいて，実際の要素が得られる確率を最大にするように係数を選ぶ。

残差〈Residual〉 実際の結果と予測された確率の差。残差（の絶対値）が小さければ，モデルがケースにうまく適合したことを意味する。

正の予測値〈Positive Predictive Value〉 目標とするグループに本当に所属するメンバーが，目標とするグループとして予測されるケースの比率。

z 検定〈z Test〉 モデル係数が母集団において 0 と有意に異なるかどうかの検定をすること。大きな z 値（絶対値）は母集団における係数も 0 から異なる可能性が高い。z を計算するには，推定されたパラメータをその標準誤差で割る。

対数尤度（LL または L）〈Log Likelihood (LL or L)〉 サンプル尤度の自然対数。一般に負の数になり，対数尤度は尤度が増加するほど大きくなる（尤度が 1 のとき対数尤度は 0）。

定式化の仮定〈Specificity Assumption〉 ロジスティック回帰モデルにおいて要求されることで，すべての予測変数が含まれていて関係のない予測変数が含まれてないことが必要である。もしモデルが正しくない定式化がされていたら，パラメータ推定値も不正確である。

定数項〈Constant Term〉 X 軸におけるロジスティック回帰曲線の位置を決めるパラメータ

推定値。
- **特異度**〈Specificity〉 モデルによって別のグループに正しく分類されてしまうケースの割合で,「正しく負の分類がされたこと」として知られる。分類の正確さの測度。
- **PAC** ロジスティックモデルによって正しく分類されたケースの比率。実際のグループとモデルによって予測されたものとの間の適合のよさを表す測度。
- **標準誤差 (SE)**〈Standard Error (SE)〉 モデルの係数において,サンプルを変えたときの変化量推定値。z 得点と信頼区間を計算するときに使う。
- **負の予測値**〈Negative Predictive Value〉 モデルによって本当は別のグループにいるべきものが異なるグループに割り当てられる予測がなされる比率。
- **尤度 (l)**〈Likelihood (l)〉 手元の実際のサンプルが与えたモデルの係数の得られる確率。尤度の範囲は 0 から 1。
- **尤度比統計量 (G, G^2, χ^2)**〈Likelihood Ratio Statistic (G, G^2, χ^2)〉 尤度比 χ^2 統計量としても知られる。1 つ以上のモデルの係数が 0 から離れているかどうかの検定に使われる。尤度比統計量がその自由度に比べて大きければ,母集団での係数が 0 であるという仮説を棄却することができる。尤度比検定は線形回帰における F 検定と実質的に同じ。
- **予測された確率**〈Predicted Probability〉 目標グループのメンバー一つひとつに対する,モデルの推定した確率。
- **予測変数 (b) の係数**〈Coefficient for the Predictor (b)〉 予測変数のパラメータ推定値。ロジスティック回帰曲線の傾きと位置を制御する。

第8章

多変量分散分析

Kevin P. Weinfurt

　こんな夢を見たことはないだろうか。あなたは論文や助成金申請書を作成するために，熱心に研究記事を読んでいる。序論および方法の節で用いられている専門用語をなんとか読みこなし，ついに研究記事のクライマックスである結果部分に到達するが，そこでこんなものに直面する[1]。

　　4（グループ）×2（時点）の反復測定多変量分散分析を行ったところ，時間の主効果が有意であった（Wilksの$\Lambda = 0.406$, $F(4,113) = 41.28$, $p < 0.001$, $\eta^2 = 0.59$）が，グループの主効果（Wilksの$\Lambda = 0.865$, $F(12,229) = 1.41$, $p > 0.05$）および時間とグループの交互作用（Wilksの$\Lambda = 0.856$, $F(12,299) = 1.51$, $p > 0.05$）は有意ではなかった。

　なんだか恐ろしい言葉が書いてあるが，これらの言葉を悪夢のように怯える必要はない。端的にいうと，多変量分散分析（MANOVA）は，2つ以上の従属変数の組み合わせに対する，1つ以上の独立変数の効果の統計的有意性を見いだすための手法である。

　本章では最初に，MANOVAが用いられるような研究のシチュエーションの例を示し，次いでMANOVAの基本的な統計的概念および一般的な目的について議論

---

[1] この段落は，実際に正当な心理学誌に掲載された文献の結果部分を，わずかに修正することで作成された。残念ながら，この例における修正と現実との違いはそれほどない。

する。MANOVA の基礎となっている仮定，およびそれらの仮定に違反した結果については その後に述べる。さらに，MANOVA がどのように実行されるのか，伝統的な分散分析（ANOVA）との関係などについて，簡潔かつ技術的ではない説明を行う。そして，論文における MANOVA の結果の記述法，およびさまざまな多変量有意性についての統計手法について概説する。本章の後半では，多変量共分散分析（MANCOVA），反復測定 MANOVA，および検定力分析に言及する。最後に，推薦図書，本章で用いられる専門用語および記号の用語集を付記する。

1 仮説的な MANOVA デザイン

ある臨床心理学者がパニック障害（たとえば Antony, Brown, & Barlow, 1992 を参照）に興味をもち，以下のような研究を実施・発表したとしよう。パニック障害の患者 100 名が，症状を改善するためのプログラムに参加しないかと勧誘された。研究者は，リラクセーショントレーニングおよび認知行動療法に基づいた 2 種類のセラピーの有効性を明らかにしようとした。参加者は，リラクセーショントレーニングのみ（relaxation），認知行動療法のみ（cog-behav），リラクセーショントレーニングと認知行動療法の組み合わせ（combined），およびセラピーを行わない統制群（control）という 4 つのグループにランダムに割り振られた。したがって，この研究は 2(relaxation) × 2(cog-behav) 要因計画である（Campbell & Stanley, 1963）。臨床家は構造化面接を行って，各患者の障害の程度を 1 から 10 点で評定する。高

表8.1 4つの実験群における認知的障害，情緒的障害，および身体的障害の下位尺度の仮想的な平均標準得点

実験群	認知的障害 M	認知的障害 SD	情緒的障害 M	情緒的障害 SD	身体的障害 M	身体的障害 SD
統制群	1.75	1.10	1.63	1.11	1.44	0.90
リラクセーション	−0.19	0.66	−0.07	1.07	0.56	1.20
認知行動療法	0.03	0.92	0.33	0.90	0.20	1.02
組み合わせ	0.45	0.96	−0.18	0.89	0.08	0.97

注：各群の参加者は 25 名であった。

いスコアは状況がより深刻であることを意味している。プログラムは8週間にわたって行われ，その後，3つの下位尺度からなるパニック障害の質問紙調査が実施された。下位尺度はパニック障害の異なる構成要素である認知的障害，情緒的障害，および身体的障害を測定していた。各尺度は1から20点の間で得点化され，高いスコアがパニック障害の強さを表す標準得点に変換された。各グループの3つの下位尺度における平均値および標準偏差を表8.1に示した。この例は，MANOVAのさまざまな側面について説明するため，本章を通じて用いる。

2 予備的な統計概念

MANOVAとその解釈に関する問題を理解するためには，いくつかの鍵となる統計概念の知識が必要である。タイプ1エラー，Bonferroniの不等式，効果量，検定力などがそれである。

2.1 タイプ1エラー

タイプ1エラーの確率とは，帰無仮説が真であった場合にそれを棄却してしまう確率のことであり，記号アルファ（α）で表現される。言い換えれば，それは本質的には効果がないにもかかわらず，有意な効果を検出してしまう確率のことである（Kleinbaum, Kupper, & Muller, 1988）。統計学者は，2種類のαについて語る。実際のαと，名目上のαである。実際のαレベルは実際に（真に）タイプ1エラーを犯してしまう確率である。名目上のαレベルは，研究者が望ましいと考えているタイプ1エラーの確率である（つまり0.05である）。名目上のαレベルは仮定に基づいており，もしこれらの仮定が満たされていれば，名目上のαは実際のαに等しいといえる。しかし，もし仮定が満たされていないようであれば，実際のαは名目上のαとは異なったものになる。ゆえに，実際のαがどのようであるかを想定してMANOVAの仮定を評価することが重要になる。

あるいは分析中の3つの異なるレベルに応じたαに言及することもできる。ほとんどの研究者は1回の統計的検定（t検定のような）におけるαについては，見慣れているだろう。それはある有意性検定において帰無仮説を誤って棄却してしまう確率を示しているからだ。ファミリーワイズのα（familywise, 比較ごとのα，

Ryan, 1959）というのもあって，これは一要因分散分析のように，独立変数の複数の水準が従属変数と比較されるときのものである。ファミリーワイズの α とは，統計的な比較が行われたときに，少なくとも1つの帰無仮説をまちがって棄却してしまう確率のことである。比較はテストの「ファミリー」で考えられる。この状況では多くの多重比較手法が用意されていて，たとえば Tukey 法とか Sheffé 法，LSD 法，Newman-Keuls 法，Duncan の多重範囲法（Keselman, Keselman, & Games, 1991; Kleinbaum et al., 1988; Seaman, Levin, & Serlin, 1991）などがある。

最後に，一実験あたりの α（experimentwise α）というのがあって，これは同じ研究の中でいくつかの検定がされるとき，少なくとも1つの統計的検定において帰無仮説がまちがって棄却されてしまう確率のことをさす。つまり，1つの研究で2つの ANOVA をしているときに，一実験あたりの α は研究におけるいくつかの検定結果がまちがって有意になってしまう確率で，ANOVA を何回か使っているときや，各 ANOVA でみられた主効果や交互作用について分析しているときなどにみられる（主効果と交互作用については用語集の定義を見ること）。

2.2 Bonferroni の不等式

Bonferroni の不等式（Stevens, 1986）は，所与の統計的検定の組み合わせにおける α の最大値を定義することから，ファミリーワイズの α や一実験あたりの α を理解するときにはかなり重要な概念である。基本的に，Bonferroni の不等式は，複数の検定における全体的な α は各個別の検定で使われている α レベルの和よりも同じかそれ以下になる，としている。したがって，もし帰無仮説を棄却する基準が 0.05 という条件のもとで6回の t 検定が行われたとき，全体的な α レベルはおよそ $6(0.5) = 0.30$ となる（実際には，全体的な α は 0.265 である。Maxwell & Delaney, 1990 を参照）。つまり，6回の t 検定をするときにはタイプ1エラーを少なくとも1回おかす可能性が30%あることになる。

MANOVA の実施には多くの統計的検定が含まれる。どの検定においても帰無仮説が正しいとしたとき，検定が新たに1つ実施されるにつれて，タイプ1エラーが生じる可能性も高くなる。言い換えれば，一実験あたりの α が増加する。研究論文を読んでいるときは，何回検定が含まれているかに注意して，各検定の α レベルを見て，それから Bonferroni の不等式を使って実験ごとの α の最大値がどれぐらいになるかに注意したほうがいい。驚くほど多くの研究において，実験ごとの α レベ

ルが非常に高いことにより，統計的に「有意」であるという誤った結論が下されている。

2.3　効果量

　ある結果が偶然によって生じたものであるかどうかを確かめることに加えて，その結果の強度について知ることもまた有効である。たとえば，単純な事前 - 事後（プレ - ポスト）デザインの介入研究について考えてみよう。対応のある t 検定によって，プレテストの得点の平均値とポストテストの得点の平均値との差の統計的な有意性のレベルが明らかになる。ここで，2つの平均値の差はどの程度大きいものなのかが気になるかもしれない。言い換えれば，介入治療の効果の大きさはどれくらいか？　ということである。これは，効果量という概念によって対処可能な問題である。

　一般に，効果量は0から1の値をとり，数値が高いほど効果が大きいことを意味する。後述するように，MANOVAの効果量の指標の1つは η^2 であり，これは重回帰分析で用いられる R^2 とおおよそ近いものである（本書の第2章およびPedhazur, 1982を参照）。Cohen（1977）による効果量の分類は，社会調査においてある種標準的なものになりつつある。最もよく引用される効果量のスタンダードは，平均の差の測度である（事前 - 事後テストの例で示したものである）。効果量が0.20ぐらいであれば小さく，0.50ぐらいで中程度，0.80以上であれば大きいとされる。この分類基準は η^2 の大きさを判断するときにも使われ，より適切とされる基準の1つは，Cohenが提案した効果量で，R^2 や他の指標を経由して測定されるものである。0.01は小さく，0.09は中ぐらい，0.25以上は大きい，とされている。社会科学における研究のほとんどは，小さい〜中程度の効果量である。

2.4　検定力

　検定力は，本当に効果があったときに，有意な効果を検出することのできる確率である。検定力を理解するための簡単な喩えは，光線の明るさであろう。本当はそこに何があるのかを知りたいときは，光がより強いほうがそれを見いだしやすい。検定力は，サンプルサイズ，効果量，および調査者によって決定された名目上の α レベルの関数である（Cohen, 1977）。サンプルが大きくなるほど，検定力は大きく

なる。本当の（真の）効果の大きさが大きくなるほど，それを検出する力も強くなる。検定力は0から1の値をとり，0は検定力がまったくない状態，1は完全な検定力がある状態を表す。検定力は，所与のサンプルサイズおよび効果量において，MANOVAが帰無仮説を棄却できるかどうかを判断する助けになるので，MANOVAの実施において重要な概念である。調査を実施した際に，検定力が小さく有意な効果が得られなかった場合には，真の効果が存在するものの，研究デザインや参加者数の問題で効果が見いだせなかったと信じる理由になり得る。MANOVAの検定力については後の節で詳述する。

3 MANOVAの基本

3.1 MANOVAの目的

　MANOVAについての議論を始める前に，より身近な単変量ANOVAについて述べるのがよいかもしれない。ANOVAは，1つの連続変数である従属変数に対し（たとえばIQ），1つ以上のカテゴリーからなる独立変数（社会階層やジェンダー）があるものである。ANOVAの目的は，独立変数の水準ごとの従属変数の平均値が，他と有意に異なるかどうかを判断することである。だから，もし独立変数の社会的階層が3つの水準をもっているとき（低い，中ぐらい，高い），ANOVAはある社会階層は他のクラスよりも高いIQの平均値をもっているかどうか，に言及できることになる。この独立変数と従属変数の関係は，独立変数が従属変数に対して「影響がある」とか「効果がある」などと表現されるが，独立変数から従属変数への必然的な因果の鎖があるわけではない。もし2つ目の独立変数がモデルの中に含まれたら，たとえばジェンダーが入ったら，3（社会階層）×2（ジェンダー）のANOVAが社会階層に影響があるかどうかを判断することができ，ジェンダーのIQに対する影響（たとえば，男性と女性とでIQに違いがあるのか？）や，社会階層との組み合わせの効果（男性と女性のIQ平均の違いは社会階層によって異なるのだろうか？）を明らかにする。後者の変数は統計的な交互作用といわれる。交互作用は，1つの独立変数が他の独立変数の水準によって異なる影響を与えるかどうかを表している。

　MANOVAでは，主効果，交互作用，対比分析，共分散，および反復測定の効果

表8.2 仮想的なパニック障害研究における従属変数の相関

下位尺度	認知的障害	情緒的障害	身体的障害
認知的障害	—		
情緒的障害	.36	—	
身体的障害	.25	.21	—

注：$N = 100$。すべての $ps < .05$。

などについて，単変量 ANOVA とほぼ同じ方法で独立変数の効果を調べることができる。これらの概念の意味するところは，短くまとめることができる。ここでは，ANOVA という言葉は従属変数が1つだけの状況，すなわち単変量分散分析に限定して用いられていることに注意しよう。多変量分散分析は1つ以上の従属変数があるような状況で用いられる。1つ以上の従属変数をもっていることに加えて，MANOVA デザインは従属変数どうしが相関していることも必要とする。もし使われる変数が他の変数と統計的に相関している関係にあれば，そこには現実的な意味で相関があるのだから，MANOVA を使うことができる。理想的には，従属変数は現実的な意味での相関があるだけでなく理論的にも相関があることが望ましい。パニック障害の例においては，3つの従属変数があった（3つのパニック障害尺度を使っているため）。これらは，すべてパニック障害を評価するものであるという点で理論的に相関していた。変数どうしが表8.2で示されているように相関関係にあるため，これらの変数セットは MANOVA を用いて分析することができる。

3.2 なぜ多変量分析なのか？

ここにきて，研究者が2つ以上の従属変数を1回で分析しようとするのはなぜだろう，という疑問が生じるかもしれない。読者が混乱しないように，なぜそれぞれの従属変数に分けて単変量の分析をしないのか，と思うかもしれない。社会科学や生物学の研究者は，ふつう多変量アプローチを使うときに1つか2つの理由をもっているものである。すなわち，多変量分析をすることでタイプ1エラーを統制し，従属変数間の相関関係を考察に取り込みたいのである。

タイプ1エラーを統制する

Huberty & Morris（1989）の調査で示されたように，MANOVAは名目上のα水準におけるタイプ1エラーの確率を維持するために用いられる。考え方の1つとしてHummel & Sligo（1971）が支持しているのは，複数の従属変数における多変量検定が有意で，各独立変数に対して単変量ANOVAが用いられようとしている際には，MANOVAを使うべきだというものである。しかし，最近では，このアプローチは批判を受けており（Huberty & Morris, 1989; Wilkinson, 1975），この状況については，あとで下位検定の議論のときにレビューする。

効果の多変量解析の実施

複数の従属変数があって，それらが相互に相関していたら，その相関関係はデータの多変量解析をするときに大きな意味をもたらす。これは次の2つの理由から示される。まず，変数間の相関関係は，測定が部分的に冗長であることを意味する。つまり，概念的な重複があるのだ。例をあげれば，心理学者が感情の強さを研究しようとして（Larsen & Diener, 1987），感情の強さ尺度（AIM; Larsen, 1984）と，皮膚電位反応（GSR）を2つの従属変数として使った。AIMスコアはGSRの情緒的反応と正の相関をするから，この2つの測度は同じ概念にかかわっていることがわかる。つまり，それぞれの従属変数に別々の分散分析を行って，どちらからも有意な結果が得られたとすると，完全に区別された2つの従属変数から有意なものが得られたといえるだろうか？　これらは実際に2つの別々の尺度ではあるけれども，2つのものが概念的に違ったものを反映しているかどうかは疑問の余地がある。MANOVAは，従属変数どうしの相関を考慮することでこのような疑問を回避する。効果が多変量的に検定される（つまり，すべての従属変数を一度に扱う）限り，MANOVAの結果には冗長性は含まれない。

多変量的アプローチによってデータの多様な分析が可能になる2つ目の理由は，MANOVAは変数の全体的なグループの差を検出できる（Huberty & Morris, 1989），ということである。個別に行うと，従属変数はグループの違いで有意差を見せないかもしれないが，全体を扱った場合（1つ以上の理論的構造をもつ全体として扱った場合），独立変数によって引き起こされるグループ間の差が明らかになる。これは独立変数によって定義されるグループ間の違いを最大化するような従属変数の線形結合を見いだすことによって可能になり，結果として最も統計的に意味のあるMANOVA統計量を算出する。線形結合は従属変数の組み合わせを表す（たとえば，

0.46 AIM ＋ 0.24 GSR － 0.10 性別など)。これによって，AIM と GSR に対して単変量の検定を使うときに有意差がなかったけれども，従属変数の線形結合を使うことによってそれができるようになる，ということが示されることがある (Stevens, 1986 を参照)。こうした従属変数一式を検証することで，独立変数の影響をよりうまく判断することができるようになることもある。

　要約すると，MANOVA は 1 つ以上のカテゴリカルな独立変数が，2 つ以上の連続した従属変数に対して有意な影響を与えるかどうかを検定するために使われる手法である。パニック障害の研究においては，研究者はリラクセーショントレーニングと認知行動療法（2 つのカテゴリカルな独立変数）が，認知的，感情的，心理学的尺度のパニック尺度（3 つの連続的従属変数）に対する影響力を検定したいと思っている。MANOVA の定義とそれを使うべきいくつかの理由をふまえて，MANOVA がもっている仮定を紹介しよう。

4　MANOVA の仮定

　すべてのパラメトリックな統計的手続きは，推測の手続きを含んでいる（つまり，母集団を推測している）。それらの仮定は数学的および論理的推論に基づいており，したがって他の統計的なテクニックと同様に，MANOVA にもまた科学者が考慮すべき前提がある。これらの前提は数学的に難解なものではないが，データの状況によっては，MANOVA の結果を解釈する前に検査しなければならないものもある（そして満たされていることが望ましい）。必要な条件は 3 つある。(a) 多変量正規性，(b) 共分散行列の均一性，そして (c) 観測の独立性である。この 3 つの仮定それぞれを，分散分析がもっている仮定にたとえて表現し，仮定の定義，どのように検証されるか，仮定が破れたときにタイプ 1 エラーや MANOVA の検定力にどのような影響があるのかを示そう。

4.1　多変量正規性

　一変量の分散分析では，統計的検定は従属変数の観測が独立変数によって定義される各群において正規分布から得られていることを仮定している。一変量の正規性よりも，多変量正規性の条件のほうが満たすのはむずかしい。このことは，多変量

正規性をもつデータの特性について考えればすぐにわかる（Stevens, 1986）。まず，あらゆる個々の従属変数は正規分布していなければならない。第二に，従属変数をどのように線形結合しても，それがまた正規分布しなければならない。最後に，あらゆる変数の部分的な組み合わせも多変量正規分布に従わなければならない。残念ながら，多くの研究者は自らのデータがどれほど多変量正規性を満たしているかということを報告しておらず，MANOVA を使用している研究報告においてこの前提に言及しているものを見つけるのは困難である。それでも，多変量正規性を評価するための手続きは存在し，Stevens（1986, 第6章）において説明されている。紙面の都合上，これらのテクニックに関する詳細な説明は省略するが，興味をもたれた読者は Stevens のこのトピックについての綿密で整然とした処理について調べてみてほしい。

従属変数の分布が多変量正規性を満たしていない場合，どうなるであろうか？タイプ1エラーの確率に関して言うと，MANOVA はかなり頑健な手法である。つまり，多変量正規性の仮定が破れたとしても，研究者が見ようとしている実際の α レベルには小さな影響しかない（Stevens, 1986）。検定力に関して言えば，Olson (1974) が極度にゆるやかに分布していれば（つまり，正規分布がピークをもっているのに対して，かなりフラットなもの）検定力を減じることがあることを発見している。実際には，MANOVA は堅牢な手続きであるという一般的な合意があるため，データがこの仮定に違反しているかどうかにかかわらず実行される傾向がある。この信念がどれぐらい正しいかは，多変量正規分布の条件が満たされないとき MANOVA がどれほど耐えることができるかについて，もっと研究が進んだときに初めてわかることだろう。

4.2 共分散行列の均一性

単変量 ANOVA においては，従属変数の分散が，独立変数によって定義されたすべてのグループ間で一致する必要がある。多変量の文脈で言えば，すべての従属変数の分散が，独立変数によって定義された実験群間で等しくなる必要がある。加えて，MANOVA は従属変数の任意のペアの共分散（二変数間で共有された分散）が，すべての実験群間で等しくなることを要求する。表8.3が示しているのは，3つの従属変数（A, B, C）がある研究における実際の群間の共分散行列の要素である。これを見ると，各変数の分散が対角に，変数の各組み合わせの共分散が行列の

表8.3　1つの実験群における3×3の共分散行列（3つの従属変数）の要素

変数	A	B	C
A	分散 A	共分散 AB	共分散 AC
B	共分散 BA	分散 B	共分散 BC
C	共分散 CA	共分散 CB	分散 C

表8.4　仮想的なパニック障害研究における群内の共分散

行列群	認知的障害	情緒的障害	身体的障害
統制群			
認知的障害	1.22	0.10	0.24
情緒的障害	0.10	1.25	−0.07
身体的障害	0.24	−0.07	0.82
リラクセーション			
認知的障害	0.44	0.05	−0.02
情緒的障害	0.05	1.13	0.24
身体的障害	−0.02	0.24	1.44
認知行動療法			
認知的障害	0.85	0.02	−0.34
情緒的障害	0.02	0.80	−0.29
身体的障害	−0.34	−0.29	1.05
組み合わせ			
認知的障害	0.92	−0.01	0.16
情緒的障害	−0.01	0.78	−0.09
身体的障害	0.16	−0.09	0.94

それ以外のところに入っている。これらの数字それぞれが，行列の要素である。つまり，行列は9つの要素をもっている。

　これは1回の実験におけるグループの共分散行列であることに注意しよう。共分散行列が実際の群を通じて均一であるといえるには，各群の共分散行列の，行列の各要素（共分散AB，分散A，分散B，など）が検証され，すべてのグループで等しいかどうかチェックされる必要がある。これをもっと具体的な言葉で言うために，パニック障害の仮想データについて考えてみよう。そこには3つの従属変数があり，各群の共分散行列は3×3の分散共分散の表である。表8.4は4つの実際の群についての共分散行列を示している。これは2つの独立変数（リラクセーションと認知

行動療法）が組み合わされたときにできるものである。

表8.4を見ると，認知的障害の下位尺度の分散が，4つの群間で有意に異なるように感じられるかもしれない（これらの分散の観測値は1.22，0.44，0.85，そして0.92である）。さらに，これらの分散および共分散の行列が4つのグループ間で等しいのかどうかも気がかりであろう。共分散行列の均質性の検定には，BoxのM (Norusis, 1988) およびBartlettのχ^2値（Green, 1978）という2つの指標が用いられる。両者の検定は多変量正規性の前提の違反に関して非常に敏感であるため，これらを用いてこの前提が満たされているかどうかを徹底的に検討しておくことが推奨されている。説明の都合上，このパニック障害のデータは十分に正規性の条件を満たしていたとして，読者にわかりやすいようにχ^2値の結果が示されているとする。帰無仮説は，各グループの共分散行列は等しいというものである。したがって，テストが統計的に有意な結果を示した場合，グループ間の共分散行列は均一ではないということになる。パニック障害の研究では，Bartlettの検定の結果は$\chi^2(18, N = 100) = 18.83$, $p > 0.05$となった。ゆえに，このパニック障害のデータは共分散行列の均一性の仮定を満たすものであったと結論づけることができる。

それでは，この前提が満たされなかった場合に何が起こるかについて考えてみよう。多くの研究を要約して，Stevens（1986）は共分散行列の均一性の仮定が破られても，実際の各群における被験者の数はほとんどいっしょであるときは，検定力の低下はほとんどない，と結論づけた。各群の数がかなり違っているときは，最も異なっている行列をもっている群において，タイプ1エラーがふくれ上がるかごっそり低下するかのどちらかである（詳しくはStevens, 1986, p. 227を参照）。

4.3 観測値の独立性

最後にして最も重要な前提は，単変量ANOVAについてもMANOVAについても同様である。両者の手続きは，観測値が相互に独立であることを仮定している。これは，従属変数におけるある被験者の得点が，同じ実験群の他の被験者の影響を受けることはないということを意味している。被験者どうしが交流できるような実験条件を設定してしまうと，各被験者の得点が相互に影響しあってしまう。例として，学校の生徒が小集団において，調査質問に対して大声で回答するような場合を考えよう。このような状況では，ほとんどすべての群の生徒がたんに他の生徒に従う形で回答を行うことになり，したがってより受動的な生徒の調査質問に対する回

答が，より支配的な生徒の回答によって影響されるということが予想される。

このような観測値の独立性は級内相関（Fleiss, 1986; Guilford, 1965）を求めることで評価できる。Stevens（1986）は，小さな級内相関——観測間の従属関係が小さいことを示す——でさえも，名目上の α の7倍も実際の α が膨らむことがある，と指摘した。だから，MANOVA が最初の2つの仮定に対して比較的頑健であるといっても，この最後の前提に違反することについては議論の余地がある。批判的な論文査読者は，仮定が維持されているかどうか研究手法を見ることで見抜くことができるだろう。実験条件は個別実験か集団実験か？　従属変数が測定されたとき，ある参加者が他の参加者の反応に影響を与えてしまう可能性があるか？　パニック障害の研究においては，セラピーはすべて個別に行われたため，参加者どうしが交流する可能性はほとんどなかった。もしリラクセーションおよび認知行動療法のプログラムが集団療法で行われていたら，級内相関によって観測値の独立性を検証するのが賢明であっただろう。もし従属性が発見されたら，個人ではなく集団の平均を分析の論理的単位とすべきである。依存関係にあるデータについての技術も，いま発展しているところである（二者関係のデータなど，Mendoza & Graziano, 1982 を参照）。

5　MANOVA の手続き

MANOVA に必要な条件を整理したところで，MANOVA がどのように実施されるのかについての概念的説明に入ろう。まずは，MANOVA で検定される帰無仮説および，それが単変量 ANOVA における帰無仮説とどのように関連しているのかを述べる。次に，単変量 ANOVA で用いられているものと基本的には同様の手続きで，MANOVA において行列代数を用いる方法について示す。併せて，説明される分散の大きさを示す，η^2 のような，さまざまな多変量検定統計を紹介する。

5.1　帰無仮説の検定

はじめに，単変量 ANOVA の最も簡単なバージョンである，独立したサンプルに対する t 検定（Kleinbaum et al., 1988）から考えよう。t 検定は2つの群がもつ1つの連続した従属変数を比較するときに使われる。たとえば，40名の男性と40名

の女性が，ウェクスラーの成人知能検査（WAIS-R; Kaplan & Saccuzzo, 1989）を受けて，各被験者の言語的IQ得点が得られたとしよう。1回のt検定では，男性の母集団におけるIQの平均値が，女性の母集団におけるIQの平均値が同じであるという帰無仮説を検証することができる。もしt値が適切に定められた基準を超えれば，2つの母集団における平均値は同じではないことになる。2つの単一の平均（男性のIQと女性のIQ）が比較されることに注意しよう。

　研究者がWAIS-Rの6つの言語性尺度について，男女の比較をすることに興味をもっていたとする。このとき，6つの尺度間の相関を考慮した多変量分析は，どのようにして計算すればよいのだろうか。これは，2つの平均値を比較することにはならない。むしろ，6つの平均値のうち2組が比較される。こうしたセットの正式名称は，ベクトルである。今回の例では，男性の群と女性の群は，それぞれWAIS-Rの6つの下位尺度の平均値から構成された平均値ベクトルをもつ。したがって，検定される帰無仮説は男性の母集団における平均値ベクトルと女性の母集団における平均値ベクトルが等しい，というものになる。MANOVAによって検定統計量（今回の場合は，t検定の多変量バージョンであるHotellingのT^2）が算出され，有意水準から得られる基準と比較される。もしその確率が事前に決定した有意水準（$p < 0.05$）より低ければ，男女の母集団において平均ベクトルが等しくないことになる。つまり，単変量の帰無仮説と多変量の帰無仮説の間の重要な違いは，単変量の仮説は1つの平均値であるのに対し，多変量の仮説は平均のベクトルについて考えている，ということである。

　単変量ANOVAが多くの独立変数の効果について検定できたように，MANOVAでもそれは可能である。MANOVAで検定される帰無仮説はANOVAのそれと同じだが，個々人の平均が平均ベクトルに置き換わっている。2（リラクセーション）×2（認知行動療法）のパニック障害研究では，2つの主効果と1つの交互作用が検定された。1つ目の主効果における帰無仮説は，リラクセーショントレーニングを受けた患者とそうでない患者において，3つの下位尺度（認知的障害，情緒的障害，および身体的障害）における平均値ベクトルが等しいというものである。認知行動療法の主効果についての帰無仮説は，下位尺度の平均値ベクトルが認知行動療法を受けた患者とそうでない患者で等しいというものである。最後に，交互作用についての帰無仮説は，リラクセーションおよび認知行動療法の有無によって定義された4群間で，ベクトルが等しいというものである。

5.2 MANOVA の検定統計量を計算する

　MANOVA の検定統計量がどのように計算されるかを説明するためには，複雑な行列演算と数えきれないほどの方程式をカバーしておく必要がある。それらの解説は本章の範囲を超えるので，この節では概念的なレベルで，MANOVA 検定統計量の導出がどうなされるかを説明し，それが ANOVA 検定統計量とどのように同じであるかを説明しよう。話を始めるにあたって，まずは，単変量 ANOVA がどうなされているかをみていこう。

　ANOVA は平均と平均の差を検証する方法で，分析の論理は非常に簡単である。まず，従属変数に対して同じスコアをもっている人がいないことを考えよう。もし全員が同じ得点，たとえば 10 点中の 6.8 点であった場合，全体の（あるいは包括的な）平均は 6.8，分散は 0 になる。全員がちょうど同じスコアをもっていないときは，各人のスコアを総平均からの逸脱として表現することが可能である。統計的な分散は，群全体の平均からの，こうした逸脱の程度を二乗して足し合わせたものの関数になっている。これを平方和（SS）という。

　ANOVA は全分散を (a) 研究中の変数に起因する分散，および (b) 研究に含まれない変数に起因する分散，すなわち「誤差」の 2 つの部分に分けることで，全体変動のうちのどの程度が，研究中の変数によって説明されるかを決定することを目的とする。これらの分散の中身はそれぞれ，群間平方和（$SS_{between}$）と群内平方和（SS_{within}）とよばれる。平方和が平均からの逸脱を二乗して足し合わせたものであったことを思い出そう。それは分散を計算するときに使われる最初の要素であった。ここから，ANOVA の要素が個人の得点と全体平均との差（SS_{total}），個人の得点と彼らの群の平均との差（SS_{within}），および群平均と全体平均との差（$SS_{between}$）によって表現されることが容易に見て取れる。したがって，ANOVA は独立変数によって説明される分散の量（$SS_{between}$）が，説明されない分散（SS_{within}）と比べて有意であるかどうか検定する。

　MANOVA においても同じアプローチが取られるが，平方和は平方和と外積の行列（Sum of Squares and Cross-Product: SSCP）に置き換えられる。SSCP 行列は共分散行列の均一性の前提について述べた際の行列と似たものである。SSCP 行列は対角線上に各従属変数の二乗和（分散を表す）を，それ以外のセルに交差積（共分散を表す）を要素としてもつ（共分散は二変数間で共有される共通した分散の量であったことを思い出そう）。単変量 ANOVA が平方和の合計を群間・群内の平方

和に分割したように，MANOVAは同様の要素を想定するが，それは行列形式なのである。なので，ここでは総（T）SSCP行列を群内（W）SSCP行列と，群間（B）SSCP行列とに分割する。行列計算は一般化された分散の総量（変数セットの中に表される散らばり）を1つの数字で表現することができる。それを行列式という。だから，ある行列の一般化された分散を他のものと比較することができるようになる。

有意な効果があったとき，T，B，Wの間にはどういう関係が成立しているのだろう？ Bは効果によって説明可能な分散および共分散の量を，Wは残りの分散および共分散を表しているため，BのほうがWよりも大きな一般化された分散をもつように思われるかもしれない。同様に，効果が存在する場合，Wは小さくなるように思われるかもしれない。これらの考えは最古にして最も有名な多変量検定統計量であるWilksのラムダ（Λ）によって導かれる（Tatsuoka, 1971）。基本的には，WilksのΛはWのTに対する比である。ゆえに，Λが小さいときには，独立変数によって説明されない分散が小さいことを意味する。Λが統計的に有意かどうかを推定するには，Fまたはχ^2統計量（Pedhazur, 1982）の値に変換する必要がある。

Λが説明されない分散の割合であれば，$1-\Lambda$は独立変数によって説明される効果の割合である。この指標はη^2（イータの2乗，Huberty & Smith, 1982）とよばれ，重回帰分析におけるR^2のような，説明される分散の割合についての他の指標と類似している。R^2の定式化に似ていないのは，いくつかの変数に対するη^2の値は加算できない（たとえば，足し合わせて1にできない）ところである。なぜなら，従属変数の線形結合とは違う要素が，各独立変数の効果を決めるのに使われているからだ。独立変数の効果の大きさと，WおよびBで表される一般化分散，WilksのΛ，ΛをFあるいはχ^2値に変換して求められる確率，およびη^2値の関係を表8.5に示した。

WilksのΛの他にも，T，W，およびB行列の関数となっている検定統計量があ

⟲ 表8.5　主要なMANOVAの要素間の関係

効果量	B	W	Λ	p	η^2
効果なし	小さい	大きい	大きい	大きい	小さい
効果あり	大きい	小さい	小さい	小さい	大きい

注：B＝群間の二乗和交差積（SSCP）行列，W＝群内のSSCP行列，p値＝特定のWilksのΛの値が得られる確率，η^2＝説明された分散の割合，MANOVA＝多変量分散分析。

る。Hotelling の T^2 は，2つの群のみについて従属変数を比較する際に用いられ，Wilks の Λ 同様に F 統計量に変換することで統計的有意性を確かめることができる。独立変数の2つ以上の水準について，あるいは1つ以上の独立変数についての検定統計量には Hotelling と Lawley のトレース，Roy の最大根，および Phillai と Bartlett のトレースなどがある（Tatsuoka, 1971）。後者3つの統計量の使用について，Stevens（1986）は文献のレビューを行い，「原則的に，どの統計量を用いても大きな違いはない」(p. 187) と結論づけている。

さらなる要約の方法として，表8.6にパニック障害の例で実施された2(リラクセーション)×2(認知行動療法)の MANOVA の予備的な結果を示した。これらは，群間差の有意性についての下位検定が行われていないという意味において予備的な結果である。これらの手続きについては次節で述べる。ここでは，読者はこれらの3つの検定が有意であったこと，それぞれが2×2 MANOVA における3つの多変量効果の一つひとつに算出されているのがわかるだろう。最初の有意性検定はリラクセーショントレーニングを受けた参加者の平均ベクトルが，トレーニングを受けていない参加者の平均ベクトルと等しいかどうかを評価するものである。二番目の有意性検定は認知行動療法を受けた参加者の平均ベクトルが，そうでない参加者の平均ベクトルと等しいかどうかを評価するものである。最後の検定はリラクセーションと認知行動療法の交互作用効果を検定しており，4つのグループ（リラクセーション，認知行動療法，両方，統制群）の従属変数平均ベクトルが異なるかどうかを検定している。

表8.6に示された効果について，その有意性を解釈するために2つの指標を用いることができる（Huberty & Smith, 1982）。1つ目は p 値であり，これはもし実際にはそもそも何の効果もなかったとしたら，その効果が得られる確率はどれぐらいかを示したものである。パニック障害研究においては，各多変量効果は0.001水準で統計的に有意だった。多変量効果の有意性を検証するのに使われるもう1つの指

表8.6 仮想的なパニック障害研究における2×2の MANOVA の結果

効　果	Λ	F^a	df	p	η^2
リラクゼーション	0.65	17.21	3, 94	.0001	.35
認知行動療法	0.71	12.82	3, 94	.0001	.29
交互作用	0.65	16.91	3, 94	.0001	.35

注：Rao の F はウィルクスの λ に変換されている。

標は，η^2 で，表8.6の最後の列に示している．以前説明したように，各変数に対する η^2 は足し合わせることはできない．表8.6のそれぞれを足し合わせると1になるように見えたとしてもだ．表に示している説明された分散の割合は，0.35, 0.29, 0.35 であり，Cohen (1977) の社会科学の標準的なサイズに比べればかなり大きい．つまり，2×2のパニック障害 MANOVA から得られたこの3つの多変量効果は，すべて有意であると結論づけることができる．なぜなら，(a) p 値の小ささから，この結果がタイプ1エラーに起因するものである確率は小さく，かつ (b) η^2 値から，これらの効果は従属変数の分散の重要な部分を説明していることが示されたからである．

6 有意な多変量効果が出たときの事後分析

MANOVA の実施および解釈において最もむずかしいのは，有意な多変量効果が得られたときにどうするかを決めるところだ．パニック障害の例では，リラクセーションの多変量主効果がみられたが，それはパニック障害の患者に対する治療効果という文脈において，どのようなことを意味しているのだろうか？　このような多変量有意性をフォローアップする手続きがいくつか存在する．ここでは，多重単変量 ANOVA，ステップダウン分析，判別分析，従属変数の寄与，および多重対比という5つの手続きを紹介する．

6.1 多重単変量 ANOVA

MANOVA で有意な効果が得られたときにとられる最も一般的な方法は，単変量 ANOVA を各従属変数に対して行うというものだ（Bray & Maxwell, 1982）．このアプローチには，予備的な MANOVA によってタイプ1エラーが制御されているという理論的背景がある．もし MANOVA で有意になったら，一実験あたりの α が過度の増加を生じさせることなく，反復 ANOVA をすることが受け入れられたと考えるのだ．Hummel & Sligo (1971) はシミュレーション研究で，MANOVA の文脈でデータ分析をするさまざまな方法を比較して，MANOVA のあとに単変量 ANOVA をすることは一実験あたりの誤差率を最も低く抑えることができることを発見した．これは，この技術を使うことを正当化するためにしばしば引用される

研究である。

　この主要なアプローチは，しかし，主として3つの理由から批判されている。1つ目は，Hummel & Sligo (1971) のシミュレーションで用いられたデータが，実際の調査状況にそぐわないものであったという点である。「彼らは等しい相関をもつ行列を使い，そこでの非対角要素は等しく，彼らの結果はほとんど実際のデータに適用できないものにしてしまっている」(Wilkinson, 1975, p. 409)。つまり，彼らの研究で得られた知見はかなり疑わしい。

　さらに重要なのは，予備的なMANOVAが一実験あたりのα水準を確保するのは，帰無仮説が真のときだけであるということだ。Bray & Maxwell (1982) は多変量帰無仮説が棄却されたときに生じる重大な問題について論じている。

> 　多くの場合，群ごとの違いがないという帰無仮説は，すべてではないにせよ，1つ以上の変数において偽になる。つまり，多変量検定は，検定力が十分であればかなりの確率で有意な結果を示す。しかし，単変量の検定はこうした変数に対して，差があるときと真の差がないときとで同じような結果を出す。なぜなら，それぞれのα水準はくり返しの有意性検定をしたとき用に調整されていないし，全体的な多変量検定はそれぞれの単変量検定のpを「まもる」ことをしないからである。結果として，こうしたケースでは一実験あたりの誤差のp単変量のF比セットは，ふつうのα水準よりも増大をしている。最初のMANOVA検定が有意であったときでさえもだ。(p. 343)

　有意なMANOVAのあと単変量ANOVAをくり返すことがよくない第三の理由は，別々のANOVAでは従属変数間の相関を無視しており，Bray & Maxwell (1982) が言うように，これは変数の冗長性や概念的な関係についての重要な情報を置き去りにすることでもあるからだ。同じように，Huberty & Morris (1989) は単変量の問いと多変量の問いを区別している。簡単に言えば，単変数のリサーチクエスチョンは個々の結果変数に対する実験の効果を考えるのに対し，多変量のリサーチクエスチョンは複数の従属変数を組み合わせた場合の実験の効果に着目するものである。Huberty & Morrisはバラバラに単変数ANOVAをすることは，多変数の問いに対していかに不適切なものであるかを示した。

　もちろん，研究者の中には，そのデータの多変量的側面（つまり従属変数がセットであるように見えるもの）に関心がなく，タイプ1エラーを最小化することだけに興味があるのだ，という反論をする人もいるかもしれない。上で指摘したように，MANOVAや多変量ANOVAの技術は，多変量の効果が有意であったときに，一

実験あたりの α を確保するわけではない。タイプ1エラーに対する防御に興味があったとしても，それにはたとえば Bonferroni の補正のさまざまなバージョンのような，より適切な技術がある（de Cani, 1984; Holland & Copenhaver, 1987, 1988; Holm, 1979; Maxwell & Delaney, 1990 を参照）。

6.2　ステップダウン分析

　MANOVA は従属変数間に理論的な関係があるときに使われるものであったことを思い出そう。もしこれらの変数に，論理的な因果の順序が事前に考えられる場合，ステップダウン分析を用いるのが適切である（Bray & Maxwell, 1982; Stevens, 1986）。3つの従属変数A，B，Cが含まれるような研究において，AがBの，そしてBがCの原因となっているとされている状況を考えよう。この分析では，それぞれの従属変数についてステップダウンの F が算出される。因果の順番が最初になる変数（A）について，ステップダウンの F は，単変量分散分析の F と同じである。第二の変数（B）についてのステップダウンの F は，共分散の分析（ANCOVA）でAの影響が取り除かれることによって算出され，したがって群間差におけるBの独自の寄与を識別することができる（ANCOVA に関するより詳細な議論は，後の多変量共分散分析［MANCOVA］の説明の際に行う）。最後の変数Cについてのステップダウンの F は，ANCOVA でAとBの影響を取り除いたときに得られ，Cが独自に影響する量だけが残される。この方法によって，それぞれの従属変数の多変量効果への寄与を確認することができる。ステップダウン分析の結果を読む際には，変数の因果関係が結果を正しく解釈するためにきわめて重要であることを念頭においておくべきである。

　例として，パニック障害研究の3つの従属変数を考えてみよう。実験者が，パニック障害は生物学的原因が生理学的状態をつくりだしているという理論をもっていたとしよう。この生物学的状態が，感情的反応を引き起こし，それがその後，認知的に概念化されている，と考えている。となれば，従属変数の因果の順序は身体的障害，情緒的障害，そして認知的障害となる。各従属変数のステップダウン F は指定された因果的順序のもとで，各変数の相対的な寄与を表す。

6.3 判別分析

多変量効果の有意性を検定する別の方法は，それぞれの有意な効果に対して判別分析（Discriminant Analysis: DA；第9章参照）を実施することである（Tatsuoka, 1971）。判別分析はいくつかの連続変数の最適な線形結合によって，いくつかのカテゴリカルな変数間の差を最大化する手法である。MANOVAにおいて，基本的に同じ目的が達成されていることを思い出そう。MANOVAでは，独立変数に含まれる水準を最も適切に分離するような従属変数の線形結合が決定される。判別分析によって実験的な群の差を構成する，あるいは背後に潜むある連続的な変数をもつ従属変数のサブセットを判別することができる。判別分析についてのすべての議論は，紙幅の関係上ここではできないが，本書の第9章を読むか，MANOVAに関するトピックスの他のすばらしい本を読むことをお勧めする（Huberty, 1984; Huberty & Smith, 1982; Pedhazur, 1982; Stevens, 1986）。

6.4 従属変数の寄与

各従属変数が，多変量効果に対してどれほど寄与しているかを判断するための，あまり知られていない手続きが2つある。これらのテクニックは，特定の変数を除去した際の多変量効果の減少に注目するという点で，ステップダウン分析とは異なっている。ステップダウン分析は因果的順序で先行する変数を統制したうえで，特定の1つの従属変数を検定するものだからだ。

この2つの技術のうちの1つは，Wilkinson（1975）の各従属変数の寄与を評価するというものである。彼は各分析において従属変数を1つだけ除外した，連続したMANOVAを実施することを提案した。多変量のFの変化が，どの変数が最も多変量効果に貢献していたのか，していなかったのかを決定するのに使えるというわけだ。言い換えると，この手続きはどの変数が研究者にとって外せないのかを明らかにしようとする。もちろん，こうした決定は純粋な意味で統計的ではない。他と比べると多変量効果にそれほど強く寄与しないような特定の変数でも，理論的観点からはモデルの本質的な変数であるということもあるだろう。研究者は理論的な必要性を統計的な必要性よりも優先する必要がある。

変数の寄与を決定する他のアプローチには，Huberty と彼の同僚による研究（Huberty & Morris, 1989; Huberty & Smith, 1982）もある。所与の従属変数のセ

ットについて，Huberty は F 値をそれぞれの変数を取り除くための指標として用いることを推奨する。「除去のための F 検定は変数 i が変数の組み合わせから取り除かれた際の群間差の減少の有意性を表す」(Huberty & Smith, 1982, p.421)。従属変数における除去のための F 統計量は，それぞれの相対的な重要性に順じて順序づけされる。Wilkinson (1975) の方法と Huberty の方法は，数学的形式および実用的機能の面で非常に似通っている。

これら 2 つの方法があまり文献の中で利用されていないとしても，これらは妥当な方法だと思われるため，ここで紹介した。だから，今後文献の中に出現頻度が上がるかもしれない。

6.5 多重対比

これまでの手続きが従属変数に焦点（全体的な効果にどれほど影響したか，変数の背後にどんな次元があるか，等）を当てていたのに対して，対比分析は独立変数によって定義される群に焦点を当てている。多重対比は，従属変数のセット全体に対して，同時に群間の比較を行う (Huberty & Morris, 1989)。言い換えると，多重対比は平均ベクトルの比較である。Stevens (1986) が明らかにしたように，対比分析は本質的には二群間の比較である。単純な（あるいはペアワイズの）対比のように，比較される 2 群とはある独立変数の 2 つの水準である（たとえば，性別の変数における男性 vs 女性）。より複雑な対比では，比較される 2 群はいくつかの従属変数の水準の組み合わせになる。T1 から T4 という 4 つの異なる療法に関する研究について考えてみよう。単純な対比は T1 と T3 の比較といったものになる。複雑な分析は，T4 を T1, T2, T3 の組み合わせと比較するといったものになる。後者の対比が複雑だというのは，群が事前に存在した T1, T2, T3 から構成されたものだからである。

多重対比における二群を比較する多変量統計量は，Hotelling の T^2 で，これは F に変換することで確率の値を得ることができる。有意な多変量比較の方法を知るには 2 つの基本的な方法がある。1 つ目は，MANOVA 効果の有意性の検定のために判別関数分析を用いる，あるいは除去のための F 統計量を用いる方法である (Huberty & Smith, 1982)。この方法についてはすでに説明した。この最初の方法はデータの「多変量」という側面を残している。なぜなら，すべての従属変数を一度に考えるからだ。

第二の対比法は，各従属変数それぞれに対して検定を行うものである。つまり，くり返しの t 検定のような単変量ペアの比較によって，いくつかの方法の1つに有意な T^2 がみられたとき，Tukey の信頼区間，Roy-Bose の同時信頼区間や修正 Bonferroni の方法を行うというものだ（Bray & Maxwell, 1982; Stevens, 1986）。これらのそれぞれの手法は，タイプ1エラーや検定力について独特の長短所をもっており，それは本章で扱える範囲を超えている（その代わりに Keselman et al., 1991; Kleinbaum et al., 1988; Seaman et al., 1991; Stevens, 1986 を読んでほしい）。

7 MANCOVA，反復測定 MANOVA，および検定力分析

7.1 MANCOVA

ANOVA デザインのとき，できるだけ誤差分散を除外することが望ましい。なぜなら，残っている分散の一部が群間の差や処置の効果に影響するからだ（Kleinbaum et al., 1988）。誤差分散を少なくする1つの方法は共変量——従属変数に影響することがわかっている連続変数——を測定し，それらが従属変数に与える効果を全分散から取り除くことである。すなわち，独立変数の水準は独立変数の平均を比較するために使われるのだが，そのときに調整された共分散を使うことができる。多変量分散分析においても，共分散は同じように使うことができる——MANOVA を MANCOVA にかえる，つまり多変量共分散分析に変えることで。平均ベクトルを比較する代わりに，MANCOVA は調整済み平均ベクトルを比較する。

パニック障害の研究について考えてみよう。研究者は治療期間の前に，各参加者を症状の深刻度に応じて分類した。パニック障害のより深刻なケースは，認知的障害，感情的障害，身体的障害といった下位尺度においても高い得点を示すと考えられ，したがって深刻度の評価は効果的な共変量となり得る。MANCOVA は実験群間において調整済み平均ベクトルに差があるかどうかを判断するために用いることができる。

しかしこの分析をする前に，この共分散が慎重に検討されなければならない。共分散が使えるのは，(a) 共分散と従属変数の間に統計的に有意な線形関係があって，(b)，さらなる仮定として回帰の均一性が満たされている場合に限られるのである。最初の条件は単純な相関係数を，共分散と各従属変数の間で計算することで検証で

きる。パニック障害の例では，深刻度の評価はそれぞれの従属変数と0.05水準で有意に相関している。第二の条件については，回帰の均一性仮定は，実験群が共分散に対して等しい回帰係数をもっていることが必要となっている。これを言い換えると，共分散と従属変数の関係は，群間を通じて等しくなければならないということだ。もしこの仮定が満たされなければ，群×共分散の交互作用が過剰に見積もられることになる。パニック障害のMANCOVAでは，深刻さ×リラクセーションもしくは深刻さ×認知行動療法の交互作用はみられず，この仮定は満たされている。

リラクセーション，認知行動療法，およびこれらの相互作用について，多変量効果の検定が行われた。これらの検定結果およびη^2値を表8.7に示す。MANCOVAの結果とMANOVAの結果を比べると，前者ではいくつかの共変量における個人差に起因する分散が，効果の検定のためにあらかじめ取り除かれていたという点を除けばまったく同じである。各効果のF値が先ほど示した2×2のMANOVAに対応するF値よりも小さいことに留意すべきである。共変量を導入することで，F統計量に2通りの影響が生じる。共変量がある程度，独立変数によって説明されない従属変数の分散を説明する場合，F統計量は大きくなる。これは，群内SSCP行列であるW（説明されない分散を表す）が小さくなり，したがってWilksのΛが小さくなるからである。共変量が従属変数と独立変数との間で共有されている分散を説明する場合，F統計量は小さくなる。これは，独立変数によって定義された群における従属変数の平均ベクトルが，共変量による調整後に互いに近くなることによって生じる。この例では，後者の影響が明らかに優勢であるといえる。

MANCOVAの結果が常にMANOVAとまったく同じになるとは限らない。従属変数のセットに対する共変量の効果が取り除かれると，残った独立変数の効果が無視できるほど小さくなる場合がある。こうした知見は，(a) 独立変数が従属変数に対して，共変量を介した間接的な効果をもっている，(b) 共変量が従属変数に対して，独立変数を経由した間接的な効果をもっており，ゆえに独立変数から共変量の

表8.7 仮想的なパニック障害研究における2×2のMANCOVAの結果

効　果	λ	F	df	p	η^2
リラクセーション	0.78	8.96	3,93	.0001	.22
認知行動療法	0.87	4.74	3,93	.005	.13
交互作用	0.74	10.65	3,93	.0001	.26

注：MANCOVA＝多変量共分散分析

影響を取り除いてしまうと，独立変数は従属変数の分散を説明しない，(c) 共変量および独立変数は同じ変数の尺度になっており，したがって相互に冗長なものになっている，といったことを示唆している．

7.2 反復測定 MANOVA

最も強力で効果的な研究デザインの1つが，反復測定デザインである (Shaughnessy & Zechmeister, 1990)．反復測定デザインという用語は，被験者が1回以上の測定をされる状況をさす．このデザインが強力な理由は，誤差分散を実質的に減らすことができるからであり，効果的だという理由は，反復しない実験デザインに比べてより少ない被験者の数でよいからである．このデザインでは，各被験者は治療の前後で評価される（事前テスト-事後テスト），あるいは2つ以上の実験条件に割り当てられるような場合に用いられる．議論を簡単にするため，パニック障害研究の実施者が，各被験者の認知的障害，情緒的障害，身体的障害の下位尺度を介入後だけでなく前にも測定していたとしよう．こうすると研究が反復測定デザインに変わる．

研究者は反復測定デザインを表すためにさまざまな語を用いているため，ここでそれらを整理しておくのが賢明であろう．時間（T1, T2, T3 など）や試行（試行1, 試行2, など）のような独立変数は，群内あるいは被験者内変数とよばれる．それぞれの被験者は，被験者内変数の各水準において従属変数を測定される．ゆえに，被験者内変数として時間を含むような研究では，被験者はたとえば研究中の4つの時点で従属変数の評価がなされる．群間あるいは被験者間変数とは，年や性別のようなグループ化変数を表している．被験者内および参加者間の両方の独立変数を含む研究も可能である．したがって，修正されたパニック障害研究は反復測定変数である時間を含んだ，2（時点）× 2（リラクセーション）× 2（認知行動療法）の反復測定デザインとなる．他の2つの変数——リラクセーションおよび認知行動療法——は被験者間変数である．

標準的な MANOVA では，独立変数の水準ごとの平均ベクトルが比較される．反復測定 MANOVA では，平均差ベクトルが独立変数の水準ごとで比較される．平均差とは被験者内変数の水準間の従属変数の違いを意味している．つまり，もし皮膚電位反応が各被験者に対して4回測定されたら（T1 から T4），3つの平均差スコアが各被験者に対して測定される．T1-T2, T2-T3, T3-T4 である．この平均差変

数は従属変数ベクトルから構成され，元の得点ではない．

　時点や試行のような被験者内の効果は，被験者間の効果と同様の方法で分析される．皮膚電位反応実験の例にもどると，研究者が連続する時間のなかで，4つの期間に対して男性被験者，女性被験者のGSR反応を比較したいと考えていたとしよう．これは4(時点)×2(ジェンダー)の反復測定MANOVAである．MANOVAは3つの有意性検定を効果に対して行うことができる．すなわち，(a) 時間の主効果 (被験者の皮膚電位反応は時間経過で異なるか？)，(b) ジェンダーの主効果 (時間の効果を無視して，男性と女性は皮膚電位反応で異なるか？)，(c) 交互作用効果 (男性の皮膚電位反応の時系列的変化は女性のそれと異なるか？) である．

　反復測定MANOVAを実施する際には，追加の前提が必要となる．それは球面性の仮定 (Huynh & Mandeville, 1979) というもので，元の従属変数から構成される差の変数に関するものである．皮膚電位反応とジェンダーの実験例では，3つの変換された変数があり，それぞれが元の4つの従属変数のあるペア間の差を反映している．球面性の条件は，これらの変換された変数の共分散行列の対角線上の値が等しく，非対角項の要素が0であるような対角行列であることを必要とする．言い換えれば，球面性の前提は変換された変数の分散が等しく，かつそれらの変数が無相関であることを必要とする．球面性の条件が満たされない場合には，タイプ1エラーの確率が増加する (Stevens, 1986)．

　より洗練された被験者内分析の1つは，二重多変量反復測定MANOVA (Norusis, 1988, p.283; SAS Institute, 1990, p.988) とよばれている．典型的な反復測定MANOVAは，皮膚電位反応のような，1つの従属変数しかもたず，これが反復測定される．二重多変量反復測定デザインでは，2時点以上で測定された2つあるいはそれ以上の従属変数を扱うことができる．修正されたパニック障害研究をこのデザインで考えると，各被験者に対して二度測定された (プレテストおよびポストテスト) 3つの従属変数 (3つの下位尺度) が含まれる．標準的な反復測定MANOVAでは各群の平均差ベクトルが比較されることを思い出そう．二重多変量デザインでは，2つ以上の従属変数が分析されるため，変数間の差の行列が用いられる．

　表8.8には二重反復測定デザインMANOVAをパニック障害研究に適用した結果が示されている．6つの異なる多変量効果が検定されている．最初の主効果は時点であり，従属変数がセットとして扱ったときに時間とともに変化したかどうか，という問いを扱う．次の3つの検定はそれぞれリラクセーション，認知行動療法，およびリラクセーション×認知行動療法の効果であるが，これは2つの測定期間を

表 8.8　仮想的なパニック障害研究における 2 × 2 × 2 二重多変量反復測定 MANOVA の結果

多変量効果	λ	F	df	p	η^2
時　点	0.35	58.90	3, 94	.0001	.65
リラクセーション	0.77	9.30	3, 94	.0001	.23
認知行動療法	0.81	7.13	3, 94	.0005	.19
リラクセーション × 認知行動療法	0.74	10.99	3, 94	.0001	.26
時間 × リラクセーション	0.75	10.34	3, 94	.0001	.25
時間 × 認知行動療法	0.80	7.94	3, 94	.0001	.20
時間 × リラクセーション × 認知行動療法	0.83	6.49	3, 94	.001	.17

注：MANOVA ＝多変量分散分析

まとめたものであるため，やや余計な分析である（これらの効果はいずれも有意であるが）。主要な関心事は，どの群が事後テストにおいて事前テストよりも症状が改善しているかということである。したがって，時点×リラクセーション，時点×認知行動療法，および，時点×リラクセーション×認知行動療法の交互作用の分析が実施される。表 8.8 から，これら 3 つの交互作用は非常に有意であり，3 つの下位尺度における事前テスト－事後テスト間の得点の変化が 4 つの実験群において異なっていることがわかる。ここでも，η^2 値を足し合わせることはできない。

7.3　MANOVA における検定力分析

　統計的検定力の概念的説明については先述の通りである。本節では検定力の問題について，とりわけ MANOVA においてどのように検定力が評価されるかという観点から改めてふれる。MANOVA の検定力について知っておくことは 2 つの点から望ましい。まず，効果を検出するために必要なサンプルサイズを測定するため，事前に検定力を定めておくことが必要な場合がある。これは，研究をデザインする，あるいは先行研究をレビューする際に生じる。次に，すでに実施された研究において，MANOVA がどれほど正確に効果を検出していたかという検定力の事後推定が必要な場合がある。

　検定力がサンプルサイズと，名目上の α と，効果量の関数であったことを思い出そう。サンプルサイズと名目上の α は，一変数あるいは多変量のどちらからも簡単に得ることができるが，MANOVA の効果量を測定するにはちょっとした作業をし

なければならない。これについての最も主要な文献は Stevens（1980, 1986）である。2群の単変量分析における効果量は，典型的には d で表され，2群間の平均差の関数である。Stevens は二水準の多変量ケースについても明らかにしており，効果量は D^2 として表され，2つの平均ベクトルの差の関数になっている（Stevens, 1986, p.140 参照）。2つ以上の水準があるときに効果量を算出するのは，もう少し複雑である。MANOVA の検定力を決めるのに興味があるのであれば，Stevens（1980, 1986）の解説にふれ，それがどのようになされるかのはっきりとした情報を読むことをお勧めする。そこには MANOVA がさまざまな数の従属変数，群，被験者数に施されたときの検定力が示されている。

8　結　論

本章の最初のページで示した，ある分析結果の段落を思い出してみよう。以前は混乱して訳がわからないように見えたものが，いく分クリアになってきただろう。4（群）×2（時点）の MANOVA は反復測定 MANOVA で，1つの被験者間変数（群）と1つの被験者内変数（時点）からなる。群変数は4つの集団に対して4つの水準がある。そして時間変数は2つの水準がそれぞれ測定した時期を表している。Wilks の Λ の値，その F 値に変形された値，そしてそれぞれの p 値が示され，時間の独立変数だけ有意であることがわかった。これは従属変数平均ベクトルが，最初の時点と2回目の時点とで異なっていることを意味する。たとえば，従属変数の Time2 のほうが Time1 のそれよりも高いというかもしれない。η^2 値が時点の効果について示され（0.59），これは従属変数の分散の半分以上を説明することを示している。4つのグループの平均ベクトルには有意な群化効果はなく，等しかった。群×時点の交互作用も有意ではなく，他の変数の水準に依存しているという結果にはならなかった。

推薦図書

　　研究デザインの入門レベル，あるいは一変量 ANOVA については，Campbell & Stanley (1963), Grimm (1993), Guiford (1965), Kerlinger (1986), Kleinbaum, Kupper, & Muller (1988), Pedhazur (1982), Shaughnessy & Zechmeister (1990), Stevens (1990) を参照の

こと。

　検定力分析に関するさらに高度な説明は，Cohen（1977）および Stevens（1980, 1986）で読むことができる。タイプ1エラーの確率および多重比較の手続きについては de Cani（1984），Holland & Copenhaver（1987, 1988），Holm（1979），Keselman, Keselman, & Games（1991），Maxwell & Delaney（1990），および Seaman, Levin, & Serlin（1991）などを参照されたし。

　行列代数および MANOVA 検定統計量の算出に関する詳細な説明は，Green（1978），Pedhazur（1982），Stevens（1986），および Tatsuoka（1971）で読むことができる。MANOVA の事後分析についての総合的なレビューは，Bray & Maxwell（1982），Maxwell & Delaney（1990），および Stevens（1986）を参照されたし。特定の事後分析の手続きの詳細については，Huberty & Morris（1989），Huberty & Smith（1982），Tatsuoka（1971），および Wilkinson（1975）を参照されたし。

用語集

アルファ（α）〈Alpha（α）〉　帰無仮説が真であるときに，それを棄却してしまう確率。

イータの二乗（η^2）〈Eta-Square（η^2）〉　説明された分散の比率を表す指標。0から1の間の値を取りうる。

Wilks のラムダ（Λ）〈Wilks's Lambda〉　従属変数において説明された分散の比率を表す多変量検定の統計量。

SSCP〈Sum of Squares and Cross-Product〉　各従属変数の平方和が対角項に，残りの要素は変数のすべての組み合わせにおける外積の和が入っている行列。

F 統計量〈F Statistic〉　確率水準を導出するため，多変量指数を変換する検定統計量。

オムニバス・テスト〈Omnibus Test〉　どの独立変数もどの従属変数にも影響をもっていないという帰無仮説の検定。

χ^2 値〈Chi-Square（χ^2）〉　多変量統計を確率レベルに変形させることのできる推定された確率統計量。

帰無仮説（H_0）〈Null Hypothesis（H_0）〉　1つ以上の従属変数が，独立変数のいかなる水準においても，その平均値に差がないという状態を仮説にしたもの。

共分散〈Covariance〉　ある変数の分散のなかで，他の変数と共有している部分。

共変量〈Covariate〉　いくつかの従属変数と有意な線形関係をもつ連続変数。共変量は，ANCOVA および MANCOVA において誤差の分散を低減するために使用される。

群間〈Between Groups〉　独立変数によって生み出される分散。

群内〈Within Group〉　独立変数によって説明されない従属測度の分散。

検定力〈Power〉　効果が本来的に存在するとしたときに，有意な効果を検出する確率。

効果量〈Effect Size〉　独立変数の影響の大きさで，ふつう従属変数における説明された分散の比率として表される。

交互作用効果〈Interaction Effect〉　交互作用が起きるのは，ある独立変数が他の独立変数に影響することが，他の独立変数の水準に依存しているときである。

交差積の和〈Sum of Cross-Products〉 おのおのの被験者において，ある変数の平均偏差の二乗とその他の変数の平均偏差の二乗を積和した値。

主効果〈Main Effect〉 1つの独立変数が，1つ以上の従属変数に対して与える影響。

タイプ1エラー〈Type I Error〉 帰無仮説が真であるのに棄却すること。

タイプ2エラー〈Type II Error〉 帰無仮説が偽であるのに採択すること。

反復測定〈Repeated measures〉 各被験者が，独立変数の複数のレベルにおいて従属変数の測定を行うような実験計画および分析（たとえば，時点1と時点2）。

被験者間〈Between Subjects〉 年齢やジェンダーのように，ある変数の水準にだけみられる被験者の変数。

被験者内〈Within Subject〉 従属変数の値が，この変数のどの水準に対しても得られるような独立変数。

分散〈Variance〉 観測セットの平均からの差の二乗の平均。平均値周辺の値の散らばりを反映する。

平方和〈Sum of Squares〉 観測セットの平均からの差の平方和。分散の指標であり，分散と共分散の分析手続きの中で使われる。

ホテリングの T^2 値〈Hotelling's T^2〉 2つのレベルに対して1つの独立変数がある場合に用いられる多変量検定統計量。

有意確率（p）〈Probability (p)〉 誤って帰無仮説を棄却する確率。

第9章

判別分析

A. Pedro Duarte Silva and Antonie Stam

　記述的判別分析（descriptive discriminal analysis: DA）は，2つ以上のグループのメンバーを他のグループのそれから最もうまく区別するような変数（特性ともいう）を特定することができる統計的な手法である。予測的判別分析（predictiveあるいは prescriptive な DA）は，被験者（観測，ケース，エントリーともいう）の状態によって，被験者がどの群に属するのか（どのグループのメンバーになるのか）を予測するものである。たとえば，ある研究者が心臓移植手術を受けようとしている患者のサンプル（被験者）をもっていたとしよう（この被験者のサンプルを，トレーニングサンプル，あるいは開発サンプルともいう）。それぞれの患者の血圧，年齢，白血球の数，平均体重がわかっている。さらに，この患者たちが，移植から少なくとも1年生存しているのか，1年以内に死亡しているのかもわかっている。記述的判別分析はこれらの変数が2つの群の間の区別がうまくできるかどうか明らかにする。この例では，研究者は血圧，年齢，白血球の数，標準体重の割合を線形結合して，死んだ患者と生き残った患者の区別をするのである。識別するのにとても重要な変数もあれば，まったく見当違いな変数もあるはずである。では，新たな患者が移植を検討しているとしよう。予測的判別分析では，患者の少なくともこの1年間の生死を予測するために，トレーニングサンプルから導き出した分類規則を新たな患者の血圧などといったデータの組み合わせに用いる。

　本章では，グループの識別を分類するための技術，メンバーがどちらのグループに属するのか予測するための技術を紹介していく。初めにわれわれは，問題を理解

したり分析するのに非常に役立つ識別や分類の方法に関する，3つの例を示す。そのうちの1つは，概念を数量的に示すためにのちほど用いる。

0.1 例1 （Porebski, 1966）

　心理学者が専門学校に進学しようとする学生に，最も適切な専攻は何かをアドバイスする。学生は，4つの専攻から選択できる。工学，建築，芸術，商学である。心理学者はこれから進学する学生とすでに進学した学生との知覚された類似性を使って，進路を推薦するための原則的な基準を得たいと考える。入学前，各学生に，算数，英語，カテゴリー判断という3つのテストを施行する。心理学者はテストの得点を使って，助言のヒントにしたいと考えている。彼はまた，各専攻に進んだ学生の母集団における違いを知りたいと思っており，学生がある専攻を選ぶ第一要因も知りたいと思っている。記述的判別分析は，3つの測定された変数が4つの専攻を最もうまく分類する方法を見つけるのに使われる。

0.2 例2 （McGrath, 1960）

　自動車のディーラーは，クレジット申請フォームに書かれた潜在的消費者が提供する個人史情報に基づいて，信用判断をしなければならない。始めのうちはディーラーは自分で判断するが，事業が拡大するにつれ，もっと一貫性があるよりよい査定方法の必要性を感じるようになる。そのためには，過去の経験をベースとした，数的評価システムを導入する必要がある。また，ローンの不履行やそれによる不利益の可能性を測定する客観的手続きも必要だ。この例は，予測的判別分析によって，ローン申込者を与信リスクの高低で分類し，ローン不履行の可能性や損失を推定することができる。

0.3 例3 （Shubin, Afifi, Rand, & Weil, 1968）

　ある入院患者が，心筋梗塞と診断されたとする。収縮期血圧，拡張期血圧，心拍数，拍出指数，動脈圧に関するデータはある。医療スタッフは，患者の生存可能性を推定するために，このデータで予測的判別分析をしたいと考える。

これら3つの例はそれぞれの状況が非常に異なるが，いくつかの共通点がある。まさに今からやってみせるのだが，これら3つの問題は判別分析を用いて分析することができる。他のまったく異なる領域から出された問題でも可能だ。ではすべての判別分析的問題に対して共通する特徴は何か，というのを明らかにしてみよう。

まず，判別分析は学生，被験者，取引相手，患者などの要素（entity）を扱う。この要素のセットは区別され，きちんと定義されたグループ，クラスに分類される。診断のカテゴリーや，クレジットリスクが高い人／低い人，死んだ人／生き残った人，実験群／統制群，などである。少なくとも2つ以上のグループに分けられ，各対象はどこか1つの，そして1つだけの群に属することになる。つまり，グループは相互に排他的（各要素は1つのグループにだけ所属する）で，全体として包括的（各要素は必ずどこかの群に属する）である。各要素は特性，変数によって記述される。それはたとえば標準化されたテストスコアであったり，クレジット申請フォームに書かれた項目であったり，血圧や心拍数であったりする。

次に，それぞれの判別分析のグループは明確に定義されていなければならない。つまり，グループ化するには実際の対象の違いを反映する必要があるのである。言い換えると，対象をグループに分類するには，恣意的にするのではなく，自然で客観的な方法で行わなければならない。グループは質的に区別される必要がある。異なる診断カテゴリーは，グループの質的違いの例の1つだ。たとえば，IQ の中央値で2つに分けた「高 IQ」と「低 IQ」という恣意的な定義は，グループを確立するのに妥当な方法とは言いがたい。判別分析を用いた研究を見ていると，分割する際は質的な変数で分けられていることに気づくだろう。たとえば，世帯収入という量的な変数に基づいて，世帯を年収の高い・中程度・低い世帯に分ける事はできる。しかし，こうした分割によってカテゴリカルなグループに振り分けたデータに対して，判別分析の技術を使うには不適切である。なぜならこの分割は要素を群分けする本質的な定義ではないからである。グループを分類する際，質的変数を区切って判別分析のグループを作成する方法は，対象が自然で論理的な違いが存在する場合のみだ。同様に薬を例にすると，薬の服薬量という基準によって3グループに分けるというのは適切だ（バリウムを 10 mg, 20 mg, 30 mg のように）。もし2グループ以上あってそれらに順序があるならば，通常の判別分析よりも順序ロジスティック分析のような，グループを明確に重視する方法を用いるべきである（Walker & Duncan, 1967 を参照）。本章では，順序づけられていないグループに限って論じることにする。

3つめに，判別分析では，データを集める前にグループの定義を行わなければならない。それに対して，クラスター分析の技術は，サンプル自身の特性に基づいてグループ分けをするものである。クラスタリングの問題は重要で，興味深く，判別分析とも関連するが，本章では言及しない。

4つめに，グループの違いを正確に記述するため，対象の属性はできる限り完全で正確に表す必要がある。すべてのグループに類似しているような特徴は，すべての対象を非常にうまく記述するだろうが，識別もしくは分類するという目的には適さない。たとえば，抑うつ的・非抑うつ的患者全員は，達成欲求について記述できるけれども，この変数は2つの群を区別することはない。

2つの特徴で要素をよく表現しているが，グループAとBを区別するのには失敗している例を図9.1に示す。ここではどちらのグループにおいても，データとしてのそれぞれの特性は増加している。図9.2は2つの特徴が2つのグループを効率的に分割する状況を示している。グループCの対象の属性の値は，グループDに所属

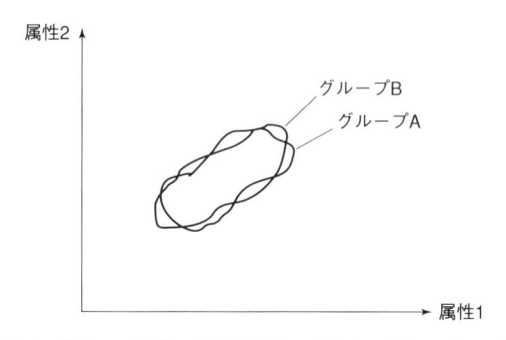

◎ 図9.1 グループ分離の説明が少ない例（2グループ，2属性）

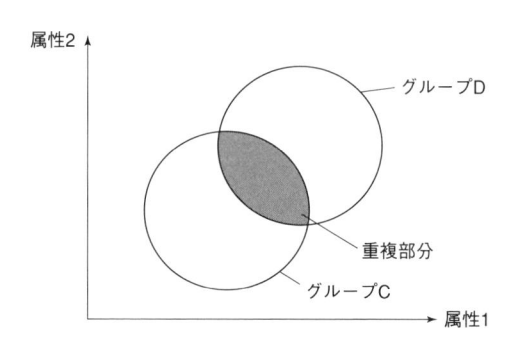

◎ 図9.2 グループ分離の説明が明確な例（2グループ，2属性）

している対象よりも低くなる傾向がある．分類と分割が明確でない，グループの重複部分があることに注意してもらいたい．この重複はグループの分類を補完するものとして見ることもできる．最もよくある判別分析の問題点は，グループの重複がかなり大きい，というものである．

　実際には，どの属性が判別分析の目的に関連するものなのかを事前に明らかにするのがむずかしいということがよくある．広く関連のある属性どうしを選ぶこと，分析する際にその中で最も重要な属性を明らかにすることは，一般的に実践されている．しかし，得られた属性選択手法のいくつかは記述的判別分析のために開発されたものであり，予測的判別分析の文脈で，不必要な属性が多すぎて結果に悪い影響を及ぼす可能性については，十分に議論されていない．属性（変数）選択の問題は，判別分析において最も重要で最もむずかしい問題なのである．変数選択問題をうまく解決するために，分析者はその研究領域における統計的な技術に関した実質的な知識をつなぎ合わせて対応する．

　すでに指摘したように，判別分析は2つの大きな領域に区分される．すなわち，記述的判別分析と予測的判別分析である．記述的判別分析は要素の属性に基づいてグループの違いを記述する．記述的判別分析の典型的な問いは，次のようなものである．すなわち，「どの属性が最もグループの識別に寄与し，グループ間の違いを説明するのに適当か」「どれだけ次元（グループを分ける次元は，属性と線形的に連合している正準変数と関連していることが多い）があれば，グループどうしを区別できるのだろうか（たとえば，因子が重要な役割を果たすのか）？」「各次元にそれぞれの解釈ができるのか？」「ある次元にそったグループの分割で，元のグループのサブセットをきちんと分類し直すことができるのか？」「どの属性が重要であるかを決定し，そうした属性に従ってグループが分割される理由を明らかにできるだろうか？」

　予測的判別分析では，属性に関する情報に基づいて，対象を集団に割り振る方法に焦点を当てている．予測されたグループメンバーが不正確である場合，対象は誤った分類をされることになる．予測的判別分析の第一の課題は，属性変数の値から分類ルールを引き出し，まだどのグループに属するかわからない要素を分類するのにそのルールを使うことである．一般に，誤分類の確率と誤分類のコストを考えることが重要である．予測的判別分析の他の問題としては，次のようなものがある．すなわち，分類ルールで使う属性変数はいくつ要るのだろう？　予測にとって最もよい属性変数のセットをどうやって選択したらいいだろう？　与えられた要素が正

しく分類される確率はどれぐらいだろう？　この要素が残りの他のグループに入る確率はどれぐらいだろう？　誤分類の確率や分類ルールによって期待される誤分類コストはどれぐらいだろう？

記述的判別分析や予測的判別分析は対象や分析方法が異なるが，多くの研究ではMANOVAのような他の手法と同じように，双方のアプローチ技術を組み合わせている。たとえば，判別分析を行っている典型的な研究では，調査者は属性がグループ間で統計的に有意であることを明らかにした上で，分析を行っている。もしこうした差が実際に現れてきたら，分析者は次に記述的判別分析の方法を使って，より細かい意味でこれらの違いを説明したり探索したりする。そしてそれから，予測的判別分析から分類ルールを引き出して，誤分類確率を推定する。

もちろん，問題が異なると，分析も異なってくる。時には，興味の焦点は純粋に記述的で，予測的判別分析がまったく必要ないこともあるだろう。また別のケースでは，分類が研究のおもな目的で，記述的判別分析は必要とされていないこともある。しかし，記述が目的の場合でも予測的判別分析を用いることはできるし，その逆も同様なこともある。つまり，正当な記述分析を行った後，グループ間の重なり具合を知りたいと思うだろう。予測的判別分析では，誤った分類をする確率を推定し，グループの重なり具合を測定することができる。一方で，予測的判別分析を用いるための属性を選択することが，記述的判別分析で可能である。

1　記述的判別分析

上述したように，記述的判別分析の基本は，事前に定義されたグループ間を識別あるいは区別できる要因を明らかにすることと，その結果を解釈することにある。この記述的判別分析の技術は，正準判別分析という。正準判別分析は正準判別関数として知られている，グループの区別を最大化するような特徴の線形結合を見いだす。k 個の異なるグループに m 個の特徴がある問題を考えると，正準判別関数の数は m か $k-1$ の小さい方である。つまり，正準判別分析は元の m 個の特徴セットを1つ以上の新しい変数におきかえる。この変数を正準変数といい，グループの区別に貢献する順に並ぶ（その判別力の強さの順である）。ふつうは m 個より $k-1$ 個のほうが小さく，特徴の数は正準判別関数の数を上回る。しかし，もし $m \geq k-1$ であれば，正準相関関数の数は特徴の数と同じになる。とはいえ，ほとんどの応

用例において，グループ正準変数の小さなサブセットによって，グループ間の差の大部分が説明される。このため，正準判別分析は次元圧縮技術としてみることもできる。

　各正準変数はグループの違いに沿ったある次元に対応している。適切な次元を見つけることは，記述的判別分析にとっては重要な問題である。これらの次元の解釈に関する他の問題として，この絶対値と相対的な重要度の査定によって，ある次元を使ってグループを分けるかどうかを決めることがある。

　実質的な解釈問題のときに主観的な判断や問題領域特有の知識，その背景が必要とされることがある。標準化正準係数や元の特徴と正準変数との相関を分析するといった統計的な手法や測定が，解釈のときに役立つ。正準係数や正準相関は，どの特徴が最も強く次元特性を表していたかを特定するのに便利である。各正準変数のグループ分けに対する正準変数の寄与という測度は，正準相関，つまり正準変数とグループの相関係数である。別の便利な正準技術は，すべての残っている正準相関係数（つまり現在のモデルに含まれないあらゆる変数に関する相関係数）がゼロであるという帰無仮説を検定することである。適切な検定統計量として，Wilks の Λ 統計量が算出される。

　Wilks の Λ は MANOVA の F 検定と同じで，分散分析における効果の有無の検定や，MANOVA モデルにおけるグループの特徴平均ベクトルや交互作用効果の差を検定するのに使われる。Wilks の Λ の範囲は 0 から無限大までである。小さい値は大きな平均の差があることを意味し，群の分割がよりはっきりしていることをさす。Wilks の Λ 統計量を，χ^2 値の近似に変換したり，F 分布から導出したりすることで，すべての群平均が等しいという帰無仮説を検定することができる。Huberty (1984) は偏 Wilks の Λ という統計量が，群の分割をする追加的変数の貢献度を検定するのに使えることを論じている。

　MANOVA は，グループ間の平均ベクトルが等しいことを検定するが，これは正準判別分析の正準変数がグループの分割にまったく貢献しないという検定をすることと同じである。しかし，正準判別分析では，すべての正準変数の判別力を検証した後，第二の Wilks の Λ で，第一正準変数の判別力をすべて除いたうえでの，全変数の判別力があるか，と検証を続けることができる。この分析は，グループの分割をするすべての重要な次元（正準変数のもつ判別力によって表される）が特定されるまで，続けていくことができる。十分に大きな F の値をもつ正準変数は，分析の中で保持される。他の正準変数は，グループの分割に有意な貢献をしないので，除

外される。

1.1 仮定

多くの他の分析方法と同じく，記述的判別分析はデータの母集団の真の特性に関する仮定に基づいている。正準判別分析では，その仮定は次のようなものである。(a) 異なる対象と関連した特徴どうしは，独立していなければならない，(b) 各グループの中では，対象の属性は多変量正規分布に従う，(c) 対象属性の分散共分散構造は，すべてのグループ間で同じでなければならない。これらの仮定について順に説明しよう。

最初の仮定はほとんどのパラメトリックな手法について共通のもので，ある要素の特徴についての値はその研究で使われている他のあらゆる要素に影響されていない必要がある。観測が相関していれば，正準判別分析の結論はもはや妥当ではなくなってしまう。

正準判別分析の第二の仮定は多変量正規分布の特徴である。多変量正規分布は，一変量正規分布を1つ以上の変数に一般化したものであり，次の条件を保持していると考えられる。まず (a) 各属性は正規分布している，そして (b) 各属性が順に従属変数にされ，残りの変数を独立変数としたすべての回帰分析において，線形性が成り立つ。

多変量正規性仮定をチェックするには，まずすべての変数が一変量で正規分布しているかどうかを分析する必要がある。すべての確率変数の一変量正規性が同時分布の多変量正規性を満たすとは限らないが，実際に，一変量正規性を満たす変数は多変量正規分布に従う傾向にある。一変量正規性傾向は正規曲線の各集団における属性の分布のヒストグラムを比較することで，視覚的にその正しさを明らかにできる。もし個々の属性が正規分布していれば，それらのヒストグラムは左右対称で，釣鐘状になっていなければならない。さらに厳格な一変量正規性検定として，コルモゴロフ・スミルノフ検定と，χ^2適合度検定がある（Neter, Wasserman, & Whitmore, 1988 を参照のこと）。

次に，各グループに対してすべての属性ペアの二次元の散布図を作成する必要がある。多変量正規分布している場合，これらのプロットはほとんど何の関係もない（そうしたケースではすべての点が図中にランダムに散らばる），あるいは検討中の特徴間に線形関係がないことが明らかになる。もしいくつかの属性のプロットが非

線形な関係にあることを示したら，一変量では正規分布していても，多変量正規性の仮定は保持されない。多変量正規性の形式的・非形式的な検定についてのより深い議論は，Koziol（1986）やBaringhaus, Danschke & Henze（1989）を参照してほしい。

　第三の仮定は，属性の散布と従属的構造（共分散など）がすべてのグループで同じである必要があるというものである。グループ間の等分散性の仮定（分散の一様性）は属性分布のヒストグラムを群ごとに書いてみることで視覚的にチェックすることができる。従属的構造の等質性は二次元散布図を，グループごとに特徴のペアについて描いてみることで検証できる。等しい分散共分散の仮定は，形式的にはBartlett検定でなされる（Bartlett, 1937）。

　正準判別分析の結果から意味のある解釈を得たときに，これらの仮定から逸脱したことの影響を受ける範囲は，逸脱の大きさや分析の本質的問題に依存している。正準判別関数そのものは，グループ内の属性分布が多変量正規性に従っているかどうかに関係なく導出できる。しかし，もし分散共分散構造がグループ間で等しくないのであれば，正準変数のいくつかの特徴が失われる。たとえば，統計的検定は正準判別関数の有意性を評価するときに，分散共分散の等しさと多変量正規性の両方を必要とする。もしこれらの仮定が破られたら，p値は妥当なものではなくなる。

　正準判別分析の解釈を有意義なものにするときに最も深刻になる仮定からの逸脱は，グループ間で特徴の構造に相関関係があり，分散共分散の等しさという仮定が満たされなかったときに生じる。グループ間の属性の相関が類似している場合，グループ間の分散共分散が同じでない影響は比較的に軽い（Kendall, 1957）。分散共分散がグループ間で異なるときであっても，グループが同じような相関構造をもっていたら，分散共分散はグループ間でつりあいが取れている。

　他の統計手法と同様に判別分析の前提となる仮定を検証する際，これらの仮定が完全に満たされることは少ないことを知っておいたほうがよい。しかし，本章で説明するほとんどの判別分析は，背後に想定してある仮定から少し外れていてもかなり頑健で妥当な結果を出す。統計やそれにともなうp値は仮説の検定に用いられるが，どの仮定が違反しているのかという範囲についての情報を与えてくれるわけではないことにも注意しておこう。

　さらに，もし観測度数が小さければ，仮定から大きく逸脱している場合にしか，それを検出することができない。サンプルが大きいと，大きいサンプルがより正確な推定値を出すように，仮定の重大な違反を発見しやすくなる。この場合，帰無仮

説から少し外れているかもしれないというサンプル情報は，仮定の妥当性に対する強い証拠として，とても小さいp値のかたちで，提案してくれる。このときは，他の手法を使ったほうがよく，たとえば属性変数についてのヒストグラムやプロットの分析をして，帰無仮説の背後にある仮定が違反している範囲を査定することができる。もし仮定が大きく逸脱していたり，問題がデータの変形によって特定できない場合は，ノンパラメトリックな判別分析を使うべきである。

1.2 変数の選択と順序

実際の統計的分析を始める前に，分析者はふつうその問題についての理論を展開していたり，調べまわったりしているものだし，グループ間の差を説明するのに貢献すると思われる特徴の集まりを特定しようとしている。にもかかわらず，関連のある属性の重要点といくつかの属性（正準変数など）を結びつける最良の方法は，いまだ明らかにされていない。さらに，データを採集する際はたいていの場合，変数の多いデータセット（グループ間の違いを説明するのに寄与するデータ）から集められるものである。その統計解析の結果は，どの変数がモデルに残り，どの変数が外されるかを決定するのに役立つ。

大きな変数セットから変数を選択してサブセットをつくる問題というのは重要かつ実践現場ではよく直面することであるから，変数選択問題が判別分析の文脈で多くの注目を集めていることは驚くにあたらない。これに関連して，それらの相対的な重要さの順に変数を並べるというのもある。記述的判別分析においては，重要度はしばしばグループ分けの寄与として定義される。変数を重要度順に並べるのは，いったんいくつかのベストな変数サブセットを特定し，記述という目的のためにそれを使うことを可能にする。

記述的および予測的判別分析において，変数を選択し並べるための最も一般的な方法は，ステップワイズ判別分析変数選択である。変数増加法は，変数がない状態から分析を始めて，事前に決めた停止基準が満たされるまで変数を追加していく方法である。ほとんどのステップワイズ法で使われている停止基準は，F統計量にともなうp値に基づいており，加えたり減らしたりした次の変数が群分けの説明に際して，すでにモデルに存在している変数の貢献度以上に有意さを付け加えたかどうかで決定される。逆に，変数減少法は，すべての変数をモデルに入れた状態から分析を始め，最も重要度の低い変数をモデルから順に除外していき，有意な変数だけ

が残るようになるまで続ける．ステップワイズ判別分析で使われる F 統計量は，偏 Wilks の Λ を変形したもので，詳細は Huberty（1984）で論じられている．

　普遍的に用いられているにもかかわらず，判別分析における変数の選択や順序づけに関するステップワイズ法は理論的問題を含んでいる．大きな問題は，利用可能な変数のサブセットだけしか考慮されないことである．しかし，このサブセットはベストなものでもなければ，最終的な分析で使われるものでもない．Huberty（1984）はステップワイズ分析が便利であるのはたった 2 つの状況だけだとしている．その 1 つは，最初の変数セットがとても大きくて，ステップワイズ手続きがグループの分割にほとんどあるいはまったく貢献しないことが明らかな変数を捨てたりスクリーニングしたりする予備的なツールとして使う場合である．ステップワイズ判別分析はまた，変数の最適な順序が事前にわかっているときは便利であり，この場合，ステップワイズ判別分析の目的は特徴の適切な数を決めることである．

　関連する重要な属性に関するいくつかの指標は，すでに先行研究で示されている．最も一般的なものは，(a) ステップワイズプログラムにおける属性変数の要素の順序，(b) 第一正準判別関数と各属性変数の相関（最初の正準変数と与えられた属性変数の相関係数の二乗が，グループ分けに対する属性変数の寄与を表す指標として使われることが多い），(c) 第一正準関数の標準化された重み（第一判別関数の第 j 番目の変数についての標準化された重みは，第一判別関数における X_j の係数に，X_j の群内標準偏差を掛けたものである），(d) 除却のための F 統計量を各属性変数に対して算出する．それらはすべての変数が分析に使われたときに，ステップワイズプログラムで算出されるものである．ちなみにこの統計量は，全特徴変数からある 1 つの特徴変数を除外したときの重要度の指標である．

　Huberty（1984）によると，除却のための F 統計量を使うべきで，というのもこの方法だけがすべての変数を同時に扱うことができるからだという．そうすることで分割するすべての次元を通じて 1 つの指標で考えることができるし，かなりはっきりと直接的な方法で重要さを解釈できるという利点がある．

　記述的判別分析では，与えられた変数サブセットによる判別の良さは，そのモデルの Wilks の Λ 統計量を検証することで得られる（Morrison, 1990; Wilks, 1932）．McKay & Campbell（1982a）は，Wilks の Λ は群分割の全体的な指標として信頼できるが，群が違っていると異なる次元を見つけるのに失敗することがあることを指摘した．Wilks の Λ 値が低い変数はグループ分け次元の 1 つを無視するが，一方で値が高い変数はすべての重要な次元を明らかにする．そこで，McKay &

Campbell（1982a）は Wilks の Λ に加え，重要な正準変数と関連する固有値を考慮すべきと主張している。重要な正準変数の固有値があまりにも小さい値を示す変数のサブセットは，避けるべきである。さらに，理論的に考えると，問題領域の実質的な知識が，変数選択に有効なこともある。

理想的には，すべての変数の組み合わせを熟考し，選択し，理論に関連する変数をすべて含め，Wilks の Λ が非常に小さく，グループ分けに重要なすべての次元を明らかにすることが求められる。

もし変数の数が全部で 20 を超えるなら，かなりの時間がかかったり，変数のすべての可能なサブセットを考えることがたいへんになってしまうだろう。そういうときは，最初のスクリーニング法にもどって，考えるべき変数の数を減らしたほうがよい。そしてスクリーニングを経て取り除かれなかった変数だけで，改めてすべての可能なサブセットの分析を行うとよい。スクリーニングに用いる選別の基準は，一変数の群平均の差を検定する F 統計量とそれにともなう p 値と，ステップワイズ除外法によって含められる変数の順番である。いくつかの変数どうしが高い相関を示していたら，たとえばいくつかの変数が測定しているのが本質的に同じ現象であるなら，分析者は分析の中に入れるのはこのうちの 1 つだけにすべきである。そんなときは，因子分析をしたほうがいいだろう（第 4 章を参照）。

1.3　例 1

記述的判別分析の使い方の典型例を，本章のはじめに紹介した Porebski（1966）の例を使って見てみよう。この分析の目的は，4 種類の専門学校での専攻がテストの点数から識別できるのかどうかを明らかにすることである。心理学者は 1,348 名の学生の，専門学校入学前年のテスト結果を収集している。3 つのテストの結果（算数，英語，図形の関連性検査）をそれぞれ X_1, X_2, X_3 と表現する。テストの平均点（$\bar{X}_1, \bar{X}_2, \bar{X}_3$）と，学習の各専攻プログラム（A＝芸術，B＝建築，C＝商学，E＝工学）に進んだグループの人数を表 9.1 に示す。

最初の分析

最初の分析からより妥当な結論を導出できるかどうかは，この分析法が背後に想定している仮定を満たしている程度に依存する。分析は，データセットの一般的な特性について事前診断をするところから始まる。テストスコアのサンプル分布のヒ

📊 表9.1　例1の学生のテスト得点の平均 (Porebski, 1966, p. 216.)

専　攻	n	$\bar{X}_1$	$\bar{X}_2$	$\bar{X}_3$
E：工学	404	27.878	98.361	33.596
B：建築	400	20.650	85.425	31.513
A：芸術	258	15.010	80.307	32.009
C：商学	286	24.378	94.941	26.686
合　計	1,348	27.528	90.341	31.208

ストグラムは，だいたい対称で，ベル型のように見えるので正規分布のようである。さらに，テストの点数のすべてのペア（つまり X_1 vs X_2，X_1 vs X_3，X_2 vs X_3）の二次元分布を見て，変数間にいかなる非線形関係もないことがわかった。ヒストグラムと散布図は論文に載せられることも多いが，簡潔にするため，本章ではそれらに関して述べないこととする。診断チェックに基づき，多変量正規性の仮説が大きく逸脱をしている証拠にはならないと，心理学者は結論づける。

次に，Bartlett (1937) の検定で，グループ間の分散共分散が等しいという仮定を評価する。帰無仮説は1%の危険率で棄却されたので，正準判別分析の基本的な仮定の1つが成立していないことが示された。この際，調査者はパラメトリックもしくはノンパラメトリック判別分析のどちらを用いるかを決めねばならなくなる。グループのサンプル分散共分散（示されてはいない）を検証したところ，これらの行列がだいたい等しいことが明らかになった。だから，このデータセットは最も深刻な仮定違反，つまりグループ間で相関係数が異なることから，それほど影響を受けていない，といえる。

上記のように，特徴の数に比べてサンプルサイズが十分に大きい場合，仮定から逸脱する程度がごくわずかでも，容易に検出されてしまう。観測変数1,348のデータセットは十分大きいといえる。グループ間の分散共分散の大きさに差異があるにもかかわらず，研究者はパラメトリックな分析をすることに決める。なぜなら，相関構造が似ているように見えるからだ。しかし，結果の解釈には注意が必要である。なぜなら，パラメトリックな統計検定量に関する p 値（形式的な分析で算出される）は，厳密に言えば妥当ではないからだ。

形式的な分析

次に，テスト得点を従属変数，学生を集団の変数とする MANOVA を行う必要が

ある。p 値が 0.005 よりも小さいことから，Wilks の $\Lambda = 0.629$ は有意であり，4 つの専攻の平均テスト得点は有意水準 0.005 で異なることを示す。

一元 MANOVA 分析は，すでに 4 つの専攻間で平均テストスコアに差があることを明らかにし，属性変数（従属変数）のある線形結合があるグループを他のグループと区別することを支持している。しかし，MANOVA はどの変数をどう結合すればグループを区別するかについては何も明らかにしていない。正準判別分析がこの仕事をしてくれるのである。つまり，研究者はこれらの差の本質について正準判別分析を使う段階にきたのである。$m = 3$ の属性変数，$k = 4$ のグループがあるので，ここでは $k - 1 = 3$ の正準判別関数を見ることになる。各判別関数は属性の一意的な線形結合をしている。最初の判別関数は，グループ間の区別を最大化するようにつくられた変数結合をしている最も重要なものである。第三の判別関数は最も重要度が低く，第二の判別関数はグループ間の判別する能力という意味では中間ぐらいである。各判別関数は正準変数を合成する。

表 9.2 に，第一判別関数が正準変数 Z_1 を，第二判別関数は正準変数 Z_2 を，第三は Z_3 をつくったことを示している。たとえば，非標準化第一判別関数（正準変数）は $Z_1 = 0.117X_1 + 0.019X_2 - 0.027X_3$ である。つまり，Z_1 は新しい変数で，第 1 章で論じた合成変数であり，グループ間の差を区別するために特徴変数を最もうまく結合したものになっている。非標準化判別係数は，判別関数における各変数の重要度を表しているわけではないことに注意が必要である。なぜなら，これらは測定の異なる尺度を反映しているからである。各属性変数の各判別関数における相対的重要さを比較するためには，標準化判別係数が必要で，これは非標準化係数にグループ内標準偏差を掛けた形で算出される。表 9.2 にはこれら両方を同時に記載した。

グループ分けに際する正準変数（Z_1, Z_2, Z_3）の重要さは，それに対応する固有値に反映されている。得られた正準変数，その固有値，すべての固有値の和でそれ

表 9.2　正準分析（例 1）

正準変数	非標準化判別係数						標準化判別係数		
	X_1	X_2	X_3	固有値	寄与率	p	算数 X_1	英語 X_2	図形の関連性 X_3
Z_1	0.117	0.019	−0.027	0.450	82.57	.000	0.869	0.364	−0.221
Z_2	0.011	−0.005	0.119	0.090	16.61	.000	0.083	−0.093	0.987
Z_3	−0.077	0.051	0.151	0.005	0.86	.003	−0.575	0.961	0.126

を割ったものが意味する比率は，正準変数によって説明される群間分散の比率として解釈することができる。固有値が大きければ，その正準変数はグループ分けに対してより重要であることを意味する。表9.2にみられるように，Z_1の固有値（0.45）はZ_2のそれ（0.09）よりも大きく，さらにそれはZ_3のもの（0.005）よりも大きい。さらに，群間分割にZ_1が貢献する比率は$0.45/(0.45 + 0.09 + 0.005) = 0.8257$，つまり82.57％の分散を説明する。ここで$Z_2$が16.61％を説明すること，$Z_3$は1％未満しか説明しないことにも注意しよう。

最後に，表9.2の右から4列目にあるように，ある正準変数（とすべての残りの正準変数）がゼロである，という帰無仮説を検定したF統計量（表示はされていない）にともなうp値がある。たとえば，Z_1については$p = 0.000$とあり，これはZ_1が，そしてもしかしたらZ_2やZ_3がグループ分けに統計的有意なレベルで貢献しているということを示している。もしF統計量が有意ではなければ（たとえば，$p > 0.05$），その正準変数と，残るすべての正準変数は，グループの分割に有意な影響を与えない。

表9.2のp値を解釈するとき，これらの変数は厳密には妥当ではないことを覚えておこう。なぜなら，分散共分散が等しいという仮定が満たされていなかったからだ。p値（が低いこと）は各正準変数，Z_1, Z_2, Z_3がそれぞれグループ間の平均の差を説明するのに有意な貢献をしていることを意味している。つまり，4つの学生の母集団（工学，建築，芸術，商学を専攻している人たち）は，3つの正準変数によって違いがあることを意味する。しかし，最初の2つの正準変数（Z_1, Z_2）がだいたい差の99％（82.57％＋16.61％）を説明するのに対し，Z_3は1％未満しか説明できていない。

4つの専攻の母集団の各正準変数の平均値は，表9.3に載せている。グループの違いの多くは最初の2つの正準変数で説明可能（99％）であるため，われわれはZ_1とZ_2の二次元に専攻のグループ平均値をグラフ化することで，違いを考察する。

表9.3　例1の正準変数値の平均

専攻	正準変数の平均値		
	Z_1	Z_2	Z_3
工　学	4.240	3.813	3.333
建　築	3.210	3.549	3.204
芸　術	2.436	3.570	3.388
商　学	3.950	2.971	3.325

◎図9.3 例1における学生の母集団の正準変数
Z_1とZ_2の平均値 (Porebski, 1966, p.216)

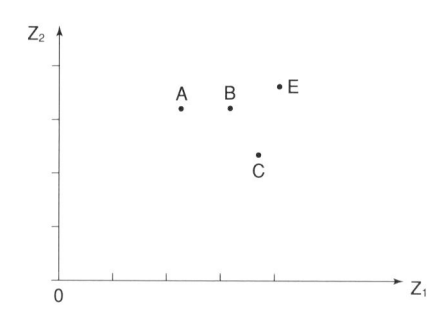

図9.3から，Z_1は4つの専攻を明確に分けているが，Z_2はグループCとグループA，B，Eとの平均の差をおもに説明する。

分析の次のステップは，各正準変数によって反映された次元の本質的解釈だ。各専攻で求められる特徴的能力に関する一般的知識は正準変数空間（Z_1とZ_2のプロット）における各グループ平均の相対的な位置とあわせて考えると，正準変数の本質的解釈にたいへん役立つ。われわれのサンプルでの問いの1つは以下のようなものである。どの能力がZ_1とZ_2に反映されるのか，そしてどれだけ専攻分離に寄与するのか，だ。このように，正準変数と独自変数（検定スコア）間の関係を調査するのは大切である。正準変数間の相関と検定スコアは，表9.4に載せている。

表9.2に示された標準化判別係数を見ると，表9.4の正準相関と同じように，最初の正準変数（Z_1）が数学（$r = 0.915$）と強く相関しており，言語的（英語の）能力と中程度に（$r = 0.550$）関係していることがわかる。したがって，研究者はこの正準判別関数を，一般的な学習能力として解釈する。それに比べて，Z_2は，図形関連性判断能力にだけ関係があり（$r = 0.994$），空間的能力を測っているようである。

◎表9.4 例1の相関

正準変数	テスト得点		
	数学 X_1	英語 X_2	図形の関連性判断 X_3
Z_1	.915	.550	−.025
Z_2	.246	.017	.994
Z_3	−.322	.835	.106

最後に，Z_3 はグループ間の分散の1％未満しか説明しないが，言語能力とだけ関係している（$r = 0.835$）。正準変数についてのこの解釈は，心理学者に受け入れられるだろう。なぜなら，この3つのテストが測定していることについての事前の知識に基づいた，期待通りのグループの差や相関関係が一貫して表れているからである。

要約すると，研究者はこの4つの学生グループが，本質的に二次元において分かれていると結論づけるだろう。最初の次元（Z_1）は一般的な学習能力の量的な側面であり，より狭い意味で言語的なスキルであるといえる。この次元によって，工学専攻は最も高く位置し，順に商学，建築，そして最後に芸術となる。第二の次元（Z_2）は空間的能力に関係している（表9.3参照）。商学を専攻している学生はこの次元で他の3つの専攻学生よりも点数は低いが，芸術，建築，工学の学生間では目立った違いはみられない。最後に，Z_3 はほとんど英語の得点だけに関係している（$r = 0.835$）。しかし，Z_3 はグループ間の全体的な分散の1％未満しか説明していないのである。だから，Z_3 は Z_1, Z_2 ほど学生グループの分割や区分に役立つことはほとんどないといえるだろう。

2 予測的判別分析

予測的判別分析の最も重要な問題は，未知のグループに属する要素を分類すること，それも要素の属性値に基づいたある分類ルールに沿って分類することである。分類規則は概して属性の機能的形式と，分類機能の値に基づいた集団成員の予測を行う決定規則から構成される。2つのグループを分割する単純な（線形の）分類ルールの例は，たとえばもし $2X_1 + 3X_2 - X_3 \geq 3$ であればある要素がグループAに属し，そうでなければグループBに属する，というものである。この関数は，X_1, X_2, X_3 が属性変数である。ある要素が，$X_1 = 4$, $X_2 = -2$, $X_3 = 1$ であれば，この分類得点は1になり，3より小さいから，グループBに分類される。もちろん，さまざまな分類ルールがありえるし，ここで示したような単純なものばかりでもない。つまり，予測的判別分析の理論のほとんどは，被験者をある仮説に基づいた（あるいは方法に基づいた，何の仮定もない）方法で，グループ（母集団）の特徴について，ある意味で最適な分類ルールを推定・導出することである。

予測的判別分析には2種類の分類方法がある。母集団ベースのものとサンプルベースのものである。母集団ルールは，ある概念的分類基準を最適化するもので，数

学的に導出され，属性の確率分布についての知識を必要とする。もちろん，実際には，属性変数について真の確率分布はふつう未知であり，理論的に最適な母集団ルールというのはほとんど見いだせない。結果として，母集団ベースの分類ルールは，ほとんど理論的関心しかもたらさない。

実際には，サンプル推定値を（未知の）母集団パラメータに置き換えて，既知のグループ属性をもつ要素サンプルに基づいて，分類ルールを推定する必要がある。こうしたルールは，サンプルベースの分類ルールといわれ，このルールをつくったり推定したりするのに使われるサンプルのことを，トレーニングサンプルという。要素の分類スコアは要素の特徴変数の判別関数が出す値である。

最良の分類基準を得るための一般的な基準は，(a) 誤った分類可能性を最小化すること，(b) 誤った分類の期待されるコストを最小化すること，(c) 誤った分類の集団特有の高い可能性を最小化すること，(d) 誤った分類の集団特有の期待されるコストの可能性を最小化すること，(e) 誤った分類比を最小化すること，である。前述したように，グループの帰属が誤って予測された場合，要素も誤って分類される。推定された誤分類率は，サンプルにおける誤分類ケースの割合である。ふつう，推定される誤分類率は1から推定された正答率（サンプルにおいて正しく分類されたケースの割合）を引いたものである。

誤分類のコストはグループごとで変わりうる。これはある種の誤分類率は他のものよりも重要であることを反映している。つまり，借用申し込みをする際，あとで取り立て困難になるという誤りは，完済するであろう顧客へのローンを拒否することよりも深刻であろう。より深刻なエラーに対しては，異なる誤分類コストを課されるのである。ある意味，誤分類確率のコストという概念は，仮説検定におけるタイプ1エラーとタイプ2エラーの重要さの違いに似ている。

上の基準のうちの1つに基づいて，分類ルールを導出するとき，グループの要素になる事前の（優先）確率を定義する必要がある。さらに，もし予測される誤分類確率に基づいて基準をつくるのであれば，相対的な誤分類コストを事前に定める必要がある。この情報は，たいていはその問題の以前の知識に基づく。

トレーニングサンプルがグループ（母集団）からの無作為抽出で得られていたら，グループに属する事前確率はトレーニングサンプルにおける相対的なグループの割合で推定することができる。しかしこの手続きは，トレーニングサンプルが実際にランダムサンプリングされたものであることを必要とする，つまり，トレーニングサンプルから無作為に選択された要素があるグループに所属する確率は，このグル

ープに所属する未来の観測度数の確率と等しいものと考えられる。

　この条件は，実際には満たされないことが時々起こりうる。たとえば，ある人がある企業が来年倒産するかどうかを予測したいと思っているような応用例を考えよう。想定される2つのグループは，この企業がまさに倒産しようとしているのか，そうではないのか，である。後者のグループよりも前者のグループのほうが，データをいく分集めやすいだろう。

　倒産の問題では，グループサイズはかなりアンバランスである。なぜなら，倒産しない企業の母集団は倒産するそれよりもかなり多いだろうからである。しかし，多くの判別分析を用いた研究において，分析者は人工的にトレーニングサンプルの各グループは要素数が同じである状態に近似していると考えている。あるグループが他のものよりも明らかに多いような状況でさえも。これは危険なやり方である。なぜなら，トレーニングサンプルの両グループそれぞれの代表者は，グループの要素の事前確率に一致しているかどうかに強く影響されるからである。誤った分類確率を推定するのに，調整していないかたよったサンプルを用いると，モデルの独立サンプルを一般化できないのは明らかだ。つまり，この例が示すように，本質的に重要なことは母集団の確率が正確に推定されることであり，分類ルールはこの確率に依存しているということである。

2.1　多変量正規分布を想定した分類方法

　最も広く使われている分類法は，誤分類確率を最小化すること，あるいは予測される誤分類確率を最小化することによって導出されるものである。そのとき，各群の特徴変数の確率分布が多変量正規分布に従うと考えられている。この節では，われわれはこの種の方法に着目しよう。この理論的に最適な母集団ルールはよく知られているからである。つまり，われわれは母集団ベースの分類ルールを使うことができ，それはこのサンプル推定によって未知の母集団パラメータを置き換えるというものである。

　もしすべての分散共分散がグループごとに等しければ，この母集団分類ルールはk個の特徴変数の線形結合セット（各群に1つ）に基づいており，線形分類ルール（分類器）や判別関数として知られている。実践においては広く使われているにもかかわらず，この判別関数という言葉は，この文脈では混乱を招くものかもしれない。なぜなら，記述的判別分析の中で正準分類関数が，判別関数としてよく知られ

ているからである。そこで，ここでは分類関数という用語を使おう。もし適切な分類関数が成立したら，各要素は最も高い分類スコアをもつグループに振り分けられる。記述的判別分析では，判別関数の数は要素の数か群の数（どちらか小さい方）マイナス1に等しかったが，それとは違ってこの予測的判別分析の分類関数の数はグループの数に一致する。与えられたケースからグループの所属状態を予測するには，各分類関数にそのケースの特徴変数の数値を入力する。最終的に，分類スコアが最も高かったグループに振り分けられる。

　グループ間で分散共分散が等しい二群の判別であれば，線形の正準判別関数はFisherの線形判別関数（Fisher, 1936）であり，予測的な目的（分類）にも記述的な目的にも使える（Fisherの1936年の論文では，判別分析的領域への導入について言及されている）。

　グループ間で異なる分散共分散をもち，多変量正規分布に従う特徴変数の場合，最適な分類ルールは各要素を最も高い分類スコアをもつグループに割り当てることだが，その際は特徴の二次関数を使う（つまり，変数を二乗し線形結合させた，要素の外積を使う）。もちろん，非線形関数はグループが非線形の面で分類されることを意味する。たとえば，2つの特徴変数 X, Y がある二次関数モデルは，項として X, X^2, Y, Y^2, XY をもち，分類面は二次方程式になる。実際には，分析するときこの点で悩む必要はなく，おもな統計的判別分析パッケージにおいては，分散共分散がグループ間で異なることがわかった場合，二次と外積の項を自動的に分析に含んでくれる。2つのグループに対して，グループの分類ルール間の違いは，スミスの二次判別関数として知られている（Smith, 1947）。予測的判別分析は二次の分類ルールに基づいており，二次判別分析として知られている。

　線形あるいは二次分類関数のどちらが適切かという問いについては，グループ間の分散共分散の性質にまず依存する。それよりも，別の考え方をしたほうがいいだろう。たとえば，二次分類ルールによる推定は，線形ルールのものよりも少しむずかしい（そして精度が下がる）。グループ間で分散共分散が異なるときは，分類ルールが正しい形式（二次式）であるかどうかと，使うときのルールでより正確に（線形に）パラメータが推定できるかどうかの間にトレードオフ関係が存在する。二次と外積の項があるので，二次関数は推定により多くの変数を必要とするのだ。もしトレーニングサンプルのサイズが小さければ，あるいはもし属性変数の数が多ければ，推定の正確さの問題はより重要になり，線形分類ルールがふつうより好まれて使われる。この問題はパーシモニー（倹約）の原則という，あらゆる統計的分

析に用いられるルールの実例である（つまり，ほとんど同じぐらいのものがあれば，ふつうは最も単純なものが選ばれる）。しかし，グループ間で分散共分散が異なることがよりはっきりしてくれば，あるいはグループの分割が減るのであれば，母集団ルールの非線形性はより強調され，二次関数ルールが徐々に好まれるようになってくるだろう。

　Marks & Dunn（1974）は，シミュレーション研究として，いくつかの異なるデータ条件で線形と二次的ルールを入れ替えて分析してみた。たとえばMarks & Dunn は観測度数が50で2つの相関しない特徴変数をもち，少しグループが重複しているようなトレーニングサンプルに対して，2つのグループ間の分散の比が2以下であれば，線形のサンプルベースな分類ルールが二次ルールよりも誤った分類推定をすることが少ないことを見いだした。二次ルールはこの比率が2を超えたらよりうまく働くようである。10の属性変数で，他の条件が上と同じ場合は，グループ間の分散比が少なくとも4から8のときに二次モデルを使うのが好ましい。こうした結果は，グループ間の分散共分散が等しいという帰無仮説を棄却することが，線形よりもサンプルベースの二次ルールモデルのほうが好ましいことを自動的に意味するわけではない，ということを示している。まちがいなく言えるのは，線形と二次モデルの両方の分類パフォーマンスを，それぞれ見比べて評価するような実践をしたほうがいいということである。

　上で述べたように，古典的な線形あるいは二次の予測的判別分析は属性変数が多変量正規分布に従うという仮定に基づいている。もしこの仮説が満たされなければ，別の分析方法を用いる必要がある。最もよく使われるアプローチの1つは，元の属性変数に上で述べていたパラメトリックな方法であり，変換された属性変数に対しても適用することができる。いくつかのシミュレーション研究は，非対称分布（ゆがんだ分布）をする属性変数があることが線形性の最も深刻な違反の1つであり，結果として予測的判別分析にも影響することを示している（Clarke, Lachenbruch, & Broffit, 1979; Lachenbruch, Sneeringer, & Revo, 1973）。最も広く使われている非線形データ変換によるゆがんだ分布の標準化は，自然対数変換である。これは適切な変換を施して，多変量正規性の仮定違反をする度合いを客観的に減らそうという試みである。しかし，変換しないことで正規分布や同等の分散共分散が生じることがあることも事実である。そのような場合，分散共分散構造を仮定しないようなノンパラメトリック的方法が，判別分析の代替として適当である。その代替的アプローチとして，ロジスティック回帰分析が最も頻繁に用いられている（第7章を参

照のこと）。

2.2 分類規則の評価と解釈

　分類規則を明らかにしたら，分類のパフォーマンスと結果の解釈が重要となってくる。同じ観測データを分類ルールの導出に使う分類パフォーマンスの分析は，内的分類分析とよばれている。分類ルールの推定に使われたのとは違う観測データを使っての分析，あるいは分類パフォーマンスの査定は，外的分類分析とよばれている。

　分類ルールのパフォーマンスを測定するのによく使われるものとして，正答率（1 − 誤った分類比）と誤った分類コストがある。推定値をカウントすることは，正答の推定値の一種である。正答率は正しい分類が行われる確率であり，誤分類率は誤った分類の確率である。全体の誤分類率に加えて，各グループにおける誤分類率の推定もよく行われる。なぜなら，全体的な誤分類率を最小化する最適な分類にルールによる誤分類は，グループごとに不均等に生じており，全体的なルールの不適切さとして解釈されるからだ。

　誤分類コストは誤分類確率をその相対的な重要性で重みづけたものとして示される。最もよくあるのは，誤分類コストはグループ間で等しいと想定され，推定された分類正答率を直接比較・分析するものである。だから，われわれはここでは正答率の推定に焦点を当てよう。

　Huberty, Wisenbaker, & Smith（1987）は，3つの異なるタイプの正答率を区別した。すなわち，(a) 最適な正答率 $p^{(1)}$，(b) 実際の，サンプルベースの正答率 $p^{(2)}$，(c) 期待される実際の正答率 $p^{(3)}$ である。最適な正答率 $p^{(1)}$ は，母集団分類ルールの正答率であり，理論的にグループが重なっている程度として解釈できる。そんなとき，$p^{(1)}$ はとくに記述的判別分析において便利であり，サンプルベースの分類ルールにおける正答率と比較するためのベンチマークとして使うことがある。実際の正答率 $p^{(2)}$ は，条件付き正答率として知られ，サンプルベースの分類ルールによって与えられる正答率である。つまり，推定された分類ルールが新しい観測データに適用されたときに，正しく分類する確率の推定値である。これはサンプルベースの話で，実践的にはよくある話だから，$p^{(2)}$ は予測的判別分析研究においては最も重要な正答率だといえる。予測される実際の正答率 $p^{(3)}$ は，条件づけられていない正答率ともいわれ，同じサンプリング条件下で得られた異なるトレーニングサンプル

に対して，分類ルールを適用したときのものである。

　正答率の推定法には，パラメトリックなものもノンパラメトリックなものもある。最も重要なパラメトリックな正答率推定は，属性変数が多変量正規分布に従っているという仮定に基づいている。二群に分割する場合，属性変数が同じ分散共分散の多変量正規性をもっているとき，最適な正答率はグループ間平均のマハラノビスの距離（Mahalanobis, 1936）の単調関数である。マハラノビスの距離とは，確率変数間の距離の指標で，分散共分散構造を考慮したものである。最も一般的な推定量である $p^{(1)}$ は，真の正答率の式において，マハラノビスの距離 Δ^2 をサンプル距離 D^2 でかき直したものである（つまり，サンプルに基づいたマハラノビスの距離を使っているのであって，母分散共分散を使わないということ）。この推定値（D メソッドの推定値として知られる）は楽観的なバイアスがかかっている（真の値よりもより高い $p^{(1)}$ 推定値を与える）。ほとんど不偏的な $p^{(1)}$ の推定量は，真の正答率の式における Δ^2 を修正済みサンプルのマハラノビスの距離 $\bar{D}^2$ で置き換えたものである。$\bar{D}^2$ は D^2 を単純変換したもので，D メソッドの推定値のかたよりを補正したものである。他のパラメトリックな正答率の推定法については，Sorum（1972）と Huberty et al.（1987）を参照のこと。

　多くの判別分析を用いた研究において，サンプルベースの推定値のカウントは報告されるが，どの方法で推定された正答率かは報告されていない。つまり，3つの正答率（$p^{(1)}$, $p^{(2)}$, $p^{(3)}$）のうち，筆者がどの推定をしたかったのか，が常に明確にされているわけではない。ほとんどの適用例では，推定値 $p^{(2)}$ である。

　内的分類分析から正しく分類されたケースの比率は，最も明白な集計推定値である。正答率のノンパラメトリックな推定値は，ふつうサンプルにおける正しく分類されたケースの数に基づいている。この数は観測されたサンプルに分類ルールを適用し，正しく分類された観測度数を数えることで得られる。推定された正答率は，サンプルにおいて正しく分類された観測変数を総観測変数で割ることで得られる。同様に，推定された誤分類率はまちがって分類された観測度数の比率である。しかし，内的分析から得られる推定された正答率は3つの比率，$p^{(1)}$, $p^{(2)}$, $p^{(3)}$ のどれかの測度を最適化するようにバイアスがかかって算出されるものである。なぜなら，トレーニングサンプルのデータを使って推定された分類ルールは，このルールをその同じデータに適用すると，正答率を体系的に過剰に見積もる（誤分類率を過少に見積もる）からである。このバイアスは分類ルールを使わない観測度数の平均値を使う，つまり外的分類分析で分類パフォーマンスを評価することで避けることがで

きる。

　外的分析を行う1つの方法は，利用できるデータを2つのデータセットに分割し，一方のデータセットで分類ルールを推定し（トレーニングサンプル），もう一方のデータセットで推定されたルールの分類パフォーマンスを評価する（ホールドアウト，あるいは交差妥当性サンプル）というものだ。ホールドアウトサンプルで推定された正答率は，$p^{(2)}$の推定量となる。これは不偏的な正答率の推定値になるけれども，ホールドアウト法はいくつかの潜在的な欠点をもっている。まず，ありえないほど大きなデータサイズが必要になるのだ。次に，オリジナルのデータをどのようにトレーニングとホールドアウトサンプルに分けるのかが明確でない。もしトレーニングサンプルが小さければ，あまりにも少ない観測度数に基づいてつくられているのだから，分類ルールが正確だとは言えないだろう。もしホールドアウトサンプルが小さければ，正答率推定もまた正確とは言いがたい。

　もう少しよい$p^{(2)}$の推定方法は，一個抜き交差検証（Leave-One-Out: L-O-O）推定であり，Lachenbruch（1967）で有名になった。一個抜き交差検証法は，サイズnのトレーニングサンプルから，順に各ケースを除外していき，残りの$n-1$のデータを使って分類ルールを推定，その平均でもって分類するというものである。正しく分類されたトレーニングサンプルから取り除かれた観測データの比率が，正答率の推定に用いられる。一個抜き交差検証法は，ほとんど偏りのない$p^{(2)}$推定量であることがわかっている。しかし，大きなサンプルによる妥当性が必要なので，それほど実践的ではない。

　ホールドアウト法とL-O-O法を組み合わせる方法として，一個だけホールドアウトするのではなく，ランダムにn_1個のデータを選択するというのがある。この場合，残る$n-n_1$個で分類ルールを推定することになる。そしてホールドアウトされた観測データで正しく分類された比率を評価する。この手法を何度もくり返し，ホールドアウトサンプルを正しく分類した比率の平均をとることで，ほとんどバイアスのない$p^{(2)}$を得ることができる。

　近年一般的になってきた別の推定指標$p^{(2)}$は，最大事後確率（Maximum-Posterior-Probability: M-P-P）推定指標（Fukunaga & Kessell, 1973; Glick, 1978; Hora & Wilcox, 1982）である。この推定はたんに，分類規則によって割り当てられるすべての対象に関する事前グループメンバー確率の平均である。この確率は内的もしくは外的分析の平均によって求めることが可能だ。内的分析の平均によって求められる最大事後確率は，楽観的にかたよっている。しかし，M-P-PとL-O-Oを

組み合わせて，分類から取り除かれた観測度数を除いたすべてのデータに基づく分類ルールの，正しく分類された事後確率の平均を計算することができる。この推定された $p^{(2)}$ は少しバイアスがあるけれども，サンプル変動性が小さく，相対的に実践的で正確さの両方をもっている。

2.3 変数の選択と順序

　最良の変数を選択し各変数の関連する重要性を評定する問題について，予測的判別分析の文脈においては記述的判別分析のように細かい部分は研究されていない。実は，そもそもは記述的判別分析で発展してきた多くの変数選択や序列法と評価基準は，そのまま予測的判別分析に応用できる。とくに，記述的ステップワイズ変数選択法が，ほとんどの統計パッケージに実装されている。これは F 統計量を各グループ分けにおける変数セットや各変数の重要度の測度として用いており，予測的分析にも簡単に応用できる。

　しかし，何人かの研究者は（Habbema & Hermans, 1977; Huberty, 1984; McKay & Campbell, 1982b），予測的判別分析は分類ルールの予測力の強さを直接反映した基準を使うべきだとしている。たとえば，$p^{(2)}$ の不偏推定量を，変数選択や序列化に使うのである。Habbema & Hermans（1977）は増加分類法（forward selection）を提案している。それはモデルに次の変数を入れるかどうかを，$p^{(2)}$ の L-O-O 推定値を最大化するか，誤分類コストの L-O-O 推定量を最小化することで判断するのだ。この手続きは，新しい変数が分類ルールの推定パフォーマンスの改良（つまり $p^{(2)}$ か誤分類コストの変化）について，事前に定められた閾値以上の成果が出せなくなるまで連続的に変数をモデルに加えていくというものである。McKay & Campbell（1982b）はこの手続きが正しい方向に進んでいるとしても，すべての変数を含んだルールの分類パフォーマンスは考えなくてもよいとしており，あらゆる変数の組み合わせパフォーマンスのベンチマークとして使うべきだ，という。

　Huberty（1984）は増加分類法を推薦しており，停止基準が満たされるまでどの変数を入れ続けるかを決める選択的基準として，外的変数に基づく $p^{(2)}$ の推定量を使うべきであるという。しかし，Huberty は $p^{(2)}$ のどの推定量を使うかについては特定していない。どこで基準が満たされるのか（止めるべきか）の基準の1つは，データサイズに最適なモデルを考え，$p^{(2)}$ 値が高くなるようなサブセットを選ぶというものである。Huberty はまた，彼の提案する選択手順を，減少法と組み合わせ

て使うべきだともいっているが，どのようにそれを行なうのかについては詳しく述べられていない。

残念ながら，これらの手法の中でおもな統計パッケージに実装されているものは1つもなく，計算コストが高いのだろう。つまり，今でも，変数選択と序列分析は，その実践的重要度にもかかわらずその場しのぎの努力を必要としているのである。さて，ここで，予測的判別分析のある例を示そう。

2.4 例2

予測的判別分析の例として，Altman, Haldeman, & Narayanan（1977）の金融関係以外の会社での倒産を予測するという研究をあげよう。広い意味で，非金融会社はその主たる目的がお金やクレジットの管理をすることではない。倒産予測モデルはビジネス・コミュニティーと金融文化に注目している。投資家はこのモデルを使って，投資するのに高いリスクがあるかどうかを判断することができる。貸方はこれを使うことでローンの債務不履行のリスクを評価する助けになる。監査役はその会社の相対的な金融資金の健全さを評価するのに使うことができる。経営者は危険な信号を早い段階で見つけ，潜在的な問題がないかどうかを判断し，正しい行動をとるように使うことができる。

Altman et al.（1977）の研究の10年前，Altman（1968）は非金融会社の倒産に対する予測的判別分析モデルを発展させている。資本の問題がある会社にこれを適用すると，彼のモデルは95%近い正確さで，2年以内に経営破綻するかどうかを予測することができ，70%の正確さでそこからもち直すかどうかを予測することができた。1970年代初頭に，Altman（1968）のモデルが時代遅れになったので，少し書き換えられた。この時期，経営破綻が急増し，経営破綻しそうな会社が1960年代よりも多くなった。さらに，会計と財務報告の標準が変わり，倒産予測モデルに含まれる変数を総点検しなければならなくなった。1977年に，Altmanらは倒産を予測するモデルを変更し，こうした構造的な変化を取り入れ，Altman（1968）でつくられた以前のモデルにおける方法論的な問題に対応したモデルをつくり上げた。

さて，新しいモデルが必然的に必要になるのは，変数と要素の間の関係が変化したからである。これが示すのは，判別分析を使う際の一般的な注意点である。たとえば，予測的分類関数はある文化の中ではうまく働いたとしても他ではそうでもないとか，女性には有用でも男性にはそうではないとか，一時期はよかったが20年

後は駄目だった，ということがある．

　Altman et al. (1977) で使われていたサンプルは，1962年から1977年にかけて，2,000万ドル以上の資本をもつ53の会社が破綻申請をし（53のうち50は1968年以後に破綻申請している），また同様の経営的特徴をもっているものの対象となる期間中は破綻しなかった会社が58社ある，というものである．まず，破綻を免れた58の会社が選ばれたが，うち5つはデータが使えないのでその後除かれた．サンプルはペアーサンプル法によって得られた．すなわち，各58の破綻した会社が，サイズや産業が同じで比較可能な破綻しなかった会社と照らし合わされた．グループ分けの基準は，以前の研究とは違って実際に破綻申請をしたかどうかであり，破綻したかしなかったかはより広い意味で定義された．たとえば，保証人破綻や配当不払いも失敗の指標として含まれたのである．Altmanらの群の定義は客観的で，2つのグループの分け方は自然なものであった．

　予測的判別分析でのあらゆる分類ルールはグループに属する個体の事前確率と，誤分類コストに依存している．これらのどちらも，この研究では確実にわかっていた．さらに，倒産の確率は時間とともに変わるので，正しい誤分類コストはこの予測的倒産モデルを応用する文脈に依存する．つまり，ある固定された確率やコストに対して単一のルールを導出するよりもむしろ，Altman et al. (1977) はさまざまなコストレベルや事前確率に対して彼らのモデルがどういう成果を出すかを分析することにした．事前確率や誤分類コストは分類関数そのものには影響しないが，カットオフ値がグループ分けに使われるので，こうした分析は簡単に実行できる（たとえば，Soltyik & Yarnold, 1993 を参照）．

　先行研究（Dun & Bradstreet, 1976 を参照）では，1965年から1975年の間に倒産した会社の割合は0.5％だと推定されている．しかし，Altman et al. (1977) はいくつかの理由で，この先行研究の見方を修正した．まず，Altmanらはこのモデルを今年だけのものではなく，今後数年間の倒産を予測するモデルとしたかった．長期間にわたるモデルは潜在的な問題に対してより効果的な警告を提供してくれるのは明らかだし，こうした問題の是正と問題を特定することについてタイムリーで便利なツールになると思われる．第二に，法的な協定や債権の獲得のようなビジネス的失敗は，法的破産ではなく，経済効果を得たことによるものである．これらの失敗は Dun & Bradstreet (1976) の0.5％の推定値には含まれていなかった．Altmanらはこうした倒産の事前確率が1〜5％の範囲に入ると結論づけ，これが彼らの研究をより現実的なものにしている．

誤分類コストは，商用銀行に要求されるローンを評価するときに使われるモデルである，という仮定に基づいて推定される。今回の例では，誤分類のコストは銀行が補塡できない貸付金残高に破綻者が達することに加えて，経営上，あるいは法的なコストも考慮に入れる。1971年から1975年のデータを使って，Altman et al.（1977）はこのコストがローン貸付金の60〜80%を平均としていると推定した。破綻しないことの誤分類コストは，ローンの適用を拒否することで投資の機会を失うコストに等しい。このコストはローン全体の1〜5%だと推定された。説明のために，Altmanらは彼らのモデルが効果的に査定できる範囲以上の，ある種典型的な数字を用いたのだ。しかし実際の運用問題に応用するときは事前確率や誤分類コストを計算し直し，またカットオフ値もそれにともなって変えるべきだと提案している。

　Altman et al.（1977）は合計27の属性変数で各企業の経営的健全さをさまざまな側面から測定した。破綻に向かった会社は，破綻する前年度の数字が使われた。破綻しなかった会社は，破綻した会社に対応させ前年の数字を用いた。同じような一般的特徴をもつこと，という基盤の上で会社を対応させていたことを思い出してほしい。属性変数は大きくいくつかのカテゴリーに分けられた。すなわち，利益性（六変数），インタレストカバレッジとてこ率（レバレッジ）（七変数），資金の流動性（四変数），資本比率（五変数），配当の妥当性（三変数），その他多方面にわたる測度（二変数）である。

　ヒストグラムの分析で（ここでは示さない），変数が実質的に正規分布に従った分布をしているかどうかが確認された。対称な分布に近い変数は，元のまま保持された。明らかにゆがんでいる分布をしている変数については，自然対数による変換を行った。いくつかの異なる手続きが変数選択と序列化に使われた。それは次のようなものであった。グループ間の平均値の差を検討するF統計量，平均の差を説明する相対的な貢献度，すべての変数を含んだ分析における除却のためのF統計量，変数増加ステップワイズ判別分析プログラムを使ったときの変数投入順序，後方ステップワイズ判別分析プログラムを使ったときの変数を除外する順序，そしてホールドアウトサンプルにおける誤分類コスト推定値を比較した外的分析，である。こうした手続きが一貫して以下の変数のサブセットを特定した。その重要度（群分けに貢献する）順に並べると次の通りである。すなわち累積的利益性（CP），収益の持続性（SOE），資本化（CAP），規模（SIZE），流動性（LQD），債務元利未払金（DS）そして総資産利益率（ROA）である。

規模を除いて，対数変換が必要な変数はなかった。Altman et al.（1977）は，Box（1949）の手法で，倒産するグループとしないグループで分散共分散が等しいかどうかの仮説検定を行なった。このときの帰無仮説は，いずれも有意な水準で棄却された。つまり，分散共分散は異なっており，二次の分類ルールが適用されたのである。しかし，分析に入れられた変数の数（7つ）は，データセットの観測度数が$53 + 58 = 111$個に比べて相対的に大きかったので，潜在的な推定のむずかしさがあるという不安はあったが，Altmanらは線形モデルを使うことにした。

予測的モデルのパフォーマンスは，各グループに入る予測された正確さと，予測された誤分類コストによって評価された。事前分布と破綻／非破綻群の誤分類コストのいずれも実質的には異なっていたが，彼らは両者のバランスを整え，彼らのモデルでは，関係数の範囲が全体的にほぼ等しいと仮定できる，とした。このバランスを取ることは，他の判別分析の問題同様，よく見受けられることである。1年後に破綻が予測されることにともなう誤分類確率は，L-O-O法で推定された（Lachenbruch, 1967）。2～5年後に破綻予測することの正確さは，ホールドアウトサンプルを使って推定された。推定された正答率は，パーセンテージとして表9.5に示されている。

表9.5を見ると，線形モデルは二次モデルよりもかなり正確であり，Altman et al.（1977）は以後の分析を線形モデルを使って進めることにした。Altmanらはまた，破綻の事前確率と誤分類コスト（ZETA）を異なる組み合わせにしたときの，予想される誤分類コストを使ってモデルの有効性を評価した。分析の結果は，2つの素朴なアプローチによって期待されたコストを比較している。まず（a）すべての会社を非倒産群に分類する（MAX），そして（b）破綻／非破綻群に破綻の事前確率

表9.5 例2の重複分類の結果（Altman et al., 1977, p.38）

以前の 破綻年	破綻した会社		非破綻会社	
	線形	二次の	線形	二次の
1	92.5	85.0	89.7	87.9
2	84.9	77.4	93.1	91.9
3	74.5	62.7	91.4	92.1
4	68.1	57.4	89.5	87.8
5	69.8	46.5	82.1	87.5

注：数字はパーセンテージ。

(PROB) に沿ってランダムに会社を割り当てる方法，である。これら3つの方法による予測された誤分類コスト（ZETA，MAX，PROB）は次の式で表現される。

$$EC_{ZETA} = q_1 e_{12} c_1 + q_2 e_{21} c_2 \tag{9.1}$$
$$EC_{MAX} = q_1 c_1 \tag{9.2}$$
$$EC_{PROB} = q_1 q_2 c_1 + q_2 q_1 c_2 \tag{9.3}$$

ここで EC は期待された誤分類コストを表しており，q_1 は破綻する事前確率，q_2 は破綻しない誤分類確率（もちろん，$q_1 + q_2 = 1$ になる），c_1 は破綻しないと予測したエラーの大きさ，c_2 は破綻すると予測したエラー，e_{12} と e_{21} は破綻するグループ，しないグループそれぞれに対する推定された誤分類確率である。EC_{PROB} について説明すると，与えられた会社データが破綻する確率は q_1 であり，この会社が破綻しない群に割り当てられる確率は q_2 である。つまり，破綻すると予測することによる失敗のコストは，$q_1 q_2 c_1$ である。同様に，破綻すると予測するエラーの予測されたコストの大きさは，$q_2 q_1 c_2$ である。

Altman et al. (1977) ZETA モデルに対する，変数の水準 q_1, q_2, c_1, c_2（と Lachenbruch, 1967 の L-O-O 法による e_{12}, e_{21} の推定）の結果は，表9.6 に示した。

表9.6 の最初のところを見ると，仮定というラベルが付けられており，モデルに使われる5つの仮説的なビジネス環境が示されている。もちろん，この5つの環境を正確にとらえるのは不可能である。各仮説的環境は，表9.6 に示されており，q_1, q_2, c_1, c_2 の各値が定義されている。それぞれの仮説的環境（各行）について，分類関数が計算される。ある会社が分類関数に入れられ，あるシナリオにあるとき，分類スコアが算出される。Altman et al. (1977) は，これらの数字を ZETA スコア

表9.6 例2のモデル効果 (Altman et al., 1977, p.47)

事業の形式	仮定				誤分類確率のL-O-O推定値			誤分類コストの期待値		
	事前確率		誤った分類コスト		カットオフ値	破綻 e_{21}	非破綻 e_{12}	ZETA	MAX	PROB
	q_1	q_2	c_1	c_2						
1	.02	.98	.70	.02	−0.33	.076	.070	.0024	.0140	.0141
2	.01	.99	.60	.05	−2.11	.226	.000	.0014	.0060	.0064
3	.01	.99	.80	.01	−0.21	.057	.070	.0011	.0080	.0080
4	.05	.95	.60	.05	−0.46	.076	.070	.0056	.0300	.0309
5	.05	.95	.80	.01	1.43	.000	.225	.0021	.0400	.0385

として参照し，関数を ZETA 分類関数としている．

表9.6 の真ん中のセクションでは，誤分類確率の L-O-O 推定値とラベルが付けられており，ZETA 分類関数によるカットオフ値と推定される誤分類確率，つまり L-O-O 法によって推定されたものが，破綻するほう（e_{21}）と破綻しない方（e_{12}）の項について示されている．最初のシナリオでは，カットオフ値は -0.33 である．つまり，ある会社の特徴変数が最初の ZETA 分類関数に投入されるとき，ZETA スコア（分類スコア）が -0.33 を下回れば，この会社は支払い能力があると予測される．次に低いのはビジネス環境で，カットオフ値は -2.11 である．もし ZETA が -2.11 を下回れば，その会社は生き残るであろう．-2.11 の右の数字は 0.226 である．この数字はすべての会社が破綻すると，この分類関数を使って支払い能力があるとの予測のうち 22.6% がまちがっていることを意味する．ここで最後の行を見てみよう．非倒産とラベルが貼られているところの数値は 0.225 である．これはこの ZETA 分類関数に与えられたビジネス環境下では，破綻に向かわない 22.5% の会社を破綻に向かうと誤って予測することになる．

最後に，表 9.6 の一番右のセクションを見よう．ラベルは誤分類コストの期待値（EC）とあり，5つのシナリオと3つの分類基準に関して，それぞれ期待される誤分類コストが示されている．それらは3つのルールから算出されている．ZETA 分類関数（EC_{ZETA}），すべて支払い能力があると予測する（EC_{MAX}），サンプルの中で破綻に向かった会社の事前確率に沿って，破綻するとランダムに予測する（EC_{PROB}）の3つである．最初のシナリオでは EC_{ZETA} が EC_{MAX} や EC_{PROB} よりも低い値になっていることに注意しよう．さらに，どのシナリオにおいても，ZETA モデルが上の純粋なアプローチ以上に有意な改善を見せている．ZETA の予測されたコストは，MAX や PROB 戦略の6倍も小さいからだ．

Altman et al.（1977）は，これらのモデルが1年後に破綻するかどうかを正確に予測すると結論づけている．しかし同時に，モデルをやみくもに応用するのは推奨していない．彼らのモデルのおもな貢献は，金融上の大きな問題を抱えている会社を特定するための客観的な分類ツールを提供したことである．Altman らのモデルは会社の分類スコア（Altman らの用語では ZETA スコア）を算出し，それは将来の破綻の確率に換算できるということだ．

上で述べたことを厳密に言うなら，誤分類確率は妥当なものではない．なぜなら，グループ間の分散共分散が異なっており，またモデルに組み込まれたすべての変数が，変換してもなお，正規分布しているわけではないからだ．しかし Hamer

(1983)は，線形判別分析の仮定を逸脱しているいくつかの研究において，線形判別分析によって計算される破綻確率は，ロジスティック回帰によって計算されるものと似ていることを発見した。つまり，破綻の真の確率は必要ではなく，これらの測度は会社の金融問題の重大さの指標として十分有用であるということだ。

破綻確率が低いとされた会社は，破綻しないほうに含まれたトレーニングサンプルの会社と似たような金融的特徴をもっており，こうした会社が直面する金融問題は短期間のものである。破綻確率が高く推定された会社は，トレーニングサンプルの中で同様の傾向をもつ会社を見ると，1年間のうちに破綻するほうに入っている。倒産確率の程度は，深刻な問題を抱える会社を明らかにできないコストと，倒産せず生き残る会社を予測するコストの割合による「高さ」が最も重要である。投資家や資本家はこの情報をハイリスクな会社の指標として使うことができる。経営者は高い破綻確率を深刻な問題が生じる警告的信号として受け止めることができ，判別分析の結果はこうした問題の原因を特定したり，正しい行動をとるための一助になり得る。

1987年までで，3ダースもの金融機関がAltman et al. (1977)のモデルを用いた。

3 要　約

本章では，記述的と予測的という2つの判別分析をレビューした。記述的判別分析はグループ分けを決定づける要因を探すために使われる。すでに知られている各グループ群に属するデータの要素セットに基づき，そうした属性がグループ間でどれほど違っているかを記述する。予測的判別分析は割り当てられる群が未知の要素に対して将来的な予測をする。本章の大部分では，判別分析的問題のパラメトリック方法に焦点をあてたが，最も簡単な方法についてはあまり述べなかった。今すぐ発展的な分析をするためには，推薦図書に書いてある優れた参考文献にあたったほうがよいかもしれない。パラメトリックな方法は最も重要なものではあるが，ノンパラメトリックな方法が推薦図書の中でも探索されており，とくにデータが多変量正規性からかなり逸脱しているときはノンパラメトリックな方法のほうがいいだろう。

第 9 章 判別分析

推薦図書

　技術的でない一般的な判別分析の資料としてよいのは，Flury & Riedwyl（1988），Altman, Avery, Eisenbeis, & Sinkey（1981），Rulon, Tiedeman, Tatsuoka, & Langmuir（1967）である。中間的なレベルでの良書（判別分析とそれに関係する統計的トピックスの両方を含む）は，Anderson（1984），Hand（1981），Johnson & Wichern（1988），Klecka（1980），Lachenbruch（1975），McLachlan（1992），Morrison（1990），Neter et al.（1989），Pindyck & Rubinfeld（1981），Tatsuoka（1988）である。Ragsdale & Stam（1992）は技術的でない判別分析の概念の導入書で，経営管理学修士（MBA）の学生を対象とし，判別分析のビジネス的文脈での応用についてかなりの行を割いている。彼らはまた，Fisher の二群に対する線形判別ルールが回帰分析と等しいことも示している。Aldrich & Nelson（1989）のテキストは，ロジスティック回帰分析やプロビット分析などの関係する箇所を読む助けになる。さらに，統計科学の特集号（Statistical Science; 1989）は判別分析におけるパネル調査，クラスタリングと分類——判別分析に関する諸問題——となっており，便利な参考図書である。

　近年，Efron（1979）のブートストラップ法に基づく正答率の新しい推定法が提案されている。この手法に関しては，Efron（1983），Konishi & Honda（1990），McLachlan（1992, pp. 346-360）にみられる。

　最も広く使われている分類法は，多変量正規分布に従ったものをベースにしているが，正規性の仮定が保てない場合のいくつかのノンパラメトリックな代替法についても言及しておこう。こうした判別分析の領域におけるノンパラメトリックな手法については，カーネル法や k 最近傍法（Hand, 1982; McLachlan, 1992）がよくできている。

　ノンパラメトリックな方法による分類は，正規性の仮定が満たされないときや，最小二乗基準が最適ではないときに，絶対的な距離に基づく他の基準，トレーニングサンプルで誤分類した数を直接数える方法がより正確な分類結果になる，という文脈で関心を引いている。これらの手法がとくに魅力的なのは，データがゆがんでいるとき，データが外れ値をもっているとき，あるいはデータがカテゴリカルな変数であるときである。さまざまな代替的ノンパラメトリック形式を見るには，Joachimsthaler & Stam（1990）を参考にするといい。Duarte Silva, & Stam（1994）は多くの SAS マクロをつくってこれらの式を実装している。Soltysik & Yarnold（1993）はいくつかの異なる手法で，トレーニングサンプルにおける誤分類数を最小化する効果的な方法を提案している。これらの手続きについては，彼らの最適判別分析（ODA）パッケージで利用可能である。

用語集

Wilks のラムダ（Λ）〈Wilks's Lambda〉　多変量正規分布に関する仮説，とくに平均値の同次

性仮説を検証するための多変量分析において，一般に用いられる基準．

外的分類分析〈External Classification Analysis〉 分類関数の中では推定に使われていなかった，ホールドアウトされた，あるいは妥当化サンプルで分類の正確さを分析すること．

開発サンプル〈Development Sample〉 分類関数を推定するためのサンプル（トレーニングサンプルと同じ）．

記述的判別分析〈Descriptive Discriminant Analysis〉 群間の違いや特性を説明したり記述したりするための分析法．

グループ・クラス〈Group Class〉 一様な特性をもつ観測値のセット．

グループの重複〈Group Overlap〉 異なる群で観測される属性値における，不一致の範囲．

誤分類のコスト〈Misclassification Cost〉 ある群に属する観測値を属さない観測値に割り当ててしまうことによるコスト．

条件つき正答率〈Conditional Hit Rate〉 所与の分類ルール（$p^{(2)}$と同様）における正答率．

条件づけられてない正答率〈Unconditional Hit Rate〉 条件つき正答率の期待値（$p^{(3)}$と同じ）．

ステップワイズの変数選択〈Stepwise Variable Selection〉 モデルに変数を追加（前方選択）したり，除外（後方選択）して行ったりする変数選択手続き．

正準判別関数〈Canonical Discriminant Functions〉 記述的な判別分析において使われる属性の線形結合で，群の分割を説明するもの．

正準判別分析〈Canonical Discriminant Analysis〉 質的属性をもつセットによって群が分割されるときの次元を特定する統計的方法．

正準変数〈Canonical Variable〉 群の分割を説明する記述的判別分析における，属性の線形結合．

正答率〈Hit Rate〉 正しく分類される確率．

Z 正準化変数．

トレーニングサンプル〈Training Sample〉 分類規則を推定するのに用いられるサンプル（開発サンプルと同じ）．

内的分類分析〈Internal Classification Analysis〉 分類ルールを推定するために使われる，トレーニングサンプルの分類の正確さを分析すること．

判別関数〈Discriminant Function〉 群の分割を説明する記述的判別分析において使われる，属性の線形結合．分類関数としても使われることがある．

$p^{(1)}$ 最適な正答率．

$p^{(2)}$ 得られた分類ルールの正答率（条件付き正答率と同じ）．

$p^{(3)}$ 推測された条件付き正答率（無条件正答率と同じ）．

標準化正準係数〈Standardized Canonical Coefficients〉 正準判別分析の係数で，元の属性の測定された尺度を調節したもの．

分類関数〈Classification Function〉 予測的判別関数で使われる関数で，観測された群の要素を予測する．

ホールドアウト（交差妥当化）サンプル〈Holdout (Cross-Validation) Sample〉 トレーニングサンプルではなく，分類ルールの正確さを分析するために使われる．

マハラノビス距離〈Mahalanobis Distance〉 2つの多変量母集団間の距離の指標．変数間の

分散の違いの量に用いられる。

予測的判別分析〈Predictive Discriminant Analysis〉 観測対象を，属性セットに基づいた集団に割り当てる統計的手法。

第10章

メタ分析を理解する

Joseph A. Durlak

　就学前教育プログラムに参加した小さな子どもは，就学前教育を受けたこともない子どもよりも，学問的な達成度が高いだろうか？　偏頭痛の新しい薬は，今広く使われているものよりも効果的だろうか？　抑うつ治療に対するグループサイコセラピーは，個人的療法よりも効果があるだろうか？　これらはメタ分析とよばれる手法を使って調べることができる，実践的な研究課題の例である。メタ分析は行動科学や社会科学において，有名な研究手法になってきた。1991年までに，メタ分析を含む1,000以上の論文が世に出ている（Durlak & Lipsey, 1991）。メタ分析の手法は徐々に有名になってはきているものの，統計的・研究的テキストにおいてはいまだにお決まりのことしか書かれていない。その結果，多くの人はメタ分析の手続きや知見を理解したり解釈するのがむずかしいと思ってしまっている。そこで，本章ではまず，メタ分析の基本的な目的と手続きを読者が理解できることを目標としよう。

1　メタ分析とは何か

　メタ分析は研究論文をレビューあるいは調査する方法である。これは，統計的な統合や研究結果の分析を主眼に置いた他のレビュー方法とは異なっている。いろいろな意味で，メタ分析は行動科学や社会科学において実施される個別の実験に近い

ものである。たとえば，人間の被験者を使った典型的な実験では，実験者はふつう被験者グループの情報を集めるために特定の手続きを用いる。1つ以上の仮説が実験結果に対してつくられる。知見をゆがませるかもしれないバイアスやエラーを統制するように注意しながら，各段階がすすんでいく。個人から集められたデータはまとめられ，最初の仮説を支持するかしないか，統計的に分析する。最後に知見が解釈される。結論が書かれて，今後の研究に対する提言がなされる。

　メタ分析も同じパターンをもつのだが，元のデータを集める代わりに，メタ分析はすでにだれかが集めた情報を使う。メタ分析は関係する研究を特定し，実際の研究論文のコピーを集め，それらを検証し，それぞれからデータを取り出す。言い換えると，メタ分析では個々の研究が「被験者」になる。これらの研究はプールされ（集められ），個々の実験と同じように，メタ分析者は統計的な検定をこれらのプールされたデータに対して行い，その結果を解釈する。

　メタ分析ではそれぞれの研究データを2つの重要な方法で定量化する。(a) 各研究の記述的特徴をカテゴリカルか連続的なコーディング法を使ってコード化する，(b) 各研究の結果を各研究を通じて共通の数値に変換する，この数字は効果量（ES）という。

　メタ分析はまた，独立変数と従属変数の両者を含むという点でも個別実験に似ている。個別実験においては，一般的に独立変数および従属変数の数には制限がある。メタ分析では，従属変数は各研究のES（つまり，研究結果の出力）になるが，これらに対する独立変数は無数に存在しうる。これらの特徴には，実験参加者の特性，介入，測定尺度，好みといった，レビューされる文献の特徴や特性も含まれる。基本的に，メタ分析は独立変数と従属変数（つまり研究の特性とES）の間の関係を検定するのだが，それは独立変数が従属変数の分散を有意に説明するかどうかを検証することによる。メタ分析を行うことで，それが読者にもわかりやすくなる。要約すると，メタ分析はそれぞれの研究の特徴（独立変数）および出力（ESで表される従属変数）間に有意な関係が存在するかどうかを確認することで，研究報告の結果のレビューを量的に行うものである。

　ここまでは探索的なメタ分析について述べてきたが，それはメタ分析の1種でしかない。たとえば，多くのメタ分析の目的は，幅広い研究報告の結果がどのように生じたかを明らかにすることではなく，それらを記述的に要約することをめざしている。メタ分析は，集められたデータや分析されたデータによっても変わってくる。その名が示すように，産業−組織心理学の領域で一般的な相関的メタ分析は，積率

相関あるいはその変量データを用い，テストの妥当性を評価するものである。Hunter & Schmidt (1990) では相関的メタ分析について詳細な議論が行われている。本章では探索的メタ分析に焦点化しているが，ここでは効果の指標として標準化された群平均の差を使う。

その名が示すように，治療有効性のメタ分析は特定の治療やプログラム，介入の効果を評価するものである。このタイプのメタ分析では，リサーチクエスチョンは関連する項で設けられる。このタイプのプログラムは別のタイプのプログラムと比べてより有効であろうか？　このタイプの治療を行うことで，治療を行わない場合よりも特定の問題が改善するだろうか？　AIDSに関する教育的なキャンペーンに参加した青少年は，そうでない者と比べて性行為のリスクに関する情報を多くもっているだろうか？

適切に実行されれば，メタ分析にはそれなりの利点がある。メタ分析によって多くの研究の知見を総合して簡潔に扱うことができ，そうした結果はとりわけ科学を専門としない層に向けての知識の普及に役立つ。メタ分析によって得られるデータはまた，直観的なものでもある。異なる基準における異なるプログラムの影響の量および関係を示すメタ分析的な知見は方針の決定に役立つ。最終的に，メタ分析によって最も効果的なプログラムを明らかにし，次の研究のために重要な特定の差異や限界に言及することが可能である。

2　メタ分析のおもな手順

メタ分析を実行する標準的な手続きは存在しない。そのため，メタ分析はその目的に応じて異なる手続きで実行され，異なる決定を下している。すべての状況にあてはまるようなやり方を紹介することはできないが，本節ではメタ分析における一般的なステップおよび慣例的に行われる決定について記述する。

一般的に，メタ分析には6つのステップが含まれており，それらすべてが達成されなければ，結果は中途半端なものになる。本章ではこれらのステップのうちの3つに焦点を当てるが，残りのステップに関しても統計的検定について述べる際に端的に説明する。メタ分析の6つのステップとは，(a) リサーチクエスチョンの設定，(b) 関連する文献の検索，(c) 研究のコーディング，(d) 効果量の指標の算出，(e) 統計的効果量検定の実行，(f) 結論および解釈，である。

2.1 ステップ1：リサーチクエスチョンの設定

メタ分析の最初の段階では，個別のリサーチクエスチョンを形式化することになる。メタ分析を応用してデータを「説明」する方法はいくつかある（Cook et al., 1992）。本章ではどの研究結果においてもきまって生じる，効果の変異性にかかわる要因や条件を特定することを目的とした探索的メタ分析に注目する。

このような探索的メタ分析は先行研究から理論的に，あるいは概念的，経験的に導かれた特定の仮説に基づいていなければならない。よい仮説を得るためには，メタ分析をする人は関連する研究領域の主な知見に精通している必要がある。ゆえに，メタ分析をする人は先行研究の批判的な概念的評価によって，それらが解明が必要な主要な文献であるか，基礎的かつ合理的な仮説を導くことができるかどうかの判断から始める。

あらゆるメタ分析が形式的な仮説から始まるわけではないが，このような仮説を立てることの重要性を見くびってはならない。他の統計的手続きと同様に，メタ分析によって得られた事前の仮説に対する知見は，偶然性を利用する複数の事後の分析によって得られた知見よりも信用できる（これは，十分な数の統計的検定を行うと，統計的に有意な結果が生じやすくなる，という理由による）。リサーチクエスチョンの設定は，関連研究が本当に操作的なものかどうかをはっきりさせるという意味もある。このような判断においては2つの問題が生じやすい。

出版されていない研究を含めるかどうか

いくつかのメタ分析からの知見（Smith, 1980）では，出版された研究（論文や本）は出版されていない研究（学位論文，学会原稿，技術的報告書）よりも有意に肯定的な結果を示すことが指摘されている。このことは出版バイアスとして知られており，メタ分析が出版された研究だけを対象とすることはすべての研究結果（出版されたものもされていないものも含める）に対して過大評価をする可能性があることを意味する。

出版バイアスはよくいわれる「お蔵入り問題」(file drawer problem; Rosenthal, 1979）にも関係している。これは統計的に有意な結果が得られなければ，執筆者が投稿しないとか，論文査読者が出版を受け入れないような傾向である。結果的に，実験は研究者の引き出しにしまわれて表に出てこなくなり，一方で肯定的な結果がみられた有利な内容を含んでいるものだけが出版されることになる。つまり，出版

された仕事だけを評価したメタ分析の解釈の結果は，注意深く扱わなければならない。

方法論的な質の問題

メタ分析に関する論争の1つに，ある研究をメタ分析に含むか含まないかについての方法論的な基準に関するものがある（Durlak & Lipsey, 1991）。一方の意見は，研究が最低限のデザイン基準を満たしていないのであれば，分析から除外するべきだというもので，これは質の低い研究で得られた知見や結論は使うべきではないからだ，という理由による。こうした主張に対する反論として，方法論的に質の低い研究であっても適切に統制された研究と異なる結果は生じないであろうから，除外されるべきではないというものがある。さらに，研究領域によって重要な性質が異なるため，方法論的な質を決定する完璧な基準は存在しない。

一般的にいえば，方法論的な基準に基づいて研究を除外しなかった場合にはESに関連した方法論的特徴の評価を試みる。実質的あるいは方法論的意義についてメタ分析の観点から述べる前に，方法論的な要因で説明できてしまうことを除外しておくことが重要である。たとえば，実験的な厳密さの程度は他の特徴と比べて，研究結果に影響する要因として重要なものであろう。

2.2 ステップ2：文献の検索

文献の検索の究極目標は代表的かつ偏りのない関連研究を得ることであり，検索が適切に行われていると読者を納得させることができるかどうかは，分析者にかかっている。たいていの場合，3つのおもな技術とその組み合わせで，関連研究を探す。その手法とは，コンピュータ検索，手動検索，見つかった研究論文の引用文献の検証，である。こうした手法それぞれを使うことが大事である。なぜなら，各手法で集められる研究はそれぞれ違うからだ。コンピュータ検索は，出版されたもの（*PsycLIT* や MEDLARS）や出版されてないもの（*Dissertation Abstracts*, ERIC）の両方を対象にしたデータベースを使ってすばやくできるけれども，関係論文を特定するという意味では信用できない。多くの無関係な引用がしょっちゅう出てくるし，多くの関係ある論文が除外されている（Durlak & Lipsey, 1991）。

そこで，メタ分析をする人はしばしば関連領域の刊行された研究の手作業による検索を行い，その参考文献を調査する。つまり，彼らは研究論文を次から次へと調査することになる。このような手続きは非常に手間がかかるが，多くの関連研究を

得ることができる。最終的に，各関連研究の引用文献が，その後の調査のために検証されることも多い。

すべての関係する論文や出版されていない論文を得ることは絶対的に無理である。出版されてない方についてはとくにむずかしい，上述のお蔵入り問題があるからだ。結果的に，「絶対確実な n (fail-safe n)」はデータが分析された後のメタ分析において算出されるものである。絶対確実な n は定式化され (Orwin, 1983)，得られた結果を変えるためには追加的研究をどれぐらいしなければならないかという推定値が算出される。残念ながら，絶対確実な n の値を正確に評価するための絶対的な基準はない。一般的には，これまで文献検索に費やされた努力を鑑みて，追加の研究がどれほど簡単に得られるか，およびレビューされた研究の数という2つの要因が考慮される。

2.3　ステップ3：研究のコード化

メタ分析をする人はコーディング手続きで，各研究の特徴を使い勝手のいい量的なデータに変換する。研究のコード化には単一のやり方というのはない。その目的は，レビューされたすべての研究を一般化するのに十分な，それでいて単一の研究特性を十分にとらえられるほど特定化された，コーディング体系をつくることである。これは一筋縄では行かない。研究のコーディングの実態を記述するために，子どもの心理療法に関する3つの仮想的研究の要約を見てみるとしよう。

研究1では，学校Aにおける多動な1年生25名が認知行動療法の8つの個別セッションを受けた。そのセッションのねらいは，自己教示法によって子ども達が自分の行動をより効率的に管理できるようになることであった。統制群として，B小学校の12名の多動な児童が選ばれた。児童らの認知的問題解決スキルが評定され，またクラスでの行動が教師および外部からの行動観察によって評定された。

研究2では，他の児童と遊ばず，また会話や交流をめったに行わないような60名の未就学児が教師によって選出された。この群は社会的交流を援助するためにデザインされた20の集団プレイセラピー・セッションを受け，同じように教師によって評価された他の未就学児60名と比較された。結果変数は社会的行動に対する教師の評価と，子どもたちが仲間に好かれているか，嫌われているか，無視されているかを評価するソシオメトリックな相互評定である◇[1]。

研究3では，ある小学校のすべての児童がスクリーニングされ，テスト不安が高

表10.1　仮想的な児童の心理療法研究のサンプルにおいて選択された特徴と結果

研究	被験者	一般的デザイン[a]	セラピスト[b]	統制群[c]	療法[d]	提示問題	セッション数	実施方法
1	1年生 45名	1	2	1	1. 自己教育訓練	過活動	8	個別
2	未就学児 120名	2	6	1	2. 遊戯療法	社会的隔離	20	集団
3	12〜14歳児 240名	3	2, 3, 4	2	1. 系統的脱感作法	テスト不安	—	個別
4	3年生の母親 40名	3	1	1	1. 強化	混合	6	集団
5	8〜10歳児 65名	1	1, 4	1	2. 精神力動	不服従	25	個別
6	8歳児 18名	2	5	2	1. ベル・アンド・パッド法[◇3]	夜尿	4	個別
7	4年生および6年生	3	—	3	1. 交流分析	不服従, 学習問題	45	集団
8	10歳児 10名	—	6	2	2. アドラー流カウンセリング	低自尊心	—	集団
9	年齢不明 54名	3	2	3	2. ロジャーズ流カウンセリング	うつ病または不安	12	集団
10	3年生 30名	1	2	—	1. モデリング	攻撃性	20	集団

一般的デザイン[a]：1＝非等価統制群デザイン，2＝一致デザイン，3＝無作為化デザイン。
セラピスト[b]：1＝専門家，2＝大学院生，3＝両親，4＝教師，5＝学部生，6＝1〜5の混合。
統制群[c]：1＝治療なし，2＝待機リスト，3＝プラセボ。
療法[d]：1＝行動療法，2＝非行動療法。
ダッシュ（—）はいずれのコードにも該当しない場合を表す。

いレベルにあるとされる240名の児童が選出された。これらの生徒は系統的脱感作療法プログラム[◇2]を受ける群あるいは統制群に無作為に割り振られた。治療効果の評価には生徒のテスト不安に対する内省報告が用いられた。

　表10.1の最初の3つの行に，研究の特徴をどのようにコード化するかの1つの方法を示している。また，他に7つの研究からコード化された例も示してある。セラピストの種類（4列目），統制群（5列目），療法（6列目）などがカテゴリカルなコードに変換（たとえば，行動療法＝1；非行動療法＝2）されている点に留意

◇1　子どもどうしが互いに「だれが好きか」といった選好を評定したもの。選ばれた数などがスコアとして用いられる。
◇2　行動療法の1つで，特定の刺激に対して生じる不安を低減させるために用いられるもの。
◇3　p.317の脚注を参照。

すべきである。治療セッションの数（8列目）は連続変数として入力されている。

それぞれの研究に対して多くの変数がコード化されるが，これには非常に時間がかかる。メタ分析の論文が刊行された際には，コード化の手続きは要約されてしまうため，読者はコード化に用いられた手続きのすべてを理解することはできない。しかし，脚注にコーディングシートが含まれていることが多く，興味のある読者が利用できる「コードブック」もある。コードブックはコーディング中に生じたなんらかのトラブルについて記載したものであり，メタ分析した人がその問題をどう解決したかが示されている。この情報はメタ分析の再現性を希望する人にとって，とくに重要である。メタ分析はまた，コーディング手続きの信頼性について，他の人が再現できるような体系的な手続きであったという報告をすべきである。完全な信頼性は100%だが，ふつう80%に届くかそれを超えるような数値であれば受け入れられる。中にはコーディング手続きとその信頼性について有用な情報を書いているものもある（Hartmann, 1982; Stock et al., 1982）。

メタ分析に含まれる大きな問題の中には，コーディング手続きが元の研究の本質的な特徴をうまくとらえられているかどうか，というものが含まれる。表10.1の5列目を見てもらいたいのだが，療法の一般的なタイプ（行動的か非行動的か）がコード化されている。特定の療法の手続き（系統的脱感作法か，プレイセラピーかといった）がこの広い療法カテゴリーだけでどれほど表現できているかが重要なのである。こうした問題は批判の種になりやすい。なぜなら，研究データからESを取り出すさまざまなオプションは，研究のコーディング方法に影響されることが多いからである（この問題は後にふれる）。重要な情報は時に失われ，コード化されないこともある（表10.1におけるダッシュは欠損値である）。さらに，いくつかの特徴は制限されたデータから推定しなければならない（たとえば，子どもの研究であれば，子どもの年齢の代わりに学年しか書いてないことがある）。よいメタ分析というのは，コーディングにおけるあらゆる制限についての知識をもち，それがそれにともなう知見にどの程度影響を与えるかを十分理解しているものである。

2.4 ステップ4：ESの指標

治療効果についてのメタ分析において，最も重要な変数は標準化された群間平均の差である。この差はESあるいはdやgとよばれている。ESはメタ分析の重要な特徴であり，その指標がどのように算出され，何を反映しているかを理解すること

ES を計算する

　ES は一般的に治療後の統制群の平均を治療後の治療群の平均から引いて，プールされた二群の標準偏差で割ることによって算出される。正の値は治療群が統制群よりも優れている値であることを意味し，負の値は逆の意味になる。もし群の平均と標準偏差が利用できないようであれば，ES は研究論文に含まれる他の統計的情報から推定することができる（Holmes, 1984; Wolf, 1986 にこれらの手法についての記載がある）。効果はまた，事前事後の単一群しかなく統制群がないような研究でも算出することができる。しかしそういう効果は統制群が使われるときよりも高くなりがちである（Posavac & Miller, 1990 等を参照）。

効果量の概念的説明

　ES はレビューされた各研究から取り出された単一のデータを，一般的な統計量に変換したものである（これは ES を算出する際に分母に用いられる標準偏差の単位に基づいている）。だから実験群と統制群を比較する研究では，ES が 1.0 であるということは実験群が統制群よりも 1 SD 分変化したことを意味する。ES は研究間共通の相対的な効果の大きさを示している。治療群と統制群のパフォーマンスの比較においては，ES はそれぞれのレビューされた研究における治療の相対的な有効性を示す。これは研究の中で示されている典型的な統計的情報が，事後の実験群と統制群が統計的に異なるかどうかだけを反映しているのに比べると対照的である。なぜなら，すべてのデータを共通的な統計量 ES に変形することで，異なる研究から得られたデータを統合して比較できるようにしたからである。レビューされた研究すべてから ES を算出し，レビューされた研究での全体的かつ平均的な効果の大きさを検証することができる。さらに同じ大きさの ES は，標準化されているので，研究間で等しいといえる。つまり，研究 A の ES が 0.50 で，研究 B の ES も 0.50 とまったく同じ値であれば，これら 2 つの研究は同じぐらい効果的でパワフルだと評価することができる。

効果量の範囲

　一般的に言って，ES はあらゆる大きさを取りうる。だから積率相関係数のようなものとはちがって，-1.0 以下の ES になることもあれば，+1.0 以上の ES にな

ることもある。もっとも、ほとんどの場合この範囲におさまる。行動科学や社会科学においては、0.2 ぐらいの ES であれば効果は「小さく」、0.50 ぐらいであれば「中ぐらい」で、0.8 ぐらいであれば「大きい」とする便利な目安がある（Cohen, 1988）。しかしこれらはあくまでも便宜的なものである。ある研究領域では、0.50 の平均的な効果が十分大きいと考えられることもある。

効果の信頼性

　レビューされるすべての研究について平均 ES が求められることが重要であるが、探索的メタ分析では研究間を通じて得た効果の信頼性を説明することが目的である。効果量は研究間で変動する。もしそうでなければ、特定の領域での研究からは一貫して共通の結果が生じ、最初にレビューを行う意味がなくなってしまう。人間は、もちろん単純なものではない。もちろん、人生もそんなに簡単ではない。だから探索的メタ分析における意地の悪い問いとして、なぜ研究間でこんなに効果が違うのだ？　というものがある。言い換えると、メタ分析をする人は、従属変数（ES など）に対する影響の範囲が、特定の手続き的変数による影響であると説明しようとしている。

　変動性の最も一般的な指標は、標準偏差である。この値はたいていの場合、平均値といっしょに報告されており、得られた ES の変動性の指標となる。正規分布において、あらゆるケースの 68% が平均 $\pm 1\,SD$ の範囲内に、98% が平均 $\pm 2\,SD$ の範囲内にあるという正規分布の基本的な性質を思い出せば、その群の効果の変動性がどの程度であるのかをすぐに判断することができる。たとえば、ES の平均値が 0.5、標準偏差が 0.50 であるとき、あらゆる効果量のうち 98% が -0.50 から 1.50 の範囲内に分布する（ES は正規分布すると仮定する）。これは非常に幅広く、効果量にかなりのばらつきがあると考えられる。ただし、標準偏差が平均値と同じかそれ以上の値になることは一般的ではない。

平均的な効果の統計的有意性

　メタ分析者は研究群から得られた平均的効果が有意に 0 ではないかどうかを調べるために、t 検定をすることがある。これは自由度 $N-1$ の t 検定で、サンプル平均（メタ分析で得られたもの）と母平均効果（0 が想定される）の間の差を検証するものである。いくつかの研究中の群に対して多重 t 検定が実施される場合、たとえば Bonferroni の補正手続きや、α の水準をより厳しくする（本書の第 5 章を参

照）などの方法でタイプ1エラーの調整が行われる。

　研究中の群から得られた平均 ES の信頼区間を算出することも有効である（Hedges & Olkin, 1985）。これらの区間はサンプルの効果量の算出における誤差と分散を示すことにより，母集団において効果量が存在する範囲を表す。平均 ES が統計的に有意にゼロではないと解釈されるのは，この信頼区間がゼロを含まないときである。しかし，平均 ES が有意に0と異なることは，研究中の別の群の効果量が相互に異なるかどうかと比べればそれほど重要ではない。

研究特性の変動性

　研究特徴の変動性の説明のためには少し脱線する必要がある。違う研究であっても，他のあらゆる状況が等しい研究間から導出された ES の等価性についてはこれまで述べてきた。しかし，たいていの場合，研究間であらゆる状況が等しいことは稀である。すなわち，研究間で ES が異なるだけでなく，方法論的あるいは手続き的な特徴，あるいはサンプルの特徴が異なる場合がある。

　表10.1 に示された研究の特徴が，この問題を表している。これらの10の研究は，表面上は同じ現象——児童の療法——について，実施される療法のタイプ，児童の特徴，さまざまな方法論的特徴（サンプルサイズおよび統制群の有無）といった多くの変数から検討していることに留意すべきである。これらの変数が結果に与える影響をどのように検討するかの決定については後の節で説明する。

実際の有意性

　実際のところ，ES は何を意味しているのであろうか？　その答えは複雑であり，多くの要因に依存している。ES の統計的な大きさは，どのような直接的な意味においてもその実際的な重要性とは関係がない。比較的小さな効果がかなりの実際的な有意性を示すこともあり，その逆もあり得る。

　したがって，AIDS の新たな薬物療法に関するレビューの結果の平均 ES が 0.20 を示したとして，この知見の実際的な価値は追加の情報なしに判断することはできない。1つに，どんな結果変数に基づいた ES なのかを知ることが重要である。治療後長期にわたる生存確率なのか，入院日数，治療のコスト，痛みや不快感についての主観的な自己報告についての話なのか？　要するに，効果量がどのような大きさであっても，状況に応じて実際的な価値や有意性をもちうるということである。しかし，同時に，メタ分析をする人は可能であれば，結果の社会的あるいは実際的

な有意性を読者が実証できるようにする必要がある。そうした手続きについてはいくつかの文献がある (Durlak, Fuhrman, & Lampman, 1991; Rosenthal & Rubin, 1982; Trull, Nietzel, & Main, 1988)。

分析単位

適切な分析の単位を選択することはメタ分析において重要であり，3つの主要な選択肢が表10.2に示されている。表10.2には，表10.1においてコード化された10の研究のESの情報が示されている。治療効果のメタ分析においてそれぞれの従属変数のESが算出されるが，たいていの場合それらはいくつかの基準において要約あるいは平均化される。これは，これらの研究がたった1つから20以上という非常に多様な従属変数を含んでいるという理由による。表10.2に示された研究は1つ（研究3，6，および9）から6つ（研究5）の測定尺度を用いている。

分析単位に関する最初の選択肢は，単純にそれぞれの研究における従属変数のESを入力するというものである。このアプローチを用いると，表10.2の10の研究からは26の効果量が得られ，平均ESは0.49（表10.2の3列目下を参照）であ

表10.2 表10.1の研究における異なる研究単位に基づく結果

研究	測定尺度の種類[a]	測定ごと			研究ごとの分析単位	構成概念ごと		
1	1, 3, 6	1 = 1.24,	3 = 0.21,	6 = 0.54	0.66	1 = 1.24,	3 = 0.21,	6 = 0.54
2	3, 5	3 = 0.60,	5 = 0.00		0.30	3 = 0.60,	5 = 0.00	
3	2	2 = 0.79			0.79	2 = 0.79		
4	2, 2, 3, 6	2 = 0.09,	2 = 0.17,	3 = 0.25,	0.21	2 = 0.13,	3 = 0.25,	5 = 0.33
		5 = 0.33						
5	1, 1, 2, 3,	1 = 0.30,	1 = 0.45,	2 = 0.00,	0.21	1 = 0.38,	2 = 0.00,	3 = 0.37,
	4, 5	3 = 0.37,	4 = 0.12,	5 = 0.00		4 = 0.12,	5 = 0.00	
6	3	3 = 2.75			2.75	3 = 2.75		
7	4, 6, 6	4 = 0.24,	6 = 0.89,	6 = 1.25	0.79	4 = 0.24,	6 = 1.07	
8	1, 2, 4	1 = 0.82,	2 = 0.20,	4 = 0.10	0.37	1 = 0.82,	2 = 0.20,	4 = 0.10
9	2	2 = 0.14			0.14	2 = 0.14		
10	5, 6	5 = 0.00,	6 = 0.90		0.45	5 = 0.00,	6 = 0.90	
M		0.49			0.66	1 = 0.81,	2 = 0.25,	3 = 0.84,
						4 = 0.15,	5 = 0.08,	6 = 0.84

測定尺度の種類[a]：1＝認知過程尺度，2＝パーソナリティの自己報告（不安，うつ，自己概念），3＝教師あるいは両親による学校あるいは家庭での行動の評定，4＝学力，5＝相互ソシオメトリック評定，6＝行動観察データ。

る。しかし，研究5は6つの効果量が算出されるため，たった1つのESしか算出されない研究3，6，9と比べると，データ分析において6倍の重みづけがなされることになる。この理由から，そして同じ研究から得られた効果の結果という統計的な独立性の問題から，可能なESそれぞれを分析単位に使うというのはあまりなされない。

各変数のESを取り込む代わりに，選択肢その2は各研究を分析単位とするものである。これは研究の中でのすべての効果量を平均化する方法で，表10.2の4列目に示されている。この手法は一般的だが，潜在的な問題もある。異なる種類の従属変数からは異なる大きさの効果が算出されるが，あらゆる尺度の平均化はこの差をあいまいにしてしまう。研究3および7からは同様の平均効果量（0.79）が得られているが，この結果は異なる種類の出力に基づいている。研究3の結果はパーソナリティに関する自己報告に基づいており，研究7の結果は学業成績および2つの異なる行動観察手続きによって得られている。したがって，これらの研究の平均効果量は数値的には等しいが，概念的には異なる。多くの場合，この概念的な違いを特定することが重要となる。他の例としては，研究10の平均効果量は0.45であるが，この結果はある1つの従属変数（行動観察）が高い効果量を示したことによって得られたものであり，他の変数（ソシオメトリック尺度）の効果量は0であった。このような結果がレビューされた研究を通じて一貫するものであるならば，そうした情報は提示されるべきである。研究ごとの平均効果量を分析単位として用いると，このような潜在的に重要な情報を反映することができない。

第三の選択肢は研究の構造を再現するように注意してそれぞれの効果を計算し，これらの効果を分析の中でも分けて扱うことである。たとえば，表10.2に示した結果変数リストは6つの異なるカテゴリーに分けられ，効果は各研究の各カテゴリーごとに計算される。各研究がすべてのカテゴリーの効果をもっていないとしてもである。

それぞれの構成概念を分析単位として用いたとき（表10.2の最後の列），親および教師の評定尺度，あるいは一般行動の尺度において効果量が最も高く（両者のカテゴリーの平均ES = 0.84），相互ソシオメトリック評定において最も低い（平均ES = 0.08）ことがわかる。その他の測定尺度はその中間の大きさである。この方法によって心理療法がどのように児童のさまざまな側面に影響するかという特定の情報を得ることができる。したがって，メタ分析家は異なる構造を表す効果量を，初期の分析において個別に扱うことを推奨している（Bangert-Drowns, 1986;

Durlak & Lipsey, 1991; Hedges & Olkin, 1985)。あとで示すが，初期分析の結果が構成概念を区別できるように維持されているかどうか，あるいは，カテゴリーをまたいで効果をまとめられるかどうかが重要なのである。

2.5 ステップ5：ESの分布の統計的検定

メタ分析的データは，関連する手法の2つのうちどちらかで評価することができる。重回帰分析（本書第2章参照）か群平均差の分析（本書第5章参照）である。前者の方法は本書のあちこちで扱っているため，ここでは簡潔な説明に留める。どちらの一般的な方法も，研究の特徴がESの変動性に占める効果を検証するという目的は同じである。

重回帰分析

重回帰分析を用いる場合，研究の特徴は独立変数として扱われ，従属変数であるESを予測することになる。このとき，すべての研究の特徴を同時に回帰分析に投入するするのではなく，特定の仮説に基づいた分析を行うことが重要である。したがって，想定された重要度の順に変数が投入される，階層的回帰の手続きが好まれる。Hedges & Olkin（1985）は回帰を用いたメタ分析的手続きの例を示している。

メタ分析的データの解析に重回帰分析を用いる際の厳密なルールは存在しない。回帰は効果量に対する1つ以上の有意な予測変数が確認されている際に有用であり，メタ分析をする人はそれらの相対的な重要性（それぞれの変数によって独自に予測される分散の大きさ）を評価したいと考える。回帰分析は研究の特徴が連続的な性質をもっている（たとえば，治療セッションの数）際によく用いられる。しかし，多くの治療効果についてのメタ分析では，主要な変数はカテゴリカルである（たとえば，療法の種類あるいは問題の種類）。こうした状況では，研究者は群平均の差の分析を用いることが多い。

群平均の差を分析する

群平均の差を検証するため，メタ分析をする人は研究のすべてのサンプルを，療法の種類や参加者の種類，研究デザイン等の重要だと思われる特定の変数に従って2つ以上のサブグループに分類する。これらの群の平均効果量は，サブグループが有意に異なっているかどうかを明らかにするために統計的に比較することができる

（たとえば，独立サンプルの t 検定，あるいは 2 群以上の場合には分散分析）。平均 ES において有意な差が得られた場合，研究者は研究を分類するために用いた変数によって差が生じたと考える。

この比較的単純な方法には深刻な潜在的問題がある。これを説明するために，表 10.3 に同じ問いに基づいた 2 つの仮説的メタ分析の結果を示した。乳癌の早期発見のためには，2 つの外科的処置のどちらが相対的に有効であろうか？ 最初のメタ分析では，根治的乳房切除術（乳房組織の大部分を取り除く）を用いた 50 の研究と，腫瘍摘出手術（癌性腫瘍と乳房組織の一部を取り除く）を用いた 50 の研究とを比較したものである。表 10.3 の上半分のデータは手術から 5 年後の患者の生存率に基づく平均 ES を示しており，2 つの群は等しい（0.35 vs. 0.35）。このことから，女性の生命維持に関して 2 つの外科的処置の効果は等しく，より外観を損ねない方法（腫瘍摘出手術）が選択されるべきであり，根治的乳房切除術は望ましくないという結論にいたる。

しかし，2 つ目のメタ分析では家系の重要性が考慮されており，同じ 100 の研究が評価されている。今度は，女性の群は乳癌に対して陽性の家系（母あるいは祖母が乳癌）に属するかどうか，およびどちらのタイプの外科的処置を受けたかによって分類され，したがって表 10.3 の下半分に示されているように，群は 2 つから 4 つになっている。結果から，このような 4 つの群への分類の重要性が示された。そ

表 10.3 乳癌の外科的処置の効果に関する 2 つのメタ分析の仮定的な結果

分析および群	n	効果量[a] M	SD
メタ分析 1			
腫瘍摘出手術	50	0.35	0.30
根治的乳房切除術	50	0.35	0.30
メタ分析 2			
陽性家系			
腫瘍摘出手術	25	0.10	0.09
根治的乳房切除術	25	0.40	0.10
陰性家系			
腫瘍摘出手術	25	0.35	0.10
根治的乳房切除術	25	0.32	0.15

効果量[a] は術後 5 年後の生存率。

の家系のだれも癌になっていない患者においては，外科的処置の効果は等しい（表10.3の最後の2行の比較）。一方で，先祖のだれかが癌になっている患者においては，根治的乳房切除術が明らかに効果的である。ESは4倍も高い（0.40 vs. 0.10）。言い換えれば，2つの群にのみ分類を行った1つ目のメタ分析では，分析において重要な調整変数（家系）が混同されていたため，いくつかの研究で生じた効果量の重要な差があいまいになっていた。結果として，外科的処置の効果に対する誤った解釈がなされた。家系を考慮することで，二番目のメタ分析では乳癌に陽性の家系の女性に対しては根治的乳房切除術が，陰性の家系の女性に対しては腫瘍摘出手術が選択されるべきであると結論づけられた。

以下の議論では，メタ分析では中心的な，賛否両論がある話題にすすむ。どの研究をまとめて分析するのが適切なのかということについて，どうやって知ればいいのだろうか。また，レビューする人が(a)目的に対して過度に広いカテゴリーを扱っていないか，(b)実際には他の1つ（あるいは複数）の変数の影響で得られた結果であるのに，ある変数の効果として誤ってとらえていないかどうか，を確かめる方法はあるのだろうか？

表10.1と表10.2は，潜在的な解釈可能性問題が生じる可能性があることを示すのに用いることができる。特定の変数（たとえば療法）に沿って研究が分類されるときはいつも，常に他の潜在的に重要な変数（たとえば，研究デザインおよび参加者）によって分類が変わってくる可能性がある。このような変数の交絡は，研究を比較する際の変数の役割についての明確な結論の妨げになる。たとえば，表10.1および表10.2で述べられているように，5つの研究に対して療法のタイプ（行動療法 vs 非行動療法）に沿った2つのサブグループを作成した場合，これら2つのサブグループは治療期間や児童の自己呈示の問題，臨床結果の測定尺度などの側面でも異なる。行動療法と非行動療法の効果に関する比較が行われる際に，メタ分析をする人はどうしてこれらの変数のいずれも結果には影響していないといえるだろうか？　たとえば，5つの行動療法の研究は異なるタイプの問題（多動およびテスト不安）を抱えた児童を対象としており，非行動療法の研究では他の問題（自尊心の低さおよび社会的隔離）を扱っている。ほとんどの非行動療法の研究（5つ中4つ）はグループ介入を行っているが，行動療法研究で集団に関連するものは1つだけである。さらに，これらの研究をグループ介入か個別介入かによって分類し直した場合でも，実施された一般的な療法の種類（行動療法あるいは非行動療法）が交絡する。状況は絶望的である。このように分析に際して研究が分類される際にはい

つもジレンマが生じる。あらゆる結果に対するメタ分析家の解釈に信憑性をもたせるように研究を分類するには，どのような基準を用いるべきであろうか？

　残念ながら，この問いに対して普遍的に受け入れられている答えは今のところ存在しない。Hedges & Olkin（1985）によって提案された手続きが一般的になりつつあるので，読者はこのテクニックを用いたメタ分析に出会う可能性が高い。したがって，以下の議論でこのアプローチについて言及するが，読者は異なる状況下ではこの方法の妥当性に問題がある（Hedges & Olkin, 1985; Hunter & Schmidt, 1990参照）ことに気づくであろう。たとえば，ここで記述された方法は，メタ分析をする人が研究サンプルから得られた効果の変動がランダム変動や誤差ではなく，体系的な変動に起因すると仮定している場合にのみ有用であることなどに，である。

◗ Q 統計量とモデルの検証

　Hedges & Olkins（1985）のアプローチの特徴は，Q 統計量（均一性検定）を使う点で，この検定は研究の群によって得られる効果がサンプリングエラーや，それに加えて研究間の体系的な違いによって，変化するかどうかを検証するものである。

　Q 統計量は研究のある群の ES 分布における均一性が，研究の数を k とすると自由度 $k-1$ の χ^2 変数のように分布するかどうか，を検証する。統計の表は希望する確率レベルでの統計的有意性を示すためにはどのような基準値が必要か，およびそのときの自由度を決定するために用いられる。Q が有意でなかった場合には効果が均一であることを示し，Q が有意であれば効果が均一ではないことを意味している。

　Q 統計量の結果には重要な意味がある。研究の群から得られた効果が均一であった場合，それらの研究は同じ母集団から得られたと考えることができ，群平均効果の分析が正当化される。一方で，均一でなかった場合には，それらの群は実際には2つかそれ以上の異なる下位集団を内包していると考えられる。これらの研究は，1つかそれ以上の変数によって分割され，こうした下位集団や非均一性を生じさせるものを明らかにしなければならない。

　もし読者が均一性の検定および Q 統計量に関して混乱したようであれば，Q 統計量はモデルの検定に便利であるということを覚えておくといいだろう。基本的には，Q 統計量はメタ分析をする人によって選ばれたモデルが，得られたデータに適合することを確認あるいは反証するための統計的な方法である。モデルという言葉は，ここではメタ分析をする人が分析のために1つかそれ以上の変数に基づいて研究を分類する，という意味で用いている。このような分類をする目的は研究の ES が標

本誤差のみによって変化するような単一の母集団を明らかにすることである。

たとえば，表10.3に示されている癌治療についての2つのメタ分析に対してQ統計量を算出したとしよう。その結果は次の通りである。2つの研究群に対するQ値は，メタ分析1では統計的に有意になる（0.05以下）。そこでこの各群50の研究における効果の分布は，サンプリングエラーと研究間の体系的な差を反映していることがわかる。言い換えると，一変数だけ（外科的手続き）でESを説明しようとするメタ分析1で示されたモデルはデータと適合していない。一方，研究を4群に分けたメタ分析2のQ値は，有意にならなかった。この結果は2つ目のメタ分析における二変数（外科的処置のタイプおよび家系）モデルはデータに適合している（ESの変動性をうまく説明する）ことを意味する。

均一性の確立は，分析と群平均解釈の前にこなければならない。いくつかの，あるいはすべての研究の分類に関して均一性が確認されないことは珍しいことではない（たとえば，Suls & Wan, 1989）。このようなケースでは，メタ分析家は変数や要因が得られた結果に貢献しているという信頼できる解釈を行うことができない。

研究的作為

ここでいう「作為（artifact）」とは，一般的にあらゆる種類の方法論的，統計的，測定誤差の，あるいは研究の表現上のバイアス，をさしている。信頼性の低い結果変数を使うことは，研究的作為の一例である。すなわち，測定の不確かさというこのケースでは，誤差の要因は真のESの過少推定に行き着く。

Hunter & Schmidt（1990）は11の一般的な研究的作為をあげている。紙面の都合上，これらの作為に関する詳細な議論はできないので，ここではそれらの潜在的な重要性についてふれておく。たとえば，メタ分析をする人が方法論的に，実施された治療のタイプのような他の研究の特徴よりも結果に強く影響する変数を発見するかもしれない。これはもちろん，メタ分析で最終的に提供される解釈に対して重要な意味をもっている（次節を参照）。したがって，メタ分析をする人は可能な限り，研究的作為の効果を評価する必要がある。

2.6　ステップ6：結論と解釈

メタ分析最後のステップでは，細心の注意を払って最終的な結論を出し，データベースに存在するあらゆる限界について考え，文脈の特異性を評価しなければなら

ない。たとえば，メタ分析をする人が，数学的技術を若い子どもたちに教えるプログラムを評価して次のような結論に達したとしよう。「あらゆるプログラムは同程度に効果的で，短いプログラムより長いプログラムがよい結果になるということはない」。

この結論が，都心部の学校に通うアフリカ系アメリカ人の児童のみを対象としており，他の介入をしている研究がほとんどないという理由で，たった2つの主要な教育プログラムしか比較しておらず，さらに比較的短い介入（1週間から4週間）だけを扱う研究に基づいていたとしたらどうだろうか？ 明らかにこの結論は誤りである。

最後に，メタ分析をする人は今後の研究を向上させるための提案を行う必要がある。とりわけ，レビューされた研究における研究的作為が結果にどのように影響したか，またその後の研究者によってどのように解決可能かを示すことは有効である。

メタ分析におけるこのステップについて語るために，次節で仮説的な例をあげて詳細に論じよう。出版されたもの（Durlak et al., 1991）も出版されていないもの（Durlak, Lampman, Wells, & Carmody, 1990）も対象にしたデータで，筆者とその仲間によってなされた例であるが，説明のために少し改変している。例のいくつかのセクションでは，出版された報告書の中にあるものよりも短くして比較されている。文中で括弧でくくったところは要点である。

2.7 メタ分析の例

レビューの目的と仮説

ここでのレビューの主要な目的はどのような変数が児童の心理療法に影響（調整）するかを明らかにすることである。用いられる測定尺度のタイプ，実施される療法の一般的なタイプ，児童の抱える問題という3つの重要な変数が順に治療結果に影響することが予測される（論文中では，これらの仮説の理論的根拠が明確に説明されていた）。

あらゆる種類の児童への療法がレビューされたが，重要な例外が1つあった。メタ分析的レビューを行った先行研究（Durlak et al., 1991）によると，児童の発達レベルが認知行動療法を調整する唯一の変数であると報告されている。この先行する知見が再現されることが期待されるため，認知行動療法の研究に限り，認知的発達のレベルを分析における調整変数として用いる（他の研究においてそうするための

明確な理由が提供されている場合，分析において別の変数を用いてもよい）。

3 方 法

3.1 研究のレビュー

1990年代の終わりから，いくつかの形式の心理療法を13歳以下の不適応の児童に対して実施し，統制群と比較された研究を，レビュー対象とした（用いられた心理療法の種類や不適応の定義，統制群が何に用いられるかといった，関連研究を識別するための特定の基準が示された）。

3.2 検索手続き

研究検索は3つの方法で行われた。まずコンピュータ検索（データベースは明らかにされている）。第二に子どもの研究を扱っていそうな15の雑誌論文の目次が研究ごとに検証された（雑誌も明らかにされている）。第三に，含まれた研究それぞれの引用文献が検証された。出版バイアスの可能性を考えるために，*Dissertation Abstract* のコンピュータと人力検索の両方も行われた（これらの検索手続きは説明されている）。

検索手続きの結果，367の論文で子どもの心理療法を評価することになった。そのうち301は論文または書籍で，66は出版されてない論文である。この数は16の付加的な関係する研究については，報告されているデータが不十分なので評価に含まれていない（いくつの関連研究がなぜ除外されたのかを記しておくことは有用である）。

3.3 研究のコード化

それぞれの研究の測定尺度は6つの主要なカテゴリーに分類され，行動観察，標準化された尺度およびチェックリスト，標準化されていない尺度およびチェックリスト，さまざまな学業以外の成績尺度，相互ソシオメトリックデータ，および学業成績尺度としてコード化された。療法は，行動療法を主とするもの，非行動療法を

主とするもの，認知行動療法としてコード化された。最後に，児童の抱える問題が内向性（内気，引きこもり），外向性（表出，攻撃性），あるいはその混合として分類された（コード化された変数の例が示され，他の変数によるコード化の可能性や分析の必要性について説明された）。

3.4 コード化手続きの信頼性

3名の研究アシスタントが，コード実践のトレーニングを受けた。研究の半分がランダムに選択され，補正された割合で表される一致率であるカッパ係数（Cohen, 1960）がコード化の信頼性の評価に用いられた。コード化の信頼性の平均は88％であり，範囲は80％から99％である（だれがコード化したか，信頼性がどうやって確保されたか，結果はどうだったかを記述するのは重要である）。

3.5 分析の単位

実験的仮説に合わせて，それぞれの研究について先述の6つのカテゴリー（行動観察，相互ソシオメトリック評定など）におけるESが算出された（言い換えれば，測定尺度のタイプがESに影響するという仮説の検証のために，どのタイプの測定尺度を用いたかを分析の単位として用いることに決めたということである。研究後との結果の平均値および範囲の詳細が示された）。

3.6 効果の算出

治療群および統制群において，プールされた標準偏差を用いてESが算出された。正の値は治療群が統制群を上回っていることを示す。Hedges & Olkin（1985）にならって，異なる研究間のESを合成する際には，より大きな重みづけを与えるようにしてESを重みづける手続きが用いられた（たとえば，大きいサンプルサイズには大きく，というように）。この補正と重みづけ手続きは重要である。補正は，元の研究で小さなサンプルサイズ（被験者30名以下）に基づくESであれば，真の効果を過大評価するので，それを適切に減らすべきでなのである。重みづけは，サンプリングエラーでデータを補正するために重みづけをする。サンプル重みづけの手続きは，あらゆる分析をする前に行われているべきである。

4　結　果

レビューした研究の特徴を要約しておくことが慣例になっているが，この情報はこの例では示さない。このようなデータは，たとえば研究が非常に特殊であり，分析の実施に必要なデータが保有されているような場合には重要である。

4.1　一般的な分析手続き

Hedges & Olkin（1985）にならって，カテゴリカルな（固定効果モデル的）アプローチを行った。一実験あたりのエラーを統制するために，0.01 の有意水準が使われ，仮説にある変数（両方，結果変数の種類，子どもの問題）が子ども両方の結果に影響したかどうかが評価された。そして，最初の段階ではすべての研究（$N = 658$）を通じて結合された ES の均一性検定が行われた。期待した通り，Q は有意に大きかった（$Q = 1,895.03$, $p < .01$）。

結果変数の結果

Q 統計量によってすべてのレビューされた研究における非均一性が示されたことから，これらの研究を分類する必要が生じ，われわれは仮説の調査を始めた。最初に，ES は結果の評価に用いられた尺度によって 6 つのグループに分類された。結果を表 10.4 に示す。全体の Q 統計量（$Q = 1,804.67$, $p < .01$）は有意であり，群内での均一性はどの研究群においても見いだされなかった。これらの研究はさらに非均一性の原因となる特徴を明らかにするために分類された。実際には，どのタイプの測定指標による分類まで続けるかという判断は，個人に委ねられる。全体的な Q 統計量は結果変数を考慮に入れたとき 20％近くまで減らせることができた。Q の値はそれぞれ 1,865 vs 1,404 である。変数を分析に入れても ES の散らばりを減らすことができなければ（Q が減らなければ），メタ分析者はさらなる結論を得る前に変数を除外するために選ぶかもしれない。

治療の種類の結果

モデルに投入された次の分割変数は，子どもに施された一般的な治療の区別（行動療法的，非行動療法的）であった。結果変数の種類と治療の種類から，可能な 12

表 10.4　測定尺度の種類に基づく群内の均質性の検定

測定尺度	Q	n
行動観察	474.68*	142
相互ソシオメトリック評定	70.18*	44
評定正規化された評価尺度	255.07*	116
正規化されていない評価尺度	595.74*	187
学力テスト	124.94*	67
学業以外の成績尺度	284.06*	102
Qの合計	1,804.67*	658

*$p < .01$ は有意な不均一性を表す。

の組み合わせそれぞれについて Q 統計量が計算された（2種類の治療×6種類の結果変数）。このデータは表 10.5 に示されている。この分割は一部うまくいった。4つのセルにおいて均一性が確認された，すなわち Q の値が有意ではなかった（2行目および5行目）。さらに，均一性の統計量の検査およびその値の有意性から，この二変数モデルによって残りのセルにおける効果の分散の大部分が説明されることが示された。言い換えれば，Q 統計量の大きさが，望ましいゴールである非有意なレベルに近づいた。データは分析において療法と測定指標のタイプの組み合わせから実質的な差が生じることを示したが，すべてのセルについて非有意性が示されたわけではない。

分析にさらなる調整変数を導入するよりも，結果をゆがめている可能性のある潜在的な外れ値のデータについて調べることにした。外れ値によって発生する可能性

表 10.5　測定尺度および療法の種類に基づく群内の均質性の検定

測定尺度	行動療法 Q	n	非行動療法 Q	n
行動観察	297.36*	106	85.42*	36
相互ソシオメトリック評定	24.80	16	41.41	28
評定正規化された評価尺度	137.51*	51	93.24*	65
正規化されていない評価尺度	264.66*	94	191.85*	93
学力テスト	57.24	39	35.78	28
効果についての測度	222.36*	79	57.17*	23

注：n は研究の数。
*$p < .01$ は有意な不均一性を表す。

のあるゆがみを説明するために，表 10.2 の研究 6 における ES の検証にもどってみよう。それぞれの研究を分析の単位として用いると（4列目），研究 6 における ES は他の研究の ES と比べて 4 から 20 倍も高い。研究 6 をサンプルに残すことによって，全体の平均 ES は 0.66，標準偏差は 0.77 となっている。研究 6 が除外された場合には，結果は劇的に変化する。残りの 9 つの研究における平均 ES は 0.43($SD = 0.25$) となる。これはかなりの差である。

外れ値の除去

各群 ($n = 35$) の平均から標準偏差 2 つ分離れた ES をもつものは，外れ値としてデータから除外した（外れ値を除外する基準が示されたほうがよい）。非均一性が認められたセルに対して，均一性統計量が計算し直された。外れ値を除外したことで大きな変化が生じた。表 10.6 に示す Q 統計量は，今やすべて有意ではなくなり，療法の種類ごとの結果変数の種類モデルは全 12 セルにおいて均一な母集団をもっていることが示された。

表 10.6 には各研究群の平均 ES および 99% 信頼区間も示されている。それぞれの平均値は 0.01 水準で有意に 0 と異なっている（どの信頼区間も 0 を含んでいない）。しかし，効果の変化の大きさは療法のタイプおよび測定尺度のタイプの両者の関数として変化する。療法と測定尺度のタイプがどのように効果の変化を生み出すかが議論される。

表 10.6 における信頼区間の検査から，3 つのタイプの測定尺度（行動観察，非標準化評価尺度，学業成績尺度）において，行動観察は非行動療法に対して有意な結果を示していることがわかる（研究群内の均一性がわかったら，研究の群どうしを比較することができる。もし信頼区間が重なっていなければ，平均は有意に異なっている。表 10.6 の 2，3，6 行目にある療法では重なっているので，互いに有意に異なっているとは言えない）。

4.2 認知行動療法の知見

上に述べたように，認知行動療法についての仮説は，子どもの認知的発達レベルに基づいた結果変数を変えるというものであった。この知見は先行研究の結果を再現するものであった。認知行動療法を用いた研究は 64 で，その結果は表 10.7 および表 10.8 に示された（ここではそれぞれの研究が分析単位として用いられたこと

表10.6 測定尺度と療法の種類に基づく群内の均質性検定と各群の平均効果および信頼区間（外れ値除外済み）

測定尺度	行動療法	非行動療法
行動観察		
Q	116.48	54.07
平均 ES	0.65[a]	0.25[b]
n	90	34
99% CL	0.54 - 0.75	0.16 - 0.33
相互ソシオメトリック評定[a]		
Q	24.80	41.44
平均 ES	0.43	0.25
n	16	28
99% CL	0.20 - 0.65	0.12 - 0.39
正規化された評価尺度		
Q	62.88	56.99
平均 ES	0.47	0.24
n	45	61
99% CL	0.31 - 0.62	0.15 - 0.32
正規化されていない評価尺度[a]		
Q	108.93	92.79
平均 ES	0.62[a]	0.19[b]
n	81	84
99% CL	0.52 - 0.73	0.14 - 0.24
学力テスト[a]		
Q	57.24	35.78
平均 ES	0.45[a]	0.18[b]
n	39	28
99% CL	0.32 - 0.57	0.09 - 0.26
学業以外の成績尺度		
Q	86.18	21.30
平均 ES	0.54	0.43
n	66	21
99% CL	0.43 - 0.66	0.25 - 0.60

注：信頼区間（CI）に0が含まれない場合，平均効果量（ES）は0.01水準で有意である．同じ行にある平均値に0.01水準で有意な差がある場合，異なる添え字で表されているこれらのセルは外れ値を取り除かなくとも均質であった．

表 10.7 児童の認知的発達水準の関数としての認知行動療法についての Q 統計量の要約 (Durlak et al., 1991, pp. 208-209)

情報源	χ^2	df
Q の合計	101.48*	63
群間	34.58*	2
群内	66.90	61
前操作期	8.83	8
具体的操作期	47.16	45
形式的操作期	10.91	8

表 10.8 群ごとの平均 ES，95%信頼区間，および絶対確実な n (Durlak et al., 1991, pp. 208-209)

情報源	n	M	95%信頼区間	絶対確実な n
全体	64	0.56	0.46 − 0.66	115
前操作期	9	0.57_{ab}	0.27 − 0.72	17
具体的操作期	46	0.55_a	0.44 − 0.60	80
形式的操作期	9	0.92_b	0.61 − 1.30	32

注：ES = 効果量。異なる添え字がついた平均値はテューキーの誠実な有意差比較において $p < .05$ 水準で有意に異なる。
平均効果量を 0.20 まで減らすために必要な追加の研究数を表す。

に留意すべきである。なぜなら，仮説は認知発達レベルに関するものであり，測定指標のタイプが臨床的結果に影響するというものではなかったからである）。結果は仮説を支持した。児童が慣例的なピアジェの年齢ガイドライン（前操作期 = 7 歳以下，具体的操作期 = 7～11 歳，形式的操作期 = 11～13 歳）に則って認知発達レベルに応じて分類されたとき，これら 3 つの下位グループにおいて均一性が確認された。

表 10.8 に示された治療後の平均効果量はすべて 0.05 水準で，有意に 0 と異なっている（いずれの信頼区間も 0 を含んでいない）。それぞれの平均効果を，社会科学および行動科学において慣例的に「小さい」とされる 0.20 (Cohen, 1988) まで減少させるために必要な追加研究の数を表す"絶対確実な n"が算出された。この"絶対確実な n"は実験群における結果がさらに信頼できるものになり得ることを示している（言い換えれば，この群において得られた結果を変更するためには，さらに

広汎な文献検索によって7～11歳の児童を含む80の追加研究が必要であるということである)。群間差の検証から，11～13歳および7～11歳の群における平均ESが有意に異なることが示された（これらの信頼区間は重複していない)。

　表10.7はQ統計量の分析が，全体のQ＝群間のQ＋群内のQとなるという意味において，いかにANOVAに類似しているかを説明するために用意された（本書第5章を参照)。分析の論理は以下の通りである。64の研究における全体のQは有意な非均一性を示している（ESは広範囲に分布しており，この64の研究の背後には1つ以上の母集団があることが推測される)。異なる発達レベルの児童を含む研究のQ統計量はいずれの場合にも非有意となり，これは3つの群の効果はそれぞれ単一の母集団を代表するものであり，発達レベルが治療効果に影響を与えるという仮説を支持するものであることを表している。同様に，群間のQも有意であり，これは3つの群の間に差があることを意味している。前操作期の児童は，具体的操作期の児童と実質的に同じESを示しているが，信頼区間の重なり具合から，前操作期の児童および形式的操作期の児童のESの差がかろうじて統計的に有意にならなかったことがわかる。

4.3　外れ値の検証

　外れ値においてみられた2つのパターンは注目に値する。1つのセルは非行動療法を含んでいる。8つのうち6つの外れ値は学校不適応を早期発見するための関係性治療を含むものであった。これらの6つの研究の平均ESは1.28であり，このセルの他の非行動療法研究（表10.6の4行目）は一括して0.19の平均効果しかない。行動療法が非標準化尺度によって評価されるとき，夜尿症の児童を治療するためのベル・アンド・パッド法[◇3]（たとえば，DeLeon & Mandell, 1966）を用いた10の研究は外れ値となった。この介入は，このセルの他の行動療法研究（4行目）の平均ESである0.6と比べると非常に有効（平均ES＝2.52）である。極端な値を示す外れ値を識別し，事前に分析から除外することは必要であるが，その後にそれらの外れ値の値について調べる必要がある。問題となっているこれらの外れ値が，たんに異常な結果を反映しているのか，あるいはこれらについての検討がとりわけ有効あるいは無効なプログラムの手がかりを提供するのかがわからないからである。こ

　◇3　夜尿症治療の方法の1つで，水分を検知するとアラームがなるパッドを布団に敷いておく方法。

の例では，外れ値の検査によってレビューされた治療の中から2通りの非常に有効な治療が見いだされた。メタ分析家はこれらの研究の意義について議論すべきであろう。

次の節では，ここまでの結果と先述の探索的メタ分析を用いた結果とを比較する。もしメタ分析の基礎的な理解ができていれば，読者は考察において行われる主要な結論を先取りできるであろう。さらに，結果の段落における重要な欠落にも気づけるかもしれない。どのような追加の分析が報告されるべきであろうか？

5 仮想例での考察

予測どおり，測定尺度のタイプと療法のタイプが治療の結果に有意な変化をもたらした。これらの結論は，初期には均一ではなかった367のサンプルが，これらの変数に沿って12の群に分類されたとき，均一な下位集団になったという実証的な根拠に基づいている。さらに，両者の変数が分析に投入されたままでは，効果の均一性は得られなかった。したがって，これらの変数はANOVAにおける相互作用の解釈と同様に，同時に考慮されなければならない。これは重要な点である。これは，児童の治療効果を理解するためには，治療者はどのような治療が実施されたか，またどのような評価がなされたかを知っておく必要があることを示唆している。どちらの次元も重要である。

療法の種類に関しては，行動療法は非行動療法と比べてより大きな効果を生み出す傾向にあったものの，群間に有意な差がみられたのは6つのうち3つのセルだけであった（表10.6の1，4，5行目を参照）。特定のタイプの行動療法および非行動療法が評価されなかった点に留意すべきである。これらのデータは，特定の形式の療法が他よりも効果的であるという結果を示すものではない。これは実際は大きな限界点で，研究者はセラピストが子どもに何をしたのか，明確にはわからないのである。

今回の分析では，目の前にある治療的問題がセラピーの影響を受けているかどうか，その重要性を確認することはできていない。言い換えると，子どものもっている問題は分析の中に取り入れられていないのだ。なぜならそれは均一性を得るのに必要でなかったからである。これが意味するのは，子どもが外在化，内在化，その混合させた問題を治療のそれぞれで同じように示し，同じような変化を治療の種類

にかかわらず結果変数として示したということだ。

最後に，先行研究における子どもの認知発達レベルが認知行動療法に影響するという知見は再現された。形式的操作期の子ども（11〜13歳）は，それよりも幼い子ども（5〜7歳，あるいは7〜11歳）と比べると，ほとんど2倍以上の治療効果を認知行動療法から得ていた。平均ESは順に0.92対0.57および0.55である。

5.1 分析から漏れているものは何か？

方法論的な質の問題および出版バイアスの可能性については，ここまで言及されてこなかった。少なくとも，ESにおける方法論的な質の影響は検討されるべきである。子どもの療法研究のデザインの特徴としては表10.1にあげられたようなものがあり（無作為割り当ておよび統制群のタイプ），方法論的特徴によって効果の分散がどの程度説明されるか，回帰分析をすることで見ることができる。あるいは，無作為割り当てを含む研究の効果が，その操作をしない場合と比較できる。同様に，出版されたものの効果とそうでないものの効果も比較するべきである。もし出版されていない研究が小さな効果量を示せば，その分布は最後の分析の各セルにおいて検証されるべきである。たぶん，非行動療法の研究のセルは，行動療法のそれより学位論文を多く含んでいる。これは前者の平均的効果量が小さいことを説明する。以前の研究のおもな目的は，方法論的特徴や出版の状況が，得られた他の知見に別の解釈を与えるかどうかであった。

6 本章の要約

本章では，研究結果の統合および分析を行う多変量統計手法であるメタ分析の主要な特徴について要約した。標準化された群平均差を扱う探索的メタ分析についても言及した。このような状況では，メタ分析をする人はそれぞれの研究の特徴（独立変数）と結果（ESで表現される従属変数）の間にどのような有意な関係が存在するかを特定するように務める。単一の標準的な方法がメタ分析をするときにあるわけではないが，メタ分析者が手続きの各重要なステップにおいて直面する，いくつかのおもな問題と決断のしかたを示した。これらのステップには，メタ分析を始める前にリサーチクエスチョンを定めておくことも含まれているし，関係する研究

を検索すること，研究のコード化，効果指標の計算，適切な統計的分析の実施，最終的な結果と解釈をすること，が含まれている。本章が複雑なメタ分析のわかりやすい説明として，さらなるトピックの読者や現在医療や社会，行動科学分野においてみられるメタ分析を理解および解釈する必要がある人の一助となれば幸いである。

推薦図書

本章であげられた参考文献の他に，以下のような文献を強く推奨する。Cook & Leviton (1980) と Light & Pillemer (1984) が二大良書だ。前者はメタ分析を伝統的なナラティヴリサーチレビューと比較し，それぞれの方法の潜在的な利点と限界を示している。後者は専門用語を用いずにメタ分析について記されたすばらしい教科書である。メタ分析に慣れることができたら，後述の文献がメタ分析のいくつかの特徴に関して詳細に述べている。Durlak & Lipsey (1991); Glass, McGaw, & Smith (1981); Hunter & Schmidt (1990); Light (1983); および Wolf (1986)。とりわけ，Glass et al. (1981) ではコード化の手続きの拡張された議論が，Hunter & Schmidt (1990) ではいくつかの規律のもとで行われるメタ分析について記されている。最後に，*Russell Saga Foundation casebook* (Cook et al., 1992) およびその他の文献 (Garfield, 1983; Michelson, 1985) ではメタ分析とその応用に関する見解が要約されている。

用語集

n とくに指示がない限り，メタ分析における n はレビューされた研究の数を示し，N はレビューされた研究の参加者数を示す。

お蔵入り問題〈File Drawer Problem〉 論文著者は統計的に有意でない実験結果を投稿せず，また審査者もそれらの結果をアクセプトしないという傾向のこと。

重みづけ効果〈Weighted Effects〉 バイアスのかかった被験者の数に基づく重みづけられた影響の差。大きなサンプルから得られる効果は大きな重みを得る。なぜなら，真の母集団の効果からより正確な推定値を得られるからである。重みづけはサンプリングエラーを調整し，すべての統計的分析の前に考えておくべきである。

***Q*統計量**〈Q Statistic〉 Q 統計量はメタ分析で選んだモデルがデータうまく適合したかどうかを決めるときに使われるもの。Q は得られた研究の数 -1 の自由度をもつ χ^2 分布に従う。有意でない Q 統計量は均一性を意味し，同じ母集団から得られた研究であることを支持する。

均一性－不均一性〈Homogeneity-Heterogeneity〉 研究群の中で ES の分布における散らばりのこと。一般的には，ES の分布はサンプリングエラーにだけ応じて散らばるので，均一性があるものと考えられるが，サンプリングエラーと研究間の体系的な差異の両方を反映

するので，分布は不均一になる。

研究的作為〈Study Artifacts〉 研究に現れるあらゆる種類の方法論的，統計的，測定的誤差やバイアス。

効果量（ES，d，あるいは g）〈Effect Size (ES, d or g)〉 メタ分析における量的な従属変数で，研究の特性と結果の連関の強さを示す。群間の標準化された平均の差としてよく表される。

コード化〈Coding〉 統計解析のために研究の特徴（被験者の種類，統制群など）を質的変数に変換する方法。通常，研究の特徴は連続変数（たとえば，医療症状の数など）やカテゴリカル変数（たとえば，手術のみ＝1；投薬のみ＝2；手術＋投薬＝3；治療なし＝4）の組み合わせによってコード化される。

出版バイアス〈Publication Bias〉 未発表の論文（学位論文やテクニカルレポート，大会論文）よりも出版された論文のほうが価値が高いとされるバイアスのこと。このバイアスの可能性を推定したり，統計的に補正することは困難であり，発表された論文と未発表論文を比較することによって経験的に決定されるものである。

信頼区間（CI）〈Confidence Interval (CI)〉 サンプルからの効果量（ES）の算出において，誤差や変動が特定の確率で生じる可能性がある平均値周辺の効果の範囲。CI が 0 を含まない（たとえば，平均 ES が 0.45 で CI の範囲が 0.20 から 0.70 など）場合には，その平均 ES は有意に 0 とは異なると考えられる。

絶対確実な n〈Fall-Safe n〉 特定の基準にまで効果を減少させるために必要な追加の研究の数。低い ES しかない多くの研究の中で，ある知見の信頼性を推定するためには，小さな ES しかない研究や，有意でない水準での結果しか得られていない研究は減らすべきである。著者は，追加の効果（通常は 0 ）の大きさと，絶対確実な n を算出する式における基準レベル（通常は非有意または 0.20 の ES）を指定する必要がある（公式は Wolf, 1986, p.39 を参照）。

調整済み（バイアスなし）効果〈Adjusted (or Unbiased) Effect〉 小さなサンプルに基づくことによる問題に対応するために，効果の大きさを少し低く見積もったもの。実際には，調整はサンプルサイズが 30 より小さいときに必要になる。

媒介変数〈Moderator Variable〉 レビューした研究間の効果量において，有意な散らばりを見せる変数（研究特性）。研究は仮定された媒介変数によって変動するので，その効果量の大きさも変わるべきである。

外れ値〈Outlier〉 効果の分布における極値。著者は外れ値をどのように定義したかを特定する必要がある。調査結果をゆがめないように外れ値が最終的な分析から除外されていたとしても，それらの発見的価値（外れ値はプログラムのとくに成功または失敗した事例かもしれない）については検討する必要がある。

文献

● 第1章

Aiken, L. S., West, S. G., Sechrest, L., & Reno, R. R. (1990). Graduate training in statistics, methodology, and measurement in psychology: A survey of PhD programs in North America. *American Psychologist*, **45**, 721-734.

Borgatta, E. F. (1968). My student, the purist: A lament. *Sociological Quarterly*, **8**, 29-34.

Cliff, N. (1993). What is and isn't measurement. In G. Keren & C. Lewis (Eds.), *A handbook for data analysis in the behavioral sciences: Methodological issues* (pp. 59-94). Hillsdale, NJ: Erlbaum.

Coombs, C. H. (1953). Theory and methods of social measurement. In L. Festinger & D. Katz (Eds.), *Research methods in the behavioral sciences* (pp. 471-535). New York: Dryden.

Gardner, P. L. (1975). Scales and statistics. *Review of Educational Research*, **45**, 43-57.

Labovitz, S. (1972). Statistical usage in sociology: Sacred cows in ritual. *Sociological Methods & Research*, **1**, 13-37.

Nunnally, J. (1978). *Psychometric theory* (2nd ed.). New York: McGraw-Hill.

Pedhazur, E. J., & Schmelkin, L. P. (1991). *Measurement, design, and analysis: An integrated approach.* Hillsdale, NJ: Erlbaum.

Stevens, J. P. (1986). *Applied multivariate statistics for the social sciences.* Hillsdale, NJ: Erlbaum.

Stevens, S. S. (1951). Mathematics, measurement, and psychophysics. In S. S. Stevens. (Ed.), *Handbook of experimental psychology* (pp. 1-49). New York: Wiley.

Tabachnick, B. G., & Fidell, L. S. (1989). *Using multivariate statistics* (2nd ed.). New York: Harper Collins.

● 第2章

Achen, C. H. (1982). *Interpreting and using regression.* Beverly Hills, CA: Sage.

Cohen, J. (1990). Things I have learned (so far). *American Psychologist*, **45**, 1304-1312.

Cohen, J., & Cohen, P. (1983). *Applied MRC analysis for the behavioral sciences* (2nd ed.). Hillsdale, NJ: Erlbaum.

Cronbach, L. J., & Gleser, G. C. (1965). *Psychological tests and personnel decisions* (2nd ed.). Urbana: University of Illinois Press.

Dawes, R. M., Faust, D., & Meehl, P. E. (1989). Clinical versus actuarial judgment. *Science*, **243**, 1668-1674.

Fowler, R. L. (1986). Confidence intervals for the cross-validated multiple correlation in predictive regression models. *Journal of Applied Psychology*, **71**, 318-322.

Hays, W. L. (1988). *Statistics* (4th ed.). Chicago: Holt, Rinehart & Winston.

Kerlinger, F. N. (1986). *Foundation of behavioral research* (3rd ed.). New York: Holt, Rinehart & Winston.

Lewis-Beck, M. S. (1980). *Applied regression: An introduction.* Beverly Hills, CA: Sage.

Linn, R. L. (Ed.). (1989). *Educational measurement* (3rd ed.). London: Cassel & Collier Macmillian.

Mitchell, T. W., & Klimoski, R. J. (1986). Estimating the validity of cross-validity estimation. *Journal of Applied Psychology*, **71**, 311-317.

Pedhazur, E. J. (1982). *Multiple regression in behavioral research: Explanation and prediction* (2nd ed.). New York: Holt, Rinehart & Winston.

Steinberg, L., Elmen, J. D., & Mounts, N. S. (1989). Authoritative parenting, psychosocial maturity, and academic success among adolescents. *Child Development*, **60**, 1424-1436.

Tatsuoka, M. M. (1975). *The general linear model: A new trend m analysis of variance.* Champaign, IL: Institute for Personality and Ability Testing.

Wiggins, J. S. (1973). *Personality and prediction: Principles of personality assessment.* Reading, MA: Addison-Wesley.

Willshire, D., Kinsella, G., & Prior, M. (1991). Estimating WAIS-R IQ from the National Adult Reading Test: A cross-validation. *Journal of Clinical and Experimental Neuropsychology*, **13**, 204-216.

● 第 3 章

Asher, H. B. (1983). *Quantitative applications in the social sciences: Vol. 3. Causal modeling* (2nd ed.). Beverly Hills, CA: Sage.

Bachman, J. G., & O'Malley, P. M. (1977). Self-esteem in young men: A longitudinal analysis of the impact of educational and occupational attainment. *Journal of Personality and Social Psychology*, **35**, 365-380.

Baron, R. M., & Kenny, D. A. (1986). The moderator-mediator variable distinction in social psychological research: Conceptual, strategic, and statistical considerations. *Journal of Personality and Social Psychology*, **51**, 1173-1182.

Bentler, P. M. (1989). *EQS Structural Equations Program manual.* Los Angeles: BMDP Statistical Software.

Bentler, P. M., & Chou, C. (1988). Practical issues in structural modeling. In J. S. Long (Ed.), *Common problems/ proper solutions* (pp. 161-192). Newbury Park, CA: Sage.

Berry, W. D. (1984). *Quantitative applications in the social sciences: Vol. 37. Nonrecursive causal models.* Beverly Hills, CA: Sage.

Berry, W. D. (1993). *Quantitative applications in the social sciences: Vol. 92. Understanding regression assumptions.* Newbury Park, CA: Sage.

Bibby, J. (1977). The general linear model-a cautionary tale. In C. A. O'Muircheartaigh & C. Payne (Eds.), *The analysis of survey data* (Vol. 1). New York: Wiley.

Blalock, H. M., Jr. (Ed.). (1971). *Causal models in the social sciences.* Chicago: Aldine.

Boldizar, J. P., Wilson, K. L., & Deemer, D. K. (1989). Gender, life experiences, and moral development: A process-oriented approach. *Journal of Personality and Social Psychology*, **57**, 229-238.

Bollen, K. A. (1989). *Structural equations with latent variables.* New York: Wiley.

Cliff, N. (1983). Some cautions concerning the application of causal modeling methods. *Multivariate Behavioral Research*, **18**, 115-126.

Curry, R. H., Yarnold, P. R., Bryant, F. B. Martin, G. J., & Hughes, R. L. (1988). A path analysis of medical school and residency performance: Implications for housestaff selection. *Evaluation and the Health Professions*, **11**, 113-129.

DeCotiis, T. A., & Summers, T. P. (1987). A path analysis of a model of the antecedents and consequences of organizational commitment. *Human Relations*, **40**, 445-470.

Greene, R. (1990). The positive effect of remarriage on older widowers' well-being: An integration of selectivity and social network explanations (Doctoral dissertation, University of Michigan, 1990). *Dissertation Abstracts International*, 52, 297A.

Hayduk, L. A. (1987). *Structural equation modeling with LISREL: Essentials and advances.* Baltimore: John Hopkins University Press.

Heise, D. R. (1975). *Causal analysis.* New York: Wiley-Interscience.

Igbaria, M., & Parasuraman, S. (1989). A path analytic study of individual characteristics, computer anxiety and attitudes toward *microcomputers. Journal of Management*, 15, 373-388.

Jaccard, J., Turrisi, R., & Wan, C. K. (1990). *Quantitative applications in the social sciences: Vol. 72. Interaction effect, in multiple regression.* Newbury Park, CA: Sage.

Jenkins, C. D., Jono, R. T., Stanton, B. A., & Stroup, C. A. (1990). The measurement of health-related quality of life: Major dimensions identified by factor analysis. *Social Science and Medicine*, 31, 925-931.

Jenkins, C. D., & Stanton, B. A. (1984). Quality of life as assessed in the Recovery Study. In N. K. Wenger, M. E. Mattson, C. D. Furberg, & J. Elinson (Eds.), *Assessment of quality of life in clinical trials of cardiovascular therapies* (pp. 266-280). New York: Le Jacq.

Jöreskog, K. G., & Sörbom, D. G. (1989). *LISREL7 user's reference guide.* Mooresville, IN: Scientific Software.

Jussim, L. (1989). Teacher expectations: Self-fulfilling prophecies, perceptual biases, and accuracy. *Journal of Personality and Social Psychology*, 57, 469-480.

Kenny, D. A. (1979). *Correlation and causality.* New York: Wiley-Interscience.

Kim, J. O., & Ferree, G. D. (1981). Standardization in causal analysis. *Sociological methods and research*, 10, 187-210.

Knoke, D. (1985). A path analysis primer. In S. B. Smith (Ed.), *A handbook of social science methods* (Vol. 3, pp. 390-407). New York: Praeger.

Larsen, R. J. (1992). Neuroticism and selective encoding and recall of symptoms: Evidence from a combined concurrent-retrospective study. *Journal of Personality and Social Psychology*, 62, 480-488.

Lewis-Beck, M. S. (1980). *Quantitative applications in the social sciences: Vol. 22. Applied regression: An introduction.* Beverly Hills, CA: Sage.

Obeng, K. (1989). Applications of path analysis to transit system maintenance performance. *Transportation*, 15, 297-316.

Pedhazur, E. J. (1982). *Multiple regression in behavioral research* (2nd ed.). New York: Holt, Rinehart & Winston.

Romney, D. M., Jenkins, C. D., & Bynner, J. M. (1992). A structural analysis of health related quality of life dimensions. *Human Relations*, 45, 165-176.

Roth, D. L., Wiebe, D. J., Fillingim, R. B., & Shay, K. A. (1989). Life events, fitness, hardiness, and health: A simultaneous analysis of proposed stress resistance effects. *Journal of Personality and Social Psychology*, 57, 136-142.

Trevino, L. K., & Youngblood, S. A. (1990). *Journal of Applied. Psychology*, 75, 378-385.

Wright, S. (1920). The relative importance of heredity and environment in determining the piebald pattern of guinea pigs. *Proceedings of the National Academy of Sciences*, 6, 320-332.

Wright, S. (1921). Correlation and causation. *Journal of Agricultural Research*, 20, 557-585.

Wright, S. (1925). Corn and hog correlations. *U. S. Department of Agriculture Bulletin* (No. 1300).

Washington, DC: U.S. Government Printing Office.

Wright, S. (1960). Path coefficients and path regressions: Alternative or complementary concepts? *Biometrics*, **16**, 189-202.

● 第4章

Alwin, D. F., & Jackson, D. J. (1979). Applications of simultaneous factor analysis to issues of factorial invariance. In D. J. Jackson (Ed.), *Factor analysis and measurement in sociological research* (pp. 249-279). London: Sage.

Alwin, D. F., & Jackson, D. J. (1980). Measurement models for response errors in surveys: Issues and applications. In K. F. Schuessler (Ed.), *Sociological methodology, 1980* (pp. 68-119). San Francisco: Jossey-Bass.

Amick, D. J., & Walberg, H. J. (1975). *introductory multivariate analysis for educational, psychological and social research*. Chicago: University of Illinois at Chicago Press.

Anderson, J. C., & Gerbing, A. W. (1984). The effect of sampling error on convergence, improper solutions, and goodness-of-fit indices for maximum-likelihood confirmatory factor analysis. *Psychometrika*, **49**, 155-173.

Bagozzi, R. P., & Yi, Y. (1988). On the evaluation of structural equation models. *Journal of the Academy of Marketing Science*, **16**, 74-94.

Bentler, P. M. (1989). *EQS structural equations program manual*. Los Angeles: BMDP Statistical Software.

Bentler, P. M. (1990). Comparative fit indexes in structural models. *Psychological Bulletin*, **107**, 238-246.

Bentler, P. M., & Bonett, D. G. (1980). Significance tests and goodness of fit in the analysis of covariance structures. *Psychological Bulletin*, **88**, 588-606.

Blyth, C. R. (1972). On Simpson's paradox and the sure-thing principle. *Journal of the American Statistical Association*, **67**, 364-366.

Bollen, K. A. (1989). *Structural equations with latent variables*. New York: Wiley.

Bradburn, N. M. (1969). *The structure of psychological well-being*. Chicago: Airline.

Browne, M. W. (1984). Asymptotically distribution-free methods for the analysis of covariance structures. *British Journal of Mathematical and Statistical Psychology*, **37**, 62-83.

Bryant, F. B. (1989). A four-factor model of perceived control: Avoiding, coping, obtaining, and savoring. *Journal of Personality*, **57**, 773-797.

Bryant, F. B., & Veroff, J. (1982). The structure of psychological well-being: A sociohistorical analysis. *Journal of Personality and Social Psychology*, **43**, 653-673.

Bryant, F. B., & Veroff, J. (1984). Dimensions of subjective mental health in American men and women. *Journal of Health and Social Behavior*, **25**, 116-135.

Bryant, F. B., & Yarnold, P. R. (1989). A measurement model for the short form of the Student Jenkins Activity *Survey*. *Journal of Personality Assessment*, **53**, 188-191.

Campbell, A. (1980). *The sense of well-being in America*. New York: McGraw-Hill.

Cattell, R. (1966). The meaning and strategic use of factor analysis. In R. B. Cattell (Ed.), *Handbook of multivariate experimental psychology* (pp. 174-243). Chicago: Rand McNally.

Cunningham, W. R. (1978). Principles for the identification of structural differences. *Journal of Gerontology*, **33**, 82-86.

Dillion, W. R., & Goldstein, M. (1984). *Multivariate analysis: Methods and applications.* Berkeley: University of California Press.
Dunteman, G. H. (1989). *Principal components analysis.* Newbury Park, CA: Sage.
Fruchter, B. (1954). *Introduction to factor analysis.* New York: Van Nostrand.
Glass, D. C. (1977). *Behavior patterns, stress, and coronary disease.* Hillsdale, NJ: Erlbaum.
Gorsuch, R. L. (1983). *Factor analysis.* Hillsdale, NJ: Erlbaum.
Green, P. E. (1978). *Analyzing multivariate data.* Hinsdale, IL: Dryden Press.
Guadagnoli, E., & Velicer, W. F. (1988). Relation of sample size to the stability of component patterns. *Psychological Bulletin,* **103**, 265-275.
Hair, J. F., Anderson, R. E., Tatham, R. L., & Black, W. C. (1992). *Multivariate data analysis with readings* (3rd ed.). New York: Macmillan.
Harman, H. H. (1976). *Modern factor analysis.* Chicago: University of Chicago Press.
Hayduk, L. A. (1987). *Structural equation modeling with LISREL.* Baltimore: Johns Hopkins University Press.
Hoelter, J. W. (1983). The analysis of covariance structures: Goodness of fit indices. *Sociological Methods and Research,* **11**, 325-344.
Hotelling, H. (1933). Analysis of a complex of statistical variables into principal components. *Journal of Educational Psychology,* **24**, 417-441, 498-520.
Hu, L., Bentler, P. M., & Kano, Y. (1992). Can test statistics in covariance structure analysis be trusted? *Psychological Bulletin,* **112**, 351-362.
Jolliffe, I. T. (1986). *Principal component analysis.* New York: Springer-Verlag.
Jöreskog, K. G. (1969). A general approach to. confirmatory maximum likelihood factor analysis. *Psychometrika,* **34**, 183-202.
Jöreskog, K. G. (1971a). Simultaneous factor analysis in several populations. *Psychometrika,* **36**, 409-426.
Jöreskog, K. G. (1971b). Statistical analysis of sets of congeneric tests. *Psychometrika,* **36**, 09-133.
Jöreskog, K. G. (1978). Structural analysis of covariance and correlation matrices. *Psychometrika,* **43**, 443-477.
Jöreskog, K. G., & Sörbom, D. G. (1989). *LISREL 7 user's reference guide.* Chicago: Scientific Software.
Kaiser, H. F. (1960). The application of electronic computers to factor analysis. *Educational and Psychological Measurement,* **20**, 141-151.
Kleinbaum, D. G., Kupper, L. L., & Muller, K. E. (1988). *Applied regression analysis and other multivariable methods* (2nd ed.). Boston: PWS-Kent.
La Du, T. J., & Tanaka, J. S. (1989). Influence of sample size, estimation method, and model specification on goodness-of-fit assessment in structural equation models. *Journal of Applied Psychology,* **74**, 625-635.
Larsen, R. J. (1984). Theory and measurement of affect intensity as an individual difference characteristic. *Dissertation Abstracts International,* **85**, 2297B. (University Microfilms No. 84-22112).
Lawley, D. N., & Maxwell, A. E. (1971). *factor analysis as a statistical method.* New York: Elsevier Science.
Long, J. S. (1983). *Confirmatory factor analysis.* Beverly Hills, CA: Sage.
Maiti, S. S., & Mukherjee, B. N. (1991). Two new goodness-of-fit indices for covariance matrices with

linear structures. *British Journal of Mathematical and Statistical Psychology*, **44**, 153-180.

Marsh, H. W., Balla, J. R., & McDonald, R. P. (1988). Goodness-of-fit indexes in confirmatory factor analysis: The effect of sample size. *Psychological Bulletin*, **103**, 391-410.

McKennell, A. C., & Andrews, F. M. (1980). Measures of cognition and affect in perceptions of well-being. *Social Indicators Research*, **8**, 257-298.

Moore, M. K., & Neimeyer, R. A. (1991). A confirmatory factor analysis of the Threat Index. *Journal of Personality and Social Psychology*, **60**, 122-129.

Morrison, D. F. (1976). *Multivariate statistical method1* (2nd ed.). New York: McGraw-Hill.

Mulaik, S. A., James, L. R., Van Alstine, J., Bennett, N., Lind, S., & Stilwell, C. D. (1989). Evaluation of goodness-of-fit indices for structural equation models. *Psychological Bulletin*, **105**, 430-445.

Muthén, B. O. (1993). Goodness of fit with categorical and other nonnormal variables. In K. A. Bollen & J. S. Long (Eds.), *Testing structural equation modeL1* (pp. 205-234). London: Sage.

Pearson, K. (1901). On lines and planes of closest fit to systems of points in space. *Philosophical Magazine*, **May 2**, 559-572.

Popper, K. R. (1968). *The logic of scientific discovery*. New York: Harper Torchbooks.

Sörbom, D. G., & Jöreskog, K. G. (1976). *COFAMM: Confirmatory factor analysis ii1ith model modification, a FORTRAN IV program*. Chicago: National Educational Resources.

Steiger, J. H. (1979). Factor indeterminacy in the 1930's and the 1970's: Some interesting parallels. *Psychometrika*, **44**, 157-167.

Stevens, J. P. (1986). *Applied multivariate statistics/or the social sciences*. Hillsdale, NJ: Erlbaum.

Tabachnick, B. G., & Fidell, L. S. (1983). *U1ing multivariate statistics*. New York: Harper & Row.

Tanaka, J. S. (1993). Multifaceted conception of fit in structural equation models. In K. A. Bollen & J. S. Long (Eds.), *Testing structural equation models* (pp. 10-39). London: Sage.

Thurstone, L. L. (1947). *Multiple-factor analysis: A development and expansion of the vectors of mind*. Chicago: University of Chicago Press.

Tucker, L. R., & Lewis, C. (1973). A reliability coefficient for maximum likelihood factor analysis. *Psychometrika*, **38**, 1-10.

Weinfurt, K. P., Bryant, F. B., & Yarnold, P. R. (1994). The factor structure of the Affect Intensity Measure: In search of a measurement model. *Journal of Research in Personality*, **28**, 314-331.

Yarnold, P. R. (1984). Note on the multidisciplinary scope of psychological androgyny theory. *Psychological Reports*, **55**, 936-938.

● 第 5 章

Guttman, L. (1968). A general nonmetric technique for finding the smallest coordinate space for a configuration of points. *Psychometrika*, **33**, 469-506.

Kruskal, J. B., & Wish, M. (1978). *Multidimensional scaling*. Beverly Hills, CA: Sage.

Rabinowitz, G. (1975). An introduction to nonmetric multidimensional scaling. *American Journal of Political Science*, **19**, 343-390.

Rabinowitz, G. (1986). Nonmetric Multidimensional Scaling. In W. D. Berry & M. S. Lewis-Beck (Eds.), *New tools for social scientists: Advances and applications in research methods* (pp. 77-107). Newbury Park, CA: Sage.

Schiffman, S. S., Reynolds, M. L., & Young, F. W. (1981). *Introduction to multidimensional scaling: Theory, methods, and applications*. San Diego, CA: Academic Press.

Shepard, R. N. (1972). A taxonomy of some principal of data and of multidimensional methods for their analysis. In R. N. Shepard, A. K. Romney, & S. Nerlove (Eds.), *Multidimensional scaling: Theory and applications in the behavioral sciences* (Vol. 1, pp. 21-47). New York: Seminar Press.

Torgerson, W. S. (1958). *Theory and methods of scaling*. New York: Wiley.

Wish, M., & Carroll, J. D. (1974). Applications of individual differences scaling to studies of human perception and judgment. In E. C. Carterettee & M. P. Friedman (Eds.), *Handbook of perception* (Vol. 2, pp. 449-491). San Diego, CA: Academic Press.

● 第6章

Agresti, A. (1984). *Analysis of ordinal categorical data*. New York: Wiley.

Agresti, A. (1990). *Categorical data analysis*. New York: Wiley.

Bachman, J. G., Johnston, L. D., & O'Malley, P. M. (1989). *Monitoring the future: questionnaire responses from the nation's high school seniors, 1988*. Ann Arbor, MI: Institute for Social Research.

Bachman, J. G., Johnston, L. D., O'Malley, P. M., & Humphrey, R. H. (1988). Explaining the recent decline in marijuana use: Differentiating the effects of perceived risks, disapproval, and general lifestyle factors. *Journal of Health and Social Behavior*, **29**, 92-112.

Dixon, W. J. (Ed.). (1983). *BMDP statistical software*. Berkeley: University of California Press.

Fienberg, S. E. (1980). *The analysis of cross-classified categorical data* (2nd ed.). Cambridge, MA: MIT Press.

Forthofer, R. N., & Lehnen, R. G. (1981). *Public program analysis: A new categorical data approach*. Belmont, CA: Lifetime Learning Publications.

Grizzle, J. E., Starmer, C. F., & Koch, G. G. (1969). Analysis of categorical data by linear models. *Biometrics*, **25**, 489-504.

Knoke, D., & Burke, P. J. (1980). *Log-linear models*. Beverly Hills, CA: Sage.

Reynolds, H. T. (1977). *The analysis of cross-classifications*. New York: Free Press.

SAS Institute. (1987). *SAS/STAT guide for personal computers* (Version 6). Cary, NC: Author.

SPSS. (1988). *SPSS-X user's guide* (3rd ed.). Chicago: SPSS.

Wickens, T. D. (1989). *Multiway contingency tables analysis for the social sciences*. Hillsdale, NJ: Erlbaum.

Wilkinson, L. (1990). *SYSTAT: The system for statistics*. Evanston, IL: SYSTAT.

● 第7章

Agresti, A. (1990). *Categorical data analysis*. Wiley: New York.

Aldrich, J. H., & Nelson, F. D. (1984). *Linear probability, logit, and probit models*. Beverly Hills, CA: Sage.

Dwyer, J. H. (1983). *Statistical models for the social and behavioral sciences*. New York: Oxford Press.

Fleiss, J. L., Williams, J. B. W., & Dubro, A. F. (1986). Logistic regression of psychiatric data. *Journal of Psychiatric Research*, **20**, 145-209.

Hauck, W. W., & Donner, A. (1977). Wald's test as applied to hypotheses in logit analysis. *Journal of the American Statistical Association*, **72**, 851-853.

Hosmer, D. W., & Lemeshow, S. (1989). *Applied logistic regression*. New York: Wiley.

Klecka, W. R. (1980). *Discriminant analysis.* Beverly Hills, CA: Sage.

McCullagh, P., & Nelder, J. A. (1989). *Generalized linear models.* New York: Chapman and Hall.

Neter, J., & Wasserman, W. (1974). *Applied linear statistical models.* Homewood, IL: Irwin.

Press, S. J., & Wilson, S. (1978). Choosing between logistic regression and discriminant analysis. *Journal of the American Statistical Association, 73,* 699-705.

Shott, S. (1991). Logistic regression and discriminant analysis. *Journal of the American Veterinary Medical Association, 198,* 1902-1905.

Spiegel, D., Frischholz, E. J., Fleiss, J. L., & Spiegel, H. (1993). Predictors of smoking abstinence following a single-session restructuring intervention with self-hynosis. *American Journal of Psychiatry, 150,* 1090-1097.

Stablein, D. M., Miller, J. D., Choi, S. C., & Becker, D. P. (1980). Statistical methods for determining prognosis in severe head injury. *Neurosurgery, 6,* 243-246.

Walsh, A. (1987). Teaching understanding and interpretation of logit regression. *Teaching Sociology, 15,* 178-183.

Wright, R. (1992). *Semantic evaluation criteria and the expository writing skills of grade school children.* Unpublished doctoral dissertation, University of Illinois at Chicago.

● 第 8 章

Antony, M. M., Brown, T. A., & Barlow, D. H. (1992). Current perspectives on panic and panic disorder. *Current Directions in Psychological Science, 1,* 79-82.

Bray, J. H., & Maxwell, S. E. (1982). Analyzing and interpreting significant MANOVAs. *Review of Educational Research, 52,* 340-367.

Campbell, D. T., & Stanley, J. C. (1963). *Experimental and quasi-experimental designs for research.* Boston: Houghton Mifflin.

Cohen, J. (1977). *Statistical power analysis for the behavioral sciences.* San Diego, CA: Academic Press.

de Cani, J. S. (1984). Balancing Type I risk and loss of power in ordered Bonferroni procedures. *Journal of Educational Psychology, 76,* 1035-1037.

Fleiss, J. L. (1986). *The design and analysis of clinical experiments.* New York: Wiley.

Green, P. E. (1978). *Analyzing multivariate data.* Hinsdale, IL: Dryden Press.

Grimm, L. (1993). *Statistical applications for the behavioral sciences.* New York: Wiley.

Guilford, J. P. (1965). *Fundamental statistics in psychology and education* (4th ed.). New York: McGraw-Hill.

Holland, B. S., & Copenhaver, M. D. (1987). An improved sequentially rejective Bonferroni procedure. *Biometrics, 43,* 417-423.

Holland, B. S., & Copenhaver, M. D. (1988). Improved Bonferroni-type multiple testing procedures. *Psychological Bulletin, 104,* 145-149.

Holm, S. (1979). A simple sequentially rejective multiple test procedure. *Scandanavian Journal of Statistics, 6,* 65-70.

Huberty, C. J. (1984). Issues in the use and interpretation of discriminant analysis. *Psychological Bulletin, 95,* 156-171.

Huberty, C. J., & Morris, J. D. (1989). Multivariate analysis versus multiple univariate analyses. *Psychological Bulletin, 105,* 302-308.

Huberty, C. J., & Smith, J. D. (1982). The study of effects in MANOVA. *Multivariate Behavioral Research*, 17, 417-482.
Hummel, T. J., & Sligo, J. R. (1971). Empirical comparison of univariate and multivariate analysis of variance procedures. *Psychological Bulletin*, 76, 49-57.
Huynh, H., & Mandeville, G. K. (1979). Validity conditions in repeated measures designs. *Psychological Bulletin*, 86, 964-973.
Kaplan, R. M., & Saccuzzo, D. P. (1989). *Psychological testing: Principles, applications, and applications* (2nd ed.). Pacific Grove, CA: Brooks/Cole.
Kerlinger, F. N. (1986). *Foundations of behavioral research* (3rd ed.). New York: Holt, Rinehart & Winston.
Keselman, H. J., Keselman, J. C., & Games, P. A. (1991). Maximum familywise Type I error rate: The least significant difference, Newman-Keuls, and other multiple comparison procedures. *Psychological Bulletin*, 110, 155-161.
Kleinbaum, D. G., Kupper, L. L., & Muller, K. E. (1988). *Applied regression analysis and other multivariable methods* (2nd ed.). Boston: PWS-KENT.
Larsen, R. J. (1984). Theory and measurement of affect intensity as an individual difference characteristic. *Dissertation Abstracts International*, 85, 2297B. (University Microfilms No. 84-22112)
Larsen, R. J., & Diener, E. (1987). Affect intensity as an individual differences characteristic: A review. *Journal of Research in Personality*, 21, 1-39.
Maxwell, S. E., & Delaney, M. D. (1990). *Designing experiments and analyzing data: A model comparison perspective*. Belmont, CA: Wadsworth.
Mendoza, J. L., & Graziano, W. G. (1982). The statistical analysis of dyadic social behavior: A multivariate approach. *Psychological Bulletin*, 92, 532-540.
Norusis, M. J. (1988). *SPSS advanced statistics guide* (2nd ed.). Chicago: SPSS.
Olson, C. L. (1974). Comparative robustness of six tests in multivariate analysis of variance. *Journal of the American Statistical Association*, 69, 894-908.
Pedhazur, E. J. (1982). *Multiple regression in behavioral research* (2nd ed.). Fort Worth, TX: Holt, Rinehart & Winston.
Ryan, T. A. (1959). Multiple comparisons in psychological research. *Psychological Bulletin*, 56, 26-47.
SAS Institute. (1990). *SAS/STAT user's guide* (4th ed.). Cary, NC: SAS Institute.
Seaman, M. A., Levin, J. R., & Serlin, R. (1991). New developments in pairwise multiple comparisons: Some powerful and practicable procedures. *Psychological Bulletin*, 110, 577-586.
Shaughnessy, J. J., & Zechmeister, E. B, (1990). *Research methods in psychology* (2nd ed.). New York: McGraw-Hill.
Stevens, J. P. (1980). Power of the multivariate analysis of variance tests. *Psychological Bulletin*, 88, 728-737.
Stevens, J. (1986). *Applied multivariate statistics for the social sciences*. Hillsdale, NJ: Erlbaum.
Stevens, J. (1990). *Intermediate statistics: A modern approach*. Hillsdale, NJ: Erlbaum.
Tatsuoka, M. M. (1971). *Multivariate analysis: Techniques for educational and psychological research*. New York: Wiley.
Wilkinson, L. (1975). Response variable hypothesis in the multivariate analysis of variance. *Psychological Bulletin*, 82, 408-412.

● 第9章

Aldrich, J. H., & Nelson, F. D. (1989). *Quantitative applications in the social sciences: Vol. 45. Linear probability, logit, and probit models.* Beverly Hills, CA: Sage.

Altman, E. I. (1968). Financial ratios, discriminant analysis, and the prediction of corporate bankruptcy. *Journal of Finance,* **23**, 589-609.

Altman, E. I., Avery, R. B., Eisenbeis, R. A., & Sinkey, J. F. (1981). *Application of classification techniques in business, banking and finance.* Greenwich, CT: JAI Press.

Altman, E. I., Haldeman, R. G., & Narayanan, P. (1977). Zeta analysis: A new model to identify bankruptcy risk of corporations. *Journal of Banking and Finance,* **1**, 29-51.

Anderson, T. W. (1984). *An introduction to multivariate statistical analysis* (2nd ed.). New York: Wiley.

Baringhaus, L., Danschke, R., & Henze, N. (1989). Recent and classical tests for normality — A comparative study. *Communications of Statistics-Simulation,* **18**, 363-379.

Bartlett, M. S. (1937). Properties of sufficiency and statistical tests. In *Proceedings of the Royal Society of London,* **AI 60**, 268-282.

Box, G. E. P. (1949). A general distribution theory for a class of likelihood criteria. *Biometrika,* **36**, 317-346.

Clarke, W. R., Lachenbruch, P. A., & Broffit, B. (1979). How nonnormality affects the quadratic discrimination function. *Communications in Statistics — Theory and Methods,* **A8**, 1285-1301.

Duarte Silva, A. P., & Stam, A. (1994). *BestClass: A SAS-based software package of nonparametric methods for two-group classification* (Working Paper No. 94-396). Terry College of Business, University of Georgia, Athens.

Dun & Bradstreet. (1976). *The failure record.* New York: Author.

Efron, B. (1979). Bootstrap methods: Another look at the jackknife. *Annals of Statistics,* **7**, 1-26.

Efron, B. (1983). Estimating the error rate of a prediction rule: Improvement on cross-validation. *Journal of the American Statistical Association,* **78**, 316-331.

Fisher, R. A. (1936). The use of multiple measurements in taxonomic problems. *Annals of Eugenics,* **7**, 179-188.

Flury, B., & Riedwyl, H. (1988). *Multivariate statistics: A practical approach.* New York: Chapman & Hall.

Fukunaga, K., & Kessell, D. L. (1973). Nonparametric Bayes error estimation using unclassified samples. *IEEE Transactions on Information Theory,* **IT-19**, 434-440.

Glick, N. (1978). Additive estimators for probabilities of correct classification. *Pattern Recognition,* **10**, 211-222.

Habbema, J. D. F., & Hermans, J. (1977). Selection of variables in discriminant analysis by F-statistic and error rate. *Technometrics,* **19**, 487-493.

Hamer, M. (1983). Failure prediction: Sensitivity of classification accuracy to alternative statistical methods and variable sets. *Journal of Accounting and Public Policy,* **2**, 289-307.

Hand, D. J. (1981). *Discrimination and classification.* New York: Wiley.

Hand, D. J. (1982). *Kernel discriminant analysis.* New York: Research Studies Press.

Hora, S. C., & Wilcox, J. B. (1982). Estimation of error rates in several-population discriminant analysis. *Journal of Marketing Research,* **19**, 57-61.

Huberty, C. J. (1984). Issues in the use and interpretation of discriminant analysis. *Psychological*

Bulletin, **95**, 156-171.
Huberty, C. J., Wisenbaker, J. M., & Smith, J. C. (1987). Assessing predictive accuracy in discriminant analysis. *Multivariate Behavioral Research,* **22**, 307-329.
Joachimsthaler, E. A., & Stam, A. (1990). Mathematical programming approaches for the. classification problem in two-group discriminant analysis. *Multivariate Behavioral Research,* **25**, 427-454.
Johnson, R. A., & Wichern, D. W. (1988). *Applied multivariate statistical analysis* (2nd ed.). Englewood Cliffs, NJ: Prentice Hall.
Kendall, M. G. (1957). *A course in multivariate analysis.* London: Griffin.
Klecka, W. R. (1980). *Quantatitive applications in the social sciences: Vol. 19. Discriminant analysis.* Beverly Hills, CA: Sage.
Konishi, S., & Honda, M. (1990). Comparison of procedures for estimation of error rates in discriminant analysis under nonnormal populations. *Journal of Statistical Computing and Simulation,* **36**, 105-115.
Koziol, J. A. (1986). Assessing multivariate normality: A compendium. *Communications in Statistics-Theory and Methods,* **15**, 2763-2783.
Lachenbruch, P. A. (1967). An almost unbiased method of obtaining confidence intervals for the probability of misclassification in discriminant analysis. *Biometrics,* **23**, 639-645.
Lachenbruch, P. A. (1975). *Discriminant analysis.* New York: Hafner.
Lachenbruch, P. A., Sneeringer, C. & Revo, L. T. (1973). Robustness of the linear and quadratic discriminant function to certain types of non-normality. *Communications in Statistics,* **1**, 39-57.
Mahalanobis, P. C. (1936). On the generalized distance in statistics. *Proceedings of the National Institute of Science of India,* **12**, 49-55.
Marks, S., & Dunn, O. J. (1974). Discriminant functions when covariance matrices are unequal. *Journal of the American Statistical Association,* **69**, 555-559.
McGrath, J. J. (1960). Improving credit evaluation with a weighted application blank. *Journal of Applied Psychology,* **44**, 325-328.
McKay, R. J., & Campbell, N. A. (1982a). Variable selection techniques in discriminant analysis: I. Description. *British Journal of Mathematical and Statistical Psychology,* **35**, 1-29.
McKay, R. J., & Campbell, N. A. (1982b). Variable selection techniques in discriminant analysis: II. Allocation. *British Journal of Mathematical and Statistical Psychology,* **35**, 30-41.
McLachlan, G. J. (1992). *Discriminant analysis and statistical pattern recognition.* New York: Wiley.
Morrison, D. F. (1990). *Multivariate statistical methods* (3rd ed.). New York: McGraw-Hill.
Neter, J., Wasserman, W., & Kutner, M. H. (1989). *Applied linear regression models* (2nd ed.). Homewood, IL: Irwin.
Neter, J., Wasserman, W., & Whitmore, G. A. (1988). *Applied statistics* (3rd ed.). Newton, MA: Allyn & Bacon.
Panel on Discriminant Analysis, Classification and Clustering. (1989). Discriminant analysis and clustering. *Statistical Science,* **4**, 34-69.
Pindyck, R. S., & Rubinfeld, D. L. (1981). *Econometric models and economic forecasts* (2nd ed.). New York: McGraw-Hill.
Porebski, O. R. (1966). Discriminatory and canonical analysis of technical college data. *British Journal of Mathematical and Statistical Psychology,* **19**, 215-236.
Ragsdale, C. T., & Stam, A. (1992). Introducing discriminant analysis to the business statistics cur-

riculum. *Decision Sciences*, **23**, 724-745.

Rulon, P. J., Tiedeman, D. V., Tatsuoka, M. M., & Langmuir, C. R. (1967). *Multivariate statistics for personnel classification*. New York: Wiley.

Shubin, H., Afifi, A., Rand, W. M., & Weil, M. H. (1968). Objective index of haemodynamic status for quantitation of severity and prognosis of shock complicating myocardial infarction. *Cardiovascular Research*, **2**, 329.

Smith, C. A. B. (1947). Some examples of discrimination. *Annals of Eugenics*, **13**, 272-282.

Soltysik, R. C., & Yarnold, P. R. (1993). *ODA 1.0: Optimal data analysis for DOS*. Chicago: Optimal Data Analysis.

Sorum, M. J. (1972). Estimating the expected and the optimal probabilities of misclassification. *Technometrics*, **13**, 935-943.

Tatsuoka, M. M. (1988). *Multivariate analysis techniques for educational and psychological research* (2nd ed.). New York: Macmillan.

Walker, S. H., & Duncan, D. B. (1967). Estimation of the probability of an event as a function of several independent variables. *Biometrika*, **54**, 167-179.

Wilks, S. S. (1932). Certain generalizations in the analysis of variance. *Biometrika*, **24**, 471-494.

● 第10章

Bangert-Drowns, R. L. (1986). Review of developments in meta-analytic method. *Psychological Bulletin*, **101**, 213-232.

Cohen, J. (1960). A coefficient of agreement for nominal scales. *Educational and Psychological Measurement*, **20**, 37-46.

Cohen, J. (1988). *Statistical power analysis for the behavioral sciences* (2nd ed.). Hillsdale, NJ: Erlbaum.

Cook, T. D., Cooper, H., Cordray, D. S., Hartman, H., Hedges, L. V., Light, R. J., Louis, T. A., & Mosteller, F. (1992). *Meta-analysis for explanation: A casebook*. New York: Russell Sage Foundation.

Cook, T. D., & Leviton, L. C. (1980). Reviewing the literature: A comparison of traditional methods with meta-analysis. *Journal of Personality*, **48**, 449-472.

DeLeon, G., & Mandell, W. (1966). A comparison of conditioning and psychotherapy in the treatment of functional enuresis. *Journal of Clinical Psychology*, **22**, 326-330.

Durlak, J. A., Fuhrman, T., & Lampman, C. (1991). Effectiveness of cognitive-behavior therapy for maladapting children: A meta-analysis. *Psychological Bulletin*, **110**, 204-214.

Durlak, J. A., Lampman, C., Wells, A., & Carmody, J. (1990, May). *Effectiveness of child psychotherapy: A meta-analytic review*. Paper presented at the meeting of the Mid- western Psychological Association, Chicago.

Durlak, J. A., & Lipsey, M. W. (1991). A practitioner's guide to meta-analysis. *American Journal of Community Psychology*, **19**, 291-332.

Garfield, S. L. (Ed.). (1983). Special section: Meta-analysis and psychotherapy. *Journal of Consulting and Clinical Psychology*, **51**, 3-75.

Glass, G. V., McGaw, B., & Smith, M. L. (1981). *Meta analysis in social research*. Newbury Park, CA: Sage.

Hartmann, D. P. (Ed.). (1982). *Using observers to study behavior: New directions for methodology of social and behavioral sciences.* San Francisco: Jossey-Bass.

Hedges, L. V., & Olkin, I. (1985). *Statistical methods for meta-analysis.* San Diego, CA: Academic Press.

Holmes, C. T. (1984). Effect size estimation in meta-analysis. *Journal of Experimental Education,* **52,** 106-109.

Hunter, J. E., & Schmidt, F. L. (1990). *Methods of meta-analysis: Correcting errors and bias in research findings.* Newbury Park, CA: Sage.

Light, R. J. (Ed.). (1983). *Evaluation Studies Review Annual: Vol. 8. Meta-analysis.* Beverly Hills, CA: Sage.

Light, R. J., & Pillemer, D. B. (1984). *Summing up: The science of reviewing research.* Cambridge, MA: Harvard University Press.

Michelson, L. (Ed.). (1985). Meta-analysis and clinical psychology [Special issue]. *Clinical Psychology Review,* **5** (1).

Orwin, R. G. (1983). A fail-safe N for effect size in meta-analysis. *Journal of Educational Statistics,* **8,** 157-159.

Posovac, E. J., & Miller, T. Q. (1990). Some problems caused by not having a conceptual foundation for health research: An illustration from studies of the psychological effects of abortion. *Psychology and Health,* **5,** 13-23.

Rosenthal, R. (1979). The "file drawer problem" and tolerance for null results. *Psychological Bulletin,* **86,** 638-641.

Rosenthal, R., & Rubin, D. B. (1982). A simple, general purpose display of magnitude of experimental effect. *Journal of Educational Psychology,* **74,** 166-169.

Smith, M. L. (1980). Publication bias and meta-analysis. *Evaluation and Education,* **4,** 22-24.

Stock, W. A., Okun, M. A., Haring, M. J., Miller, W., Kinney, C., & Seurvorst, R. W. (1982). Rigor in data synthesis: A case study of reliability in meta-analysis. *Educational Researcher,* **11,** 10-14.

Suls, J., & Wan, C. K. (1989). Effects of sensory and procedural information on coping with stressful medical procedures and pain: A meta-analysis. *Journal of Consulting and Clinical Psychology,* **57,** 372-379.

Trull, T. J., Nietzel, M. T., & Main, A. (1988). The use of meta-analysis to assess the clinical significance of behavior therapy for agoraphobia. *Behavior Therapy,* **19,** 527-538.

Wolf, F. M. (1986). *Meta-analysis: Quantitative methods for research synthesis.* Newbury Park, CA: Sage.

索引

人名索引

● C
Cohen, J. 22, 55, 229
Cohen, P. 55

● F
Fisher, R. 22

● G
Galton, F. 21

● J
Jöreskog, K. G. 106

● K
Kenny, D. A. 85
Kruskal, J. B. 140, 142

● P
Pearson, K. 21
Pedhazur, E. J. 47

● S
Stevens, J. P. 252

● T
Thurstone, L. L. 98

● W
Wish, M. 142

事項索引

● あ
RMSR 108
$R^2 \to$ （重）決定係数
IFI 107

● い
EQS 109
一実験あたりの α（一実験あたりの危険率，一実験あたりのタイプ1エラー） 54, 55, 100, 228, 242, 312
一個抜き交差検証（L-O-O） 278
逸脱度 207
一般化最小二乗法（GLS） 110
因子負荷量 98, 116, 118
インプライド相関 72

● え
AGFI 107
SSCP 行列（平方根と外積の行列） 239
NNFI 107
NFI 107
NCNFI 107

● お
お蔵入り問題（file drawer problem） 294
オッズ 6, 160, 204
オッズ比 166, 205
重みなし最小二乗法（ULS） 110

● か
外生変数 67
χ^2 値と自由度の比率 107, 117, 118, 122
開発サンプル（→トレーニングサンプルともいう） 60, 255, 272, 278, 288

間隔尺度　7, 65, 94
間接効果（→非直接効果ともいう）　71
完全に逐次なモデル　76

● き
疑似効果　72
期待される実際の正答率 $p^{(3)}$　276
級内相関　237
球面性の仮定　250
共通性　100
共通分散　100
近接性　128, 133, 143, 153

● く
クォーティマックス回転　99
グローバル・ミニマム解　145
クロス分類　6, 156

● け
計量 MDS　131
決定係数（R^2）→重決定係数
検定力　9, 55, 111, 227, 229, 233, 243, 251

● こ
効果量（ES）　65, 227, 229, 251, 292, 299, 300
交差妥当化　79, 221
交差妥当性　25-27, 50
交差妥当性サンプル　278
誤差分散　76, 82, 94, 100, 247
個人差 MDS　131, 132
固有値　95-97, 266
固有ベクトル　95-100

● さ
最小二乗解（最小二乗基準）　30, 35, 58, 110, 207, 287
最大事後確率（M-P-P）　278
最適な正答率 $p^{(1)}$　276, 207
最尤推定量（最尤基準，最尤法，ML）　110, 202, 207, 223
作為　308

座標　135
残差　38, 43, 49, 71, 75, 77, 82, 104, 108, 200
サンプルベースの正答率 $p^{(2)}$　276

● し
GFI　107
CFI　107
識別　111
シグモイド型　201
実験的な統制　37
斜交回転　99
主因子法　101
重回帰　23
重回帰方程式　28
重決定係数（R^2）　26, 30, 35, 142
修正指数　108
重相関係数（R）　26, 30, 142
縮小　25
順序尺度　7, 131
条件付きオッズ　164
条件づけられていない正答率　288
除去のための F 検定　246
除去のための F 統計量　246, 265
信頼区間　31, 209, 301

● す
ステップダウン分析　244
ステップワイズ　2, 35, 53, 221, 264, 282
ストレス値　138
スムーズ　143

● せ
正準判別分析　260
正答率　272
切片　28, 32, 94

● そ
相関行列の対角項　123
測定誤差　50, 84
素点の回帰方程式　29

● た
対数　168, 203, 0282
対数線形モデル　172
対数尤度　207, 211
タイプ1エラー　54, 100, 111, 227, 234, 244, 250, 272, 301
タイプ2エラー　54, 111, 272
多重共線性　45, 85
多重相関　23
多重対比　246
Tucker-Lewis 係数　107
多変量正規性　110, 233
多変量正規分布　262, 273
ダミーコード（ダミーコーディング）　16, 51, 213, 214
単純構造　98

● ち
丁度識別　112
直接効果　71
直交回転　99

● て
定式化の誤り（誤った定式化）　49, 84, 112
定式化の仮定　202, 223

● と
統計的統制　36-38, 44
導出研究　25
独自性　100, 104
特殊分散　100
独立した寄与　36
トレーニングサンプル　272

● な
内生変数　67

● に
二極固有ベクトル　124

● は
パーシモニー（倹約的）　95, 109, 117, 274

バリマックス回転　99
半偏相関係数　43

● ひ
非計量 MDS　131
被験者‐変数比（STV 比）　94, 125
非標準化係数　87
標準化（パス）係数　67, 86
標準化得点の回帰方程式　29
標準化偏回帰係数　40
比率尺度　8, 94, 129
非類似度　133

● ふ
ファミリーワイズの α　227
布置　135
部分相関係数　43
分割表　156
分析されない効果　72, 73

● へ
偏回帰係数　28, 39
変数減少法　53, 221, 264
変数増加法　53, 221, 264
偏相関係数　42, 43

● ほ
ホールドアウトサンプル（→交互妥当性サンプルともいう）　79, 278
Bonferroni の不等式　227, 228

● ま
MANCOVA　247

● め
名義尺度　5
名目上の α　227

● も
モデルのトリミング　78

索　引

●ゆ
尤度比 χ^2 統計量　173
尤度比統計量 (G)　208

●り
リサーチクエスチョン　i, 294

LISREL　87, 108, 118

●ろ
ローカル・ミニマム解　145
ロジスティックカーブ（ロジスティック回帰曲線）　200, 206

訳者あとがき

　本書は "Reading and Understanding Multivariate Statistics" を翻訳したものであり，米国でも大学院のテキスト，あるいは副読本として広く活用されているものである。中を覗いてもらったらわかるように，この本は多変量解析技術を使う（消費する）ものの立場から解説された入門書で，極力数式を避けて，文章として読んでわかることを目指している。また，心理学的な研究課題に沿った事例に基づいて論じられているところも，読者の理解を助けてくれる。さらに，それぞれの分析法がどのような仮定を置いているか，仮定が満たされているかどうかはどのようにチェックするか，また仮定が満たされなかった場合はどういう問題があるかについて，丁寧に記述されている。これらを読むことで，統計のユーザー（消費者）が不安になりがちな，「この使い方で間違っていないだろうか」という点が取り除かれること請け合いである。

　冒頭の著者からのメッセージにあるように，心理学においては専門家といえども，自分が深く関わる領域以外での分析法については疎いものであったりする。研究の主眼はもちろん「それが人間心理にどのように関わっているか」というところにあるので，考察を引き出した根拠となる結果セクションでの細かな統計的記述は，「なんだかわからないけど，きっとうまくやっているのでしょう」と読み飛ばされがちなのが現状ではないだろうか。本書によって，こうした現状が少しでも改善されることを願っている。

　本書の短所を一つ挙げるとすれば，紹介されている統計ソフトウェアに関する記述が古く，現在はすでに開発されていないものがあったり，もっと便利でもっと多機能なソフトウェア（Mplus や R など）が出ている現状についての言及が無いことである。とはいえ，ソフトウェアが変わったり発展したりしても，出力される結果や根本的な統計的仮定が変わっているわけではない。少し古くても原理的に正しいことは，今だっていつだって正しいのである。実際の統計分析環境については他書に譲って，普遍的な原理についての理解を深めるために，この読み物を楽しんでもらえれば幸いである。なお，本書には "Reading and Understanding MORE Multivariate Statistics" という続編があり，そこでは構造方程式モデリングや項目反応理

訳者あとがき

論, 生存分析など, より現代的で重要なテーマが本書同様の優しい記述の読み物として提供されている。こちらの訳書も是非あわせて手にとっていただきたい。

　本書の翻訳を手掛けた我々はいずれも心理学が専門であり, 統計学の専門家ではない。専門用語の訳語についてはより一般的なものとなるよう心がけたが, 分野文脈によっては異なる表現をするものがあるかもしれない。あるいは既に定訳があるものに, 異なる訳語を当ててしまっている可能性もある。これらはひとえに, 監訳者の語学力不足によるものである。どうか読者の皆様の広い心を持ってお許しいただきたい。また, ご指摘をいただければ, 監訳者のウェブサイト等で迅速に対応する所存である。

　本書を翻訳する機会を与えてくだり, 良書を作るためにと根気よくお待ちいただいた北大路書房の 薄木敏之氏, 若森乾也氏に心より感謝したい。あわせて, 原稿の誤訳や不自然な日本語をしらみつぶしに指摘してくれた, 平川真氏, 徳岡大氏, 福屋いずみ氏, 石丸彩香氏, 宇津宮沙紀氏にも深く感謝する。諸氏には読みにくい粗訳段階からおつきあいいただき, 率直な意見を伝えてくれたおかげで, なんとか読める日本語に仕上げることができた。その上でもなお問題が無いとはいえないかもしれないが, それらすべての責任は監訳者にある。

　翻訳のお話をいただいてから出版に至るまで, 4年もかかってしまった。原著者のL. G. Grimm博士とP. A. Yarnold博士は, 原著の誤字や意味がわからないところについて, 下手な英語でのメールによる問い合わせにも, 丁寧かつ迅速に対応いただいた。邦訳書の出版を心待ちにしてくれていたGrimm博士が, 本書の完成を待たずに2015年6月に急逝されたことをYarnold博士に知らされた時ほど, 自分の仕事の遅さを悔しく思ったことはない。Grimm博士に追悼の意を表すると共に, 本書を捧げたい。

監訳者　小杉考司

【原著者一覧】

Fred B. Bryant	Loyola University of Chicago
Joseph A. Durlak	Loyola University of Chicago
Laurence G. Grimm	University of Illinois at Chicago
Laura Klem	University of Michigan
Mark H. Licht	Florida State University
Willard Rodgers	University of Michigan
A. Pedro Duarte Silva	Universidade Catolica Portuguesa, Porta, Portugal
Loretta J. Stalans	Loyola University of Chicago
Antonie Stam	University of Georgia
Kevin P. Weinfurt	Georgetown University
Raymond E. Wright	Marianjoy Rehabilitation Hospital and Clinics, Wheaton, Illinois
Paul R. Yarnold	Northwestern University Medical School and University of Illinois at Chicago

【監訳者紹介】

小杉考司（こすぎ・こうじ）

1976 年　大阪府大阪市生まれ
2003 年　関西学院大学社会学研究科博士課程後期課程単位取得満了
現　在　専修大学人間科学部　教授（博士（社会学））
主　著
　　　　小杉考司　心理‐論理と態度理論への数理アプローチ　松香堂　2006 年
　　　　小杉考司　社会調査士のための多変量解析法　北大路書房　2007 年
　　　　小杉考司・清水裕士（編著）　M-plus と R による構造方程式モデリング　北大路書房　2014 年

【訳者紹介】

髙田菜美（たかた・なみ）

所属　関西大学大学院心理学研究科心理学専攻　博士課程後期課程在学中

山根嵩史（やまね・たかし）

所属　川崎医療福祉大学医療福祉学部　助教

研究論文を読み解くための
多変量解析入門〈基礎篇〉
―重回帰分析からメタ分析まで―

| 2016年7月20日　初版第1刷発行 | 定価はカバーに表示 |
| 2022年8月20日　初版第3刷発行 | してあります。 |

編　者　L. G. グリム
　　　　P. R. ヤーノルド
監訳者　小　杉　考　司
発行所　　（株）北大路書房
〒603-8303　京都市北区紫野十二坊町 12-8
電　話　（075）431-0361（代）
ＦＡＸ　（075）431-0361
振　替　01050-4-2083

©2016　　　　　　　印刷／製本　創栄図書印刷（株）
検印省略　落丁・乱丁はお取り替えいたします。
　　　　　ISBN978-4-7628-2940-6　Printed in Japan

・ JCOPY 〈(社)出版者著作権管理機構 委託出版物〉
本書の無断複写は著作権法上での例外を除き禁じられています。
複写される場合は，そのつど事前に，(社)出版者著作権管理機構
（電話 03-5244-5088, FAX 03-5244-5089, e-mail: info@jcopy.or.jp）
の許諾を得てください。